U0656316

全国职业院校机电类专业课程改革系列教材

模具数控加工技术

主　编　王　兵

副主编　丁　轶　汪　东

参　编　张赫男　钟志刚　陈德琳　张广忠

　　　　陈　琳　曾　艳　廖　胜　杨　东

机械工业出版社

"模具数控加工技术"是模具设计与制造专业的一门重要专业课程。本书包括5个项目共35个学习内容,内容包括模具数控加工概述、模具数控编程基础、模具数控车削加工技术、模具数控铣削(加工中心)加工技术、模具电加工技术。本书编写时注意职业教育特点,重视基本技能训练,并充分考虑了教学和工人自学的需求。

本书主要作为职业院校机械设计制造类专业教学用书,也可作为模具设计与制造、数控技术等专业的教学用书,亦可作为技术工人培训用书。

为方便教学,本书配备电子课件等教学资源。凡选用本书作为教材的教师均可登录机械工业出版社教育服务网www.cmpedu.com注册后免费下载,或致电010-88379375联系营销人员。

图书在版编目(CIP)数据

模具数控加工技术/王兵主编. —北京:机械工业出版社,2015.9
(2024.2重印)

全国职业院校机电类专业课程改革系列教材

ISBN 978-7-111-50994-3

Ⅰ.①模… Ⅱ.①王… Ⅲ.①模具-数控机床-加工-高等职业教育-教材 Ⅳ.①TG76

中国版本图书馆CIP数据核字(2015)第172124号

机械工业出版社(北京市百万庄大街22号 邮政编码100037)
策划编辑:赵志鹏 责任编辑:赵志鹏
版式设计:赵颖喆 责任校对:佟瑞鑫
封面设计:马精明 责任印制:张 博
北京雁林吉兆印刷有限公司印刷
2024年2月第1版第3次印刷
184mm×260mm·14.75印张·356千字
标准书号:ISBN 978-7-111-50994-3
定价:46.00元

电话服务 网络服务
客服电话:010-88361066 机 工 官 网:www.cmpbook.com
010-88379833 机 工 官 博:weibo.com/cmp1952
010-68326294 金 书 网:www.golden-book.com
封底无防伪标均为盗版 机工教育服务网:www.cmpedu.com

前　言

　　近年来，随着科学技术的不断发展以及机械产品的性能、结构、形状的不断改进，对零件加工质量和精度的要求越来越高。此外，零件加工型面越来越复杂，产品变化越来越频繁。在一般机械加工中，复杂型面产品的单件、小批量生产约占七成以上，在航空、宇航、舰船等国防工业的产品中所占比例则更高，而模具制造业中几乎所有产品都属于单件产品。数控机床的重要特点之一就是适合高精度复杂型面的单件或小批量生产。

　　本书是根据职业院校模具设计与制造专业主干课程"模具数控加工技术"的教学与改革的需要，结合我国当前广泛使用的数控机床实例和作者的教学、科研工作实践编写的新教材。全书介绍了数控车床、数控铣床（加工中心）和数控电火花加工机床等多种数控机床的组成、主要技术参数和功能指令。本书以项目为单元，以知识任务为主线，从实用、易学的角度出发，力争贴近生产实际和反映模具数控加工的最新技术，完整地体现相关知识与技能的综合运用，以求达到较高的实际应用效果。

　　本书由王兵任主编，丁轶、汪东任副主编，参加编写的还有张赫男、钟志刚、陈德琳、张广忠、陈琳、曾艳、廖胜、杨东。

　　由于编者水平有限，加之时间匆忙，书中难免有疏漏和不妥之处，恳请读者批评指正。

编　者

目　　录

项目一　模具数控加工概述

【项目情境】

　　模具是工业生产的基础工艺装备，是制造各种金属和非金属零件的一种重要生产工具。工业社会发展到今天，模具技术已应用到各个领域，随着数控技术的发展，模具的制造也跨入了大量采用数控设备和应用数控技术的时代。图 1-1 所示为用数控机床加工的汽车保险杠模具和矿泉水瓶模具。

a) 汽车保险杠模具

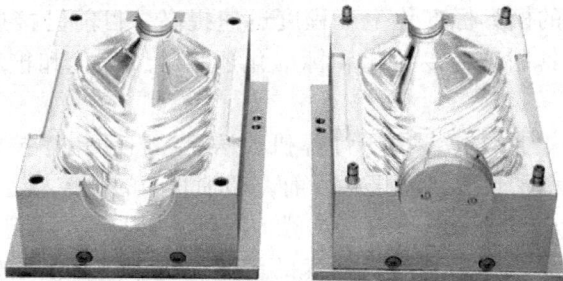

b) 矿泉水瓶模具

图 1-1　模具在生产技术中的应用

【项目学习目标】

	学习目标	学习方式	学时
知识目标	① 了解模具技术的发展状况和数控加工技术在模具加工中的作用 ② 了解模具的制造特点和分类方式 ③ 理解数控机床的基本概念和加工原理 ④ 了解数控加工与工艺技术的新发展	讲授 + 观摩	8 课时
技能目标	① 学会根据模具零件的特点正确选用加工设备 ② 掌握各种数控机床的特点和应用场合 ③ 能识别数控机床的组成部件 ④ 掌握数控机床加工主要对象	教师讲授、启发、引导、互动式教学	12 课时
情感目标	① 激励对自我价值的认同感，培养遇到困难决不放弃的韧性 ② 培养使用信息资源和信息技术手段获取知识的能力 ③ 树立团队意识和协作精神	网络查询、小组讨论、取长补短、相互协作	

1.1 项目基本知识

知识点一 数控技术在模具加工中的应用

模具是成形的工艺装备，作为成形零件的母型体，其要求比成形零件本身高得多，因而提高模具制造的技术水平是模具工业发展的关键。

1. 模具制造技术的发展趋势

（1）模具制造专业化，模具零件标准化、商品化 所谓专业化，是指在行业内有细化的分工，并非所有厂家都制造各类完整的模具，很多厂家只制造某类模具零件，如弹簧厂、模架厂、顶杆厂等，有的模具厂则专门制造某行业或某类产品的模具，如塑料模具厂、汽车覆盖件模具厂等，这样就提高了整个行业的规模和效率。当然，这种分工是在市场的推动下形成的，同时，它必须以模具零件的标准化为前提，否则不能大批量生产。日、美等发达国家的模具标准化程度已经达到80%以上，模具制造厂家只需进行主要工作零件的加工和模具装配，甚至简单结构的小型凸、凹模也可通过标准件采购获得。

近几年，一些知名大企业（米思米、盘起工业等）带来了更完整的标准体系和先进的柔性制造技术，使得我国的模具标准化生产程度迅速提高，目前已接近50%。随着我国市场经济的进一步发展，模具制造的专业化和标准化还将继续深化和扩展到更高水平和更大规模。

（2）加工技术精密化、自动化 由于计算机、信息、自动化等技术的不断发展和普遍应用，模具加工技术日趋精密化、自动化。目前，多轴联动的数控加工中心、高精度数控电火花成形机床、慢走丝线切割机床以及快速成型、超声波加工等技术已经普遍应用于模具零件的加工，高速切削（主要是高速铣削）技术的应用也越来越多。零件的加工精度能达到微米级，表面粗糙度能达到 $Ra0.1\mu m$ 的水平。可以预见，在诸多高新技术快速发展的当今时代，模具制造将朝着更加精密、高效和自动化的方向发展。

（3）新型模具材料及热处理新工艺的应用 随着材料科学的发展，新型的模具材料不断涌现。近年来，许多不同性能特点的新型模具钢在精密模具制造中得到广泛应用，如空冷钢、微变形钢等，同时，还发展了一些新的热处理及表面强化工艺，如气体软氮化、离子氮化、表面涂镀等。这些不断发展的新成果的应用，对提高模具的质量和延长模具的使用寿命起着重要的作用。

（4）CAD/CAE/CAM 的一体化应用 CAD 是计算机辅助设计，多指三维型体的设计造型；CAE 是计算机辅助工程，用于对产品的成形过程进行计算机仿真，优化成形工艺方案和模具设计，缩短模具调试时间，目前计算机仿真程度能达到80%～90%；CAM 是计算机辅助制造，它是通过自动编程，在数控机床上加工出 CAD 所设计的复杂型体。三者的紧密结合大大提高了仿真精度和包括 CAM 在内的加工精度，复杂模具的装配和调试也将变得越来越简单。

2. 模具制造技术的发展方向

模具技术发展的方向为：

1）提高大型、精密、复杂、使用期长的模具设计制造水平；

2）在模具设计制造中广泛应用 CAD/CAM 技术；

3）大力发展快速成型和快速制造模具技术；

4）逐步推广高速铣削在模具加工中的应用。

3. 逐步推广数控技术在模具加工中的应用

随着计算机技术的不断发展，数字化信息也相应地得到了很大的发展，并且被广泛地应用到生产领域当中。数控加工技术的发展能够不断地突破传统技术的局限，有效地解决生产领域当中高技术的难题。在模具制造中数控加工技术应用主要有 3 个方面。

（1）进行模具分类，选择合适的数控机床　用于模具加工的数控机床类型很多，其中有很多是产品生产常用的，比如数控铣床、数控电火花加工机床、数控车床等。只有将所加工的模具进行合理的分类，才能按照生产的要求降低生产成本，达到最有效的生产。

（2）关注技术发展，不断改进数控加工技术　在激烈的市场竞争下，数控加工技术的发展不能脱离当前的发展形势，要适应模具技术发展提出的要求，不断地投入研发，采用新的材料，提高模具的制造质量，推动模具生产速度的提高。此外，不断地改进数控加工技术也是一个重要方面。随着技术的不断革新，那些难攻的模具制造工艺也得到了全面发展。

（3）提高数控编程技术，完善数控加工水平　数控编程技术是数控加工技术的一个重要方面，数控加工的水平很大程度上是和编程技巧有关的。编程人员在设计编程方案时，要综合考虑加工质量和效率，为此，编程时可利用指令并行执行的原则，降低非切削时间，实现同一时间内的并发动作。

在数控技术的发展中，始终要关注以上方面，这样才能够提高模具加工的精度，确保质量，实现自动化操作，降低劳动生产强度，不断地扩大企业规模。

4. 数控加工技术在模具加工中的作用

在模具制造中应用数控技术是产品生产领域中一次伟大的革命。具体来看，主要在 3 个方面进行了技术创新，推动了模具制造技术的发展。

（1）提高了模具加工的精度，确保了质量　传统的模具由于技术的不成熟，常常制造工艺粗糙，而数字加工技术主要应用数字化信息系统操作，使用多种软件结合，以精确的数字输入来完成程序的运行，极大地提高了模具加工的精度。

（2）拓宽了加工的范围，保证了零件加工的顺利进行　在重要的数控装置部分，主要由主轴驱动单元、进给单元、主轴电动机与进给电动机组成。整个驱动装置能实现多坐标的联动，完成模具生产的各项工作。

（3）自动化操作，降低了劳动生产强度　由于采用数字化技术，实现了自动化操作，相对于传统的加工技术来说，不但降低了劳动强度，还提高了生产效率。在自动化技术下，生产加工技术一体化运行，能够形成流水线的生产方式，各部分的工作人员只要按照要求进行操作就行了。由于这两个方面的优势，数控加工技术不断地被应用到模具加工中，促进了模具生产经济效率的提高。

5. 数控加工与工艺技术的新发展

随着计算机技术突飞猛进的发展，数控技术正不断采用计算机、控制理论等领域的最新技术成就，使其朝着高速化、高精化、复合化、智能化、高柔性化及信息网络化等方向发展。整体数控加工技术向着 CIMS（计算机集成制造系统）方向发展。

（1）高速切削　高速切削技术是自 20 世纪 80 年代发展起来的一项高新技术，其研究应用的一个重要目标是缩短加工时的切削与非切削时间，对于复杂形状和难加工材料及高硬度材料减少加工工序，最大限度地实现产品的高精度和高质量。由于不同加工工艺和工件材料有不同的切削速度范围，因而很难就高速切削给出一个确切的定义。目前，一般的理解为切削速度达到普通加工切削速度的 5 ~ 10 倍即可认为是高速切削。图 1-2 所示为高速切削加工。

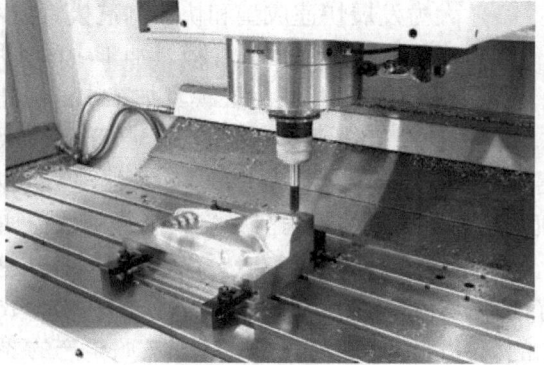

图 1-2　高速切削加工

1）高速切削特点。高速切削与传统的数控加工方法相比没有什么本质的区别，两者涉及同样的工艺参数，但高速切削的加工效果相对于传统的数控加工有着无可比拟的优越性：

① 有利于提高生产率。

② 有利于改善工件的加工精度和表面质量。

③ 有利于延长刀具的使用寿命和应用直径较小的刀具。

④ 有利于加工薄壁零件和脆性材料。

⑤ 经济效益显著提高。

2）高速切削条件。受高生产率的驱使，高速化已是现代机床技术发展的重要方向之一，主要表现在：

① 数控机床主轴高转速。高速切削是通过大幅度提高主轴转速和加工进给速度来实现的，为了适应这种高速切削加工，主轴设计采用了先进的主轴轴承、润滑和散热等新技术，并采用工作台的高快速移动和高进给速度。

② 高速伺服进给系统。高速切削通常要求在高主轴转速下，使用在很大范围内变化的高速进给。高速进给的需求已引起机床结构设计上的重大变化：采用直线伺服电动机来代替传统的电动机、丝杠驱动。

③ 适于高速加工的数控系统。高速加工数控系统需要具备更短的伺服周期和更高的分辨率，同时具有待加工轨迹监控功能和曲线插补功能，以保证在高速切削时，特别是在四、五轴坐标联动加工复杂曲面轮廓时仍具有良好的加工性能。

④ 刀具技术。刀具性能和质量对高速切削加工具有重大影响，新型刀具材料的采用，使切削加工速度大大提高，从而提高了生产率，延长了刀具寿命。

⑤ 刀夹装置及快速刀具交换技术。在高速加工中，切削时间和每个托盘化零件加工时间已显著缩短。高速、高精度定位的托盘交换装置已成为今后的发展方向。

高速切削作为一种新的技术，其优点是显而易见的，它给传统的数控加工带来了一种革命性的变化，但是，目前即便是在加工机床水平先进的瑞士、德国、日本、美国，这一崭新技术也还处在不断的摸索研究中。

（2）高精加工　高精加工是高速加工技术与数控机床的广泛应用结果。以前零件的加工精度要求在 0.01mm 数量级，现在，计算机硬盘、高精度液压轴承等精密零件的精整加工所需精度已提高到 0.1μm，加工精度达到了亚微米级。实现高精加工的具体措施如下。

1）提高机械设备的制造精度和装配精度。

2）减小数控系统的控制误差。

① 提高数控系统的分辨率。

② 以微小程序段实现连续进给。

③ 使数控装置的控制单位精细化。

④ 提高位置检测精度。

⑤ 位置伺服系统采用前馈控制与非线性控制。

3）采用补偿技术。误差虽然不可避免，但可以通过适当的补偿来达到提高精度的目的。常用的补偿方法有齿隙补偿、热变形误差补偿、刀具误差补偿、丝杠螺距误差补偿和空间误差综合补偿。

（3）复合化加工　机床的复合化加工是通过增加机床的功能，减少工件加工过程中的多次装夹、重新定位、对刀等误差，来提高加工精度。

（4）控制智能化　数控技术智能化程度不断提高，体现在加工过程自适应控制技术、加工参数的智能优化与选择、故障自诊断功能以及智能化交流伺服驱动装置等。

（5）快速成型　现代意义上的快速成型技术始于 20 世纪 70 年代末期出现的立体光刻技术（SLA），它是汹涌而来的数字化浪潮在加工领域中不可避免地延拓：连续的曲面被离散成用 STL 格式文件表达的三角面片，零件在加工方向上被离散成若干层。这种离散化使得任意复杂的零件原型都可以加工出来，加工过程也大大简化了。

知识点二　认识数控机床

数控机床是在普通机床的基础上发展起来的自动化加工设备，是一种以数字量作为指令信息形式，通过数控逻辑电路或计算机控制的机床。它综合运用了机械、微电子、自动控制、信息、传感测试、电力电子、计算机、接口和软件编程等多种现代化技术，是一个典型的机电一体化产品。数控是数字控制（Numerical Control）的简称，因此，数控机床也简称为 NC 机床。

1. 数控机床的产生

数控机床最初是由美国的 T. Parsons 提出设想的，1947 年，美国的 Parsons 公司在生产直升机机翼检查样板时，为了提高精度和效率，提出了用穿孔卡片来控制机床的方案。这一方案迎合了美国空军为开发航天及导弹产品需要加工复杂零部件的需求，于是得到了空军的经费支持，开始研究以脉冲方式控制机床各轴的运动，进行复杂轮廓加工的装置。

1949 年，在麻省理工学院（MIT）伺服机构研究所的协助下，T. Parsons 与 MIT 的伺服机构研究所一起，历时 3 年，终于完成了能进行三轴控制的铣床样机，这就是数控机床的第一号机。以后，很多厂家都开展了对数控机床的研制开发和生产。20 世纪 50 年代，出现了具有刀库、刀具交换装置、回转工作台，可以在一次装夹中对工件的多个面进行钻孔、锪孔、攻螺纹、镗削、平面铣削、轮廓铣削等多种加工的数控机床。由于它将钻、铣等多种机床的功能集于一身，不但省去了工件的反复搬动、安装、换刀等步骤，而且使加工精度大为提高。从此，数控机床的一个新的种类——加工中心（Machining Center）诞生了，并逐步成为数控机床中的主力。

2. 数控机床的发展

数控系统是以微电子技术发展为推动力的，其开发历程见表1-1。

表1-1 数控系统的开发历程

发展阶段与时间		发展历程	发展阶段与时间		发展历程
第一阶段	1952 年	第一代电子管数控系统	第四阶段	1970 年	第四代小型计算机数控系统
第二阶段	1959 年	第二代晶体管数控系统	第五阶段	1974 年	第五代微处理器数控系统
第三阶段	1965 年	第三代集成电路数控系统	第六阶段	1990 年	第六代基于工业 PC 的通用 CNC（计算机数控）系统

目前数控技术已经应用在各种加工机床上，如数控车床、数控铣床、数控压力机、数控齿轮加工机床、数控电火花、加工机床、数控线切割机、数控激光加工机床等。

数控机床已发展到不但具有刀具自动交换装置，而且具有工件自动供给、装卸，刀具寿命检测以及排屑等各种附加装置，可以进行长时间的无人运转加工，其可靠性和功能也得到了很大程度的提高，而其价格和能耗却大为下降。

当今的数控机床已经在机械加工部门占有非常重要的地位，是柔性制造系统（Flexible Manufacturing System，FMS）、计算机集成制造系统（Computer Integrated Manufacturing System，CIMS）的基本构成单位。

近年来，为充分利用通用计算机技术的丰富资源和利于发展延续，基于 PC 的 CNC 技术已经成为数控机床的发展方向。CNC 技术除进一步向高速度、高精度控制能力发展外，还正向着开放式体系结构发展，以适应下一代的集成化、网络化的先进制造模式的需要，并能及时方便地纳入新技术、新方法。开放式数控技术具有如下几个重要技术特征：

① 迅速运用高速发展的计算机技术、信息技术、网络技术。

② 用户可以在较大范围内根据需要选择和配置硬件，如主轴轴数、伺服轴数和 PLC - I/O 点数等。

③ 用户可以在开放式环境下扩充系统的功能，例如，开发最适合自己用途的人机界面，或者利用标准 NC 控制功能开发自己的专有控制功能。

④ 系统能够直接运行其他标准应用软件，如 CAD、数据库等，利用现有软件开发出能满足自己产品要求的最佳控制系统。

3. 数控机床的组成

数控机床由数控系统、伺服系统和机床本体 3 个基本部分组成，如图 1-3 所示。

（1）数控系统 数控系统是数控机床的核心，它是一个专用的计算机系统，由硬件和软件两部分组成。数控系统的硬件包括总线、CPU、电源、存储器、操作面板和显示器、位控元件、可编程序控制器逻辑控制单元与数据输入/输出接口等组成。

数控系统接受从机床输入装置输入的控制信号代码，经过输入、缓存、译码、寄存、运算、存储等步骤转变成控制指令，实现直接或通过可编程序控制器（PLC）对伺服系统的控制。输入/输出装置是机床数控系统和操作人员进行信息交流、实现人机对话的交互设备，包括键盘、磁盘驱动器、纸带阅读机、RS-232 接口或网络接口、控制面板、LCD 显示器等。数控系统装置如图 1-4 所示。

可编程序控制器（PLC）用来控制数控机床的辅助控制装置。数控机床通过数控系统和

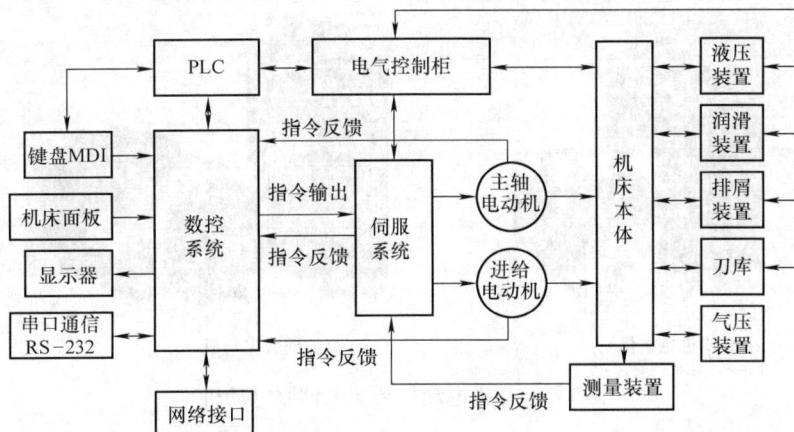

图 1-3　数控机床的组成

PLC 共同完成控制功能，其中数控系统主要完成与数字运算和管理等有关的功能，如零件程序的编辑、插补运算、译码、刀具运动位置的伺服控制等；而 PLC 主要的作用是接受数控系统输出的开关量指令信号，如程序代码中的 M（辅助功能）、S（主轴转速）、T（选刀、换刀）等，对开关量动作信息进行译码，将其转换成对应的控制信号，进而控制机床相应的开关动作，如工件的装夹、刀具的更换、切削液的开关等。

图 1-4　数控系统装置

（2）伺服系统　伺服系统是机床工作的动力装置，它接受数控系统发出的进给脉冲信号，经过放大后，驱动机床主机实现机床的进给运动。伺服系统由伺服单元、执行元件以及位置检测装置组成。

伺服单元是数控系统与机床本体的联系环节，它把来自数控系统的微弱指令信号放大成控制驱动装置的大功率信号。伺服单元分为主轴驱动单元和进给驱动单元等。

执行元件的作用是把经过伺服单元放大的指令信号变为机械运动，常用的执行元件有步进电动机、直流伺服电动机和交流伺服电动机，步进电动机和交流伺服电动机如图 1-5 所示。根据接收指令的不同，伺服驱动有脉冲式和模拟式两种。模拟式伺服驱动方式按驱动电动机的种类，可分为直流伺服驱动和交流伺服驱动。步进电动机采用脉冲驱动方式，交、直流伺服电动机采用模拟驱动方式。

多数数控机床还具有位置检测装置。位置检测元件包括脉冲编码器、旋转变压器、感应同步器、光栅、磁尺和激光等，常用的是长光栅或圆光栅的增量式位移编码器。检测元件将执行元件（如电动机、刀架或工作台等）的速度和位移量检测出来，经过相应的电路将所测得的信号反馈回伺服驱动装置或数控系统，构成半闭环或全闭环系统，补偿进给电动机的速度或执行机构的运动误差，以达到提高运动机构精度的目的。

（3）机床本体　机床本体是加工运动的机械部件，包括主运动部件、进给运动部件（工作台、刀架）和支承部件（床身、立柱）等。有些数控机床还配备了特殊部件，如回转

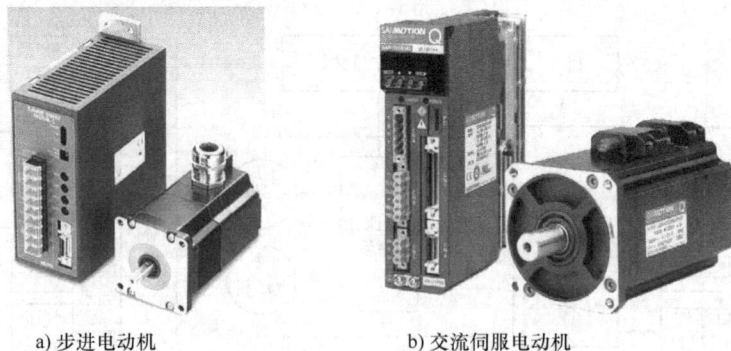

a) 步进电动机
b) 交流伺服电动机

图 1-5　步进电动机和交流伺服电动机

工作台、刀库、自动换刀装置和托盘自动交换装置等。数控机床本体结构与传统机床相比，发生了很大变化，由于普遍采用滚珠丝杠和滚动导轨，其传动效率和定位精度更高。

此外，为保证数控机床功能的充分发挥，还设有一些辅助系统，如冷却、润滑、液压（或气动）、排屑、防护系统等，如图 1-6 所示。

a) 冷却装置
b) 润滑装置
c) 排屑装置

图 1-6　数控机床的辅助装置

4. 数控机床常用系统

（1）FANUC 数控系统　FANUC 公司生产的较有代表性的数控系统是 F6 和 F11。FANUC 数控系统中的 F 0/F 00/F 0i Mate 系列和 FANUC 0i 系列是目前我国市场上应用较广泛的系统。FANUC 0i Mate 系列最大控制轴数为 3 轴，FANUC 0i - C 数控系统最大控制轴数是 4 轴。F 0i 系统采用总线技术，增加了网络功能，并采用了"闪存"（FLASH ROM）。系统可以通过 Remote buffer 接口与 PC 相连，由 PC 控制加工，实现信息传递，系统间也可以通过 I/O Link 总线相连。F 0 Mate 是 F 0 系列的派生产品，是比 F 0 结构更为紧凑的经济型数控装置。

（2）SIEMENS（西门子）数控系统　西门子公司生产的数控系统包括 SIEMENS 810 系统、820 系统、850 系统、880 系统、805 系统、8400 系统及全数字化的 840D 系统，另外还在我国市场推出了 802 系列数控系统。

SIEMENS 840Di 数控系统是一个基于 PC 的、全 PC 集成的控制系统，基于工业 PC 的现代控制系统正越来越多地被用于数控机床中。配以 Windows XP 操作系统的控制系统具有开放和灵活的软、硬件平台，方便用户的使用与二次开发。该系统的应用领域包括制作木制品、制作玻璃、制陶、包装、贴片机、冲压机、弯曲机，以及各种机床和类似机床的机械。除了高度的软、硬件开放性，SIEMENS 840Di 系统的显著特点是 CNC 控制功能与 MDI 功能都在 PC 处理器上运行，这样可以省去传统控制系统中所需的 NC 处理单元。这种控制系统大量采用标准化印制电路板和电气部件。

（3）其他数控系统　常见数控系统的型号还有德国的 HEIDENHAIN、法国的 NUM、美国的 AB、西班牙的 FAGOR 等。

国产自主开发的数控系统有华中理工大学的华中 I 型系统、华中 II 型系统，中国科学院沈阳计算机所的蓝天 I 型系统，北京航天机床数控系统集团公司的航天 I 型系统，中国珠峰数控公司的中华 I 型系统等。

知识点三　数控机床的设备管理

1. 数控机床设备的管理

数控机床设备的管理采用 5S 管理法。它是现场管理的基础，是全面生产管理的前提，是全面品质管理的第一步。5S 现场管理法能够营造一种"人人积极参与，事事遵守标准"的良好氛围。5S 即 SEIRI（整理）、SEITON（整顿）、SEISO（清扫）、SEIKETSU（清洁）、SHITSUKE（素养）这 5 个日文单词的缩写，是指在生产现场中对人员、机器、材料、方法等生产要素进行有效的管理。5S 水平的高低，代表着管理者对现场管理认识程度的高低和管理水平的高低。

数控设备安装调试验收合格后即可正式投入使用，但在正式投入使用前必须做好各项准备工作。

（1）编制设备管理制度文件

1）设备投入使用准备。

① 设备使用管理规程，如保养责任制、操作证制、交接班制、岗位责任制、使用守则制等。

② 设备安全操作与维护规程。

③ 设备润滑卡片。

④ 设备日常检查（点检）和定期检查电卡片。

⑤ 其他技术文件。

2）培训操作工人。通过技术培训使工人熟悉设备性能、结构、技术规范、操作方法，以及安全、润滑知识，明确各自岗位的技术经济责任。在有经验的师傅指导下实习操作技术，达到独立操作的水平。

3）清点随机附件，配备各种检查维修工具，办理交接手续。

4）全面检查设备的安装、精度、性能及安全装置。

（2）设备使用初期安全管理内容　设备使用初期是指从安装试运转到稳定生产这一段时间（一般为半年左右）。加强设备使用初期管理，是为了使新设备尽早顺利渡过早期故障多发阶段，能够正常稳定地用于生产，满足质量、效率、安全的要求。加强设备初期管理还有利于发现设备从设计、制造、安装到使用初期出现的各种质量和安全方面的问题，进行信息反馈，及时纠正与处理。设备使用初期还应根据运行中出现的情况，建立设备的管理内容，制订有关的安全操作规程。

设备使用初期安全管理的主要内容如下。

1）及时处理安装试车过程中发现的问题，以保证调试投产进度。

2）做好调试、故障、改进等有关记录，提出分析评价意见，填写设备使用鉴定书，供以后使用。

3）对使用初期收集的信息进行分析处理。例如，向设计、制造单位反馈安装、调试方面的意见；向安装、试车单位反馈安装、调试方面的信息；向维修部门通报维修方面的建议；向规划、采购部门反馈规划、采购方面的信息。

4）完善设备安全管理制度。设备正式投入使用前建立的管理制度，有的不全，有的与实际可能有出入，存在不完善之处，应尽快补充、完善，健全设备管理制度。

（3）设备使用期安全管理一般要求　设备使用要求做到安全、合理。一方面要制止设备使用中的蛮干、滥用以及超负荷、超性能、超范围使用，以免造成设备过度磨损、寿命降低，导致事故发生；另一方面要提高设备使用效率，避免设备因闲置而造成无形磨损。

1）实行设备使用保养责任制。将设备指定机组或个人负责使用保养，确定合理的考核指标，把设备的使用效益与个人经济利益结合起来，设备安全性与个人安全责任结合起来。

2）实行操作证制度。定机专人操作，操作人员必须经过专门考核，确认合格后，发给操作证，无证操作按严重违章事故处理。

3）操作人员必须按规程要求做好设备保养，保持设备处于良好状态。

4）遵守磨合期使用规定。新出厂或大修后的设备必须根据磨合要求运行保养，才可以投入正常使用。

5）单机或机组核算制。以定额为基础，确定设备生产能力、消耗费用、保养修理费用、安全运行指标等标准，并按标准考核。

6）创造良好的设备使用环境，确保设备安全使用，充分发挥效益。做到采光照明良好，取暖通风、防尘、防腐、防振、降温、防噪声、卫生条件良好，安全防护充分，工具、图样和加工件都要放在合适位置，提供必要的监测、诊断仪器和检修场所。

7）合理组织设备生产、施工。在安排生产计划时，必须安排维修时间，必须贯彻"安全第一，预防为主"的方针，在使用与维修发生矛盾时，应坚持"先维修，后使用"的原则，防止拼装设备。

8）培养设备的使用、维修和管理人员。现代化设备需要掌握科学技术知识的人员来操作、维护与管理，才能更好地发挥设备的作用。

9）坚持总结、研究、学习和推广设备使用管理的先进科学知识、技术和经验。

10）建立设备资料档案管理制度，包括设备使用说明书等原始技术文件、交接登记、运转记载、点检记录、检查整改情况、维修记录、事故分析和技术改造资料等的收集、整理和保管。

2. 设备的日常维护

数控设备的正确操作和维护保养是正确使用数控设备的关键因素之一。正确的操作使用能够防止机床非正常磨损，避免突发故障；做好日常维护保养，可使设备保持良好的技术状态，延缓劣化进程，及时发现和消灭故障隐患，从而保证安全运行。

（1）数控设备使用中应注意的问题

1）数控设备的使用环境。为提高数控设备的使用寿命，一般要求要避免阳光的直接照射和其他热辐射，要避免太潮湿、粉尘过多或有腐蚀气体的场所。精密数控设备要远离振动大的设备，如压力机、锻压设备等。

2）良好的电源保证。为了避免电源波动幅度大（大于±10%）和可能的瞬间干扰信号等影响，数控设备一般采用专线供电（如从低压配电室分一路单独供数控机床使用）或增设稳压装置等，以减小供电质量的影响和电气干扰。

3）制订有效的操作规程。在数控机床的使用与管理方面，应制订一系列切合实际、行之有效的操作规程。例如润滑、保养、合理使用及规范的交接班制度等，是数控设备使用及管理的主要内容。制订和遵守操作规程是保证数控机床安全运行的重要措施之一。实践证明，众多故障都可由遵守操作规程而避免。

4）数控设备不宜长期封存。购买数控机床以后要充分利用，尤其是投入使用的第一年，使其容易出故障的薄弱环节尽早暴露，得以在保修期内排除。加工中，尽量减少数控机床主轴的启闭，以降低对离合器、齿轮等器件的磨损。没有加工任务时，数控机床也要定期通电，最好是每周通电1~2次，每次空运行1小时左右，以利用机床本身的发热量来降低机内的湿度，使电子元件不致受潮，同时也能及时发现有无电池电量不足报警，以防止系统设定参数的丢失。

（2）数控机床的维护保养　数控机床种类多，各类数控机床因其功能、结构及系统的不同，各具不同的特性，其维护保养的内容和规则也各具特色。应根据具体的机床种类、型号及实际使用情况，并参照机床使用说明书要求，制订和建立必要的定期、定级保养制度。

1）严格遵守操作规程和日常维护制度。

2）防止灰尘污物进入数控装置内部。

3）防止系统过热。

4）定期维护数控系统的输入/输出装置。

5）定期检查和更换直流电动机的电刷。

6）定期检查和更换存储用电池。

7）维护备用电路板。

1.2　项目基本技能

技能一　认识 CNC 系统

一般将数控系统的概念广义化，定义成由控制器、机械结构和伺服单元3个主要部分组成的产品模式。其中控制器就是通常所说的CNC（计算机数控）系统，它由专用或通用计算机硬件加上系统软件和应用软件组成，完成数控装备的运动控制功能、人机交互功能、数据管理功能和相关的辅助控制功能，是数控装备功能实现和性能保证的核心组成部分，是整个数控体系的中心模块。

CNC系统的生产厂家编制好CNC控制软件（也称为系统程序）后，都要把它固化在ROM（EPROM）中，系统接上电源后即自动由CPU按照此固化的程序运行。

数控系统中的信息是数字量，因此数控系统有如下特点。

1）可用不同的字长表示不同精度的信息。

2）可进行算术运算，也可进行复杂的信息处理。

3）可进行逻辑运算，可根据不同的指令进行不同方式的信息处理。信息处理的方式或过程，不用改变电路或机械机构；而数控系统的工作过程是在硬件的支持下执行软件的全过程。

1. CNC 系统的组成与功能

（1）CNC 系统的组成　CNC 系统基本组成如图 1-7 所示，它由输入/输出装置、计算机数字控制装置、可编程序控制器（PLC）、主轴控制单元和速度控制单元等组成。

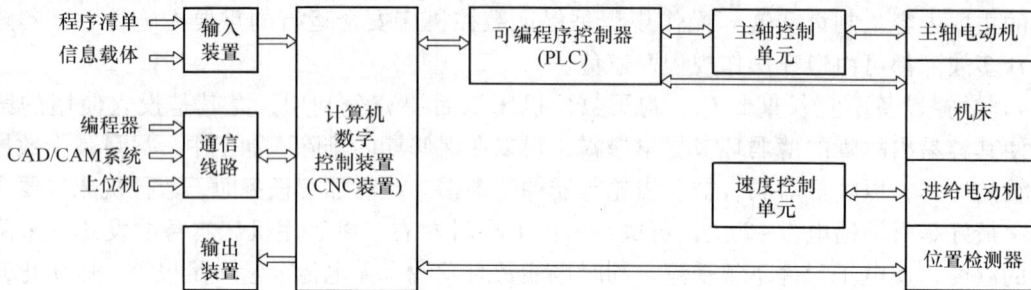

图 1-7　CNC 系统基本组成

（2）CNC 装置的功能　CNC 装置的功能通常分为两类，一类是基本功能，如控制功能、插补功能、辅助功能、主轴转速功能、进给功能、刀具功能、准备功能和自诊断功能等；另一类是选择功能，如固定循环功能、补偿功能、通信功能、人机对话编程功能和图形显示功能等。基本功能是数控系统必备的功能，选择功能是供用户根据机床特点和用途进行选择的功能。

（3）衡量数控系统优劣的性能指标。

1）可靠性。衡量数控系统优劣指标中最重要的是可靠性。可靠性指标一般采用平均无故障时间衡量。有的公司采用故障率衡量。数控机床的平均无故障时间一般为 500h，数控系统的无故障时间要大于它。

2）功能。考查功能首先要看数控系统的指令值范围是否满足机床的需要。这些指令值范围包括最小输入增量、最小指令增量、最大编程尺寸、最大快移速度和进给量范围等。数控机床的分辨率与快速运动的速度以及加工速度范围的指标表示机床的基本性能，也是数控系统的基本指标。这些指标与数控系统的档次有关。分辨率表示系统的插补能力，而考虑整个指令范围时，它还和伺服装置的指标有关。

3）经济性。主要是在满足生产加工条件下能有效地降低生产运行成本。

2. CNC 系统的硬件结构

（1）CNC 系统的硬件构成　硬件构成需根据控制对象所需的 CNC 功能决定。从系统功能要求出发，CNC 硬件由如下几个部分构成：

1）计算机部分。计算机是 CNC 装置的核心，主要包括处理器（CPU）、总线、存储器和外围逻辑电路等。这部分硬件的主要任务是对数据进行算术和逻辑运算，存储系统程序、零件程序和运算的中间变量以及管理定时与中断信号等。

2）电源部分。电源部分的任务是给 CNC 装置提供一定功率的逻辑电压、模拟电压及开关量控制电压，要能够抗较强的浪涌电压和尖峰电压的干扰。典型的电源电压有 ±5V、

$\pm 12V$、$\pm 15V$ 和 $\pm 24V$。

3）面板接口和显示接口。这一部分接口电路主要是控制 MDI 面板、操作面板和 CRT 显示等。操作者的手动数据输入、各种方式的操作、CNC 的处理结果和信息都要通过这部分电路和 CNC 装置建立联系。

4）开关量 I/O（输入/输出）接口。对 CNC 装置来说，由机床向 CNC 传送的开关信号和代码称为输入信号，由 CNC 向机床传送的开关信号和代码信号称为输出信号。CNC 和机床之间的出入信号不能直接连接，而要通过 I/O 接口电路连接起来。

5）内装型 PLC 部分。PLC 是替代传统的机床强电的继电器逻辑，利用逻辑运算功能实现各种开关量的控制。现代 CNC 多采用内装型 PLC，因此它已成为 CNC 装置的一个组成部分。

6）伺服输出和位置反馈接口。伺服输出接口把 CPU 运算所产生的控制策略经转换后输出给伺服驱动系统，它一般由输出寄存器和数模转换（D/A）器件组成。位置反馈接口采样位置反馈信号，它一般由鉴相、倍频电路和计数电路等组成。

7）主轴控制接口。主轴控制主要是对主轴转速的控制。提高主轴转速控制范围可以更好地实现高效、高精、高速加工。

8）外设接口。外设接口的主要任务是把零件程序和机床参数通过外设输入 CNC 装置或从 CNC 装置输出，同时也提供 CNC 与上位计算机的接口。

（2）CNC 装置的体系结构　CNC 装置从使用的计算机类型来看，有专用计算机数控装置和通用计算机数控装置两种结构。

1）专用计算机组成的数控体系结构。专用计算机数控装置按组成 CNC 装置的电路板的结构特点可分为大板式结构和模块化结构两类，按 CNC 装置内的 CPU 数量可分为单处理器结构和多处理器结构两类。

2）开放式数控体系结构。开放式数控体系结构必须遵从如下要求：

① 以分布式控制的原则，采用系统、子系统和模块分级式的控制结构。

② 根据需要可实现重构、编辑，以便实现多种用途。开放式体系结构中各模块相互独立；在此平台上，系统生产厂、机床厂及最终用户都很容易地把一些专用功能和其他有个性的模块加入其中。

③ 要具有一种较好的通信和接口协议，以便各相对独立的功能模块通过通信实现信息交换，通过信息交换满足实时控制要求。

3）通用 PC 组成的数控体系结构。基于通用 PC 的数控系统可以充分利用 PC 的软硬件资源，使设计任务减轻；可充分利用计算机工业所提供的先进技术，方便地实现产品的更新换代；良好的人机界面便于操作；开放性体系结构便于在工厂环境内集成。由于有更多的硬件供选择，基于 PC 的 CNC 系统的选择对于用户来说非常灵活。

3. CNC 系统的软件结构

软件结构取决于 CNC 系统中的软件和硬件的分工，也取决于软件本身的工作性质。

（1）CNC 控制软件的特点

1）多任务并行处理。CNC 是一个专用的实时多任务操作系统，它的系统程序完成管理和控制两大任务。

2）实时中断处理。CNC 系统的中断管理主要靠硬件完成，而系统的中断结构决定于系统软件的结构。中断类型一是外部中断，二是内部定时中断，三是硬件故障中断，四是程序性中断。

（2）CNC 系统的软件结构　CNC 系统是一个实时的计算机控制系统，其数控功能是由各种功能子程序实现的。不同系统的软件结构对这些子程序的安排方式不同，管理方式也不同。在单 CPU 的数控系统中，常采用前后台型的软件结构和中断型软件结构。

技能二　了解数控机床的工作过程与分类

1. 数控机床的工作过程

数控加工过程如图 1-8 所示。数控机床加工零件时，要预先根据零件加工图样的要求确定零件的工艺过程、工艺参数和刀具位移数据，再按编程手册的有关程序指令规定，编制出零件的加工程序。或利用 CAD/CAM 软件进行编程，然后将程序通过磁盘输入机、串口等输入设备输入到数控系统，由数控系统对程序进行处理和计算，并发出相应的命令，通过伺服系统使数控机床按预定的轨迹运动，进行零件的切削加工。数控加工的过程一般可分为如下 5 个阶段。

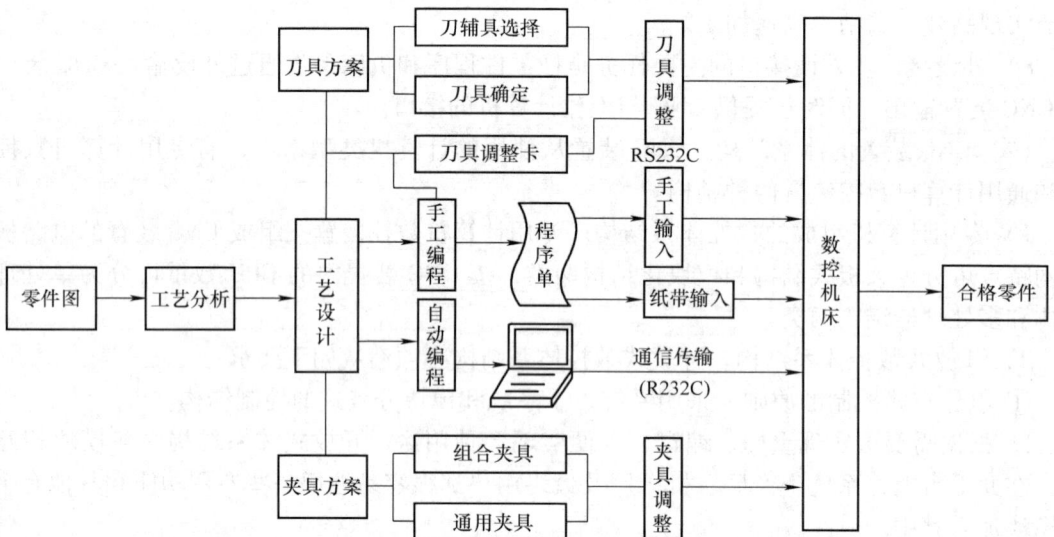

图 1-8　数控加工过程

（1）准备阶段　根据加工零件的图样，进行工艺分析，确定加工方案、工艺参数、位移参数等加工信息和夹具选用、刀具类型选择等相关辅助信息。

（2）数值运算　在确定了工艺方案后，就需要根据零件的几何尺寸、加工路线等，计算刀具中心运动轨迹，以获得刀位数据。

（3）编程和传输　编程人员使用数控系统规定的代码及程序段格式编写数控加工程序，或用自动编程软件直接生成数控加工程序，并输入到控制系统。

（4）程序转换　数控装置将加工程序语句译码、运算，转换成动作指令，在系统的统一协调下驱动各运动部件进行刀具路径模拟、试运行；正确安装工件，完成对刀操作，实施首件试切。

（5）加工阶段　通过数控机床的正确操作，运行零件数控加工程序，自动完成对零件的加工。

2. 数控机床的分类

数控技术发展到现在，几乎所有的机床种类都向着数控化的方向发展。在机械加工中有数控车、铣、钻、磨床；在塑性加工机床中有数控压力机、弯管机等；在特种加工方面则有数控电火花、线切割、激光加工机床等，如图1-9所示。

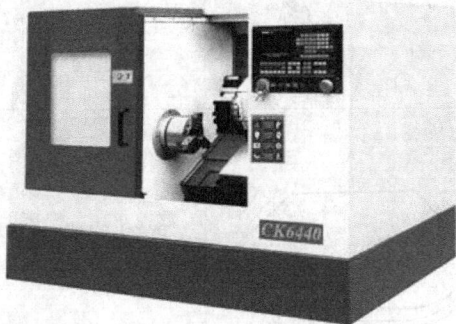

a) 数据车床

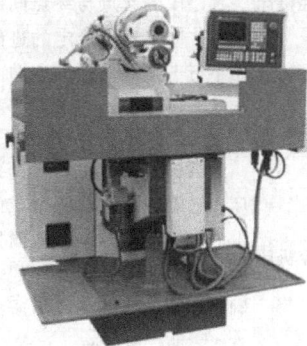

b) 数控铣床

c) 加工中心

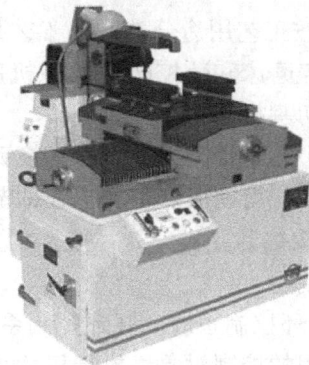

d) 特种加工机床

图1-9　数控机床的种类

数控机床的规格、型号繁多，品种已达千种，结构与功能也各具特色。从不同的技术或经济指标出发，可对数控机床实行各种不同的分类。

（1）按控制运动的轨迹分类　数控机床按控制运动的轨迹分类情况见表1-2。

表1-2　数控机床按控制运动轨迹的分类

分类	功用说明	图示	应用举例
点位控制数控机床	其机械运动实行点到点的准确定位控制，而对其点到点之间的运动轨迹不作要求，这是因为刀具在其定位运动过程中不进行切削，而以快速进给到定位位置（即不与工件接触）		数控钻床、数控压力机、数控坐标镗床、数控元件插装机等

（续）

分类	功用说明	图示	应用举例
直线控制数控机床	其机械运动方式除了要控制刀具相对工件（或工作台）的起点和终点的准确位置，还要控制每一程序段的起点与终点间的位移过程，即刀具以给定的进给速度做平行于某一坐标轴方向的直线运动		数控车床、数控磨床等
连续控制数控机床	这类机床又称轮廓控制数控机床，它能够同时对两个或两个以上的坐标进行控制，从而按给定的规律和速度进行准确的轮廓控制，使其运动轨迹成为所需要的直线、曲线或曲面		数控车床、铣床、凸轮磨床、线切割机床等

（2）按工艺用途分类　按工艺用途分类，数控机床可分为数控钻床、数控车床、数控铣床、数控磨床和数控凸轮加工机床等，还有数控压床、压力机、弯管机、电火花切割机床、火焰切割机床、凸焊机等。

加工中心是带有刀库与自动换刀装置的数控机床，它可在一台机床上实现多种加工。工件一次装夹，可完成多种加工，即节省了辅助工时，又提高了加工精度。

（3）按控制方式分类　按控制方式分类，可分为开环控制、半闭环控制、闭环控制和混和环控制。

1）开环控制系统。开环控制系统示意图如图1-10所示，它是无位置反馈的一种控制方法，它采用的控制对象、执行机构多半是步进式电动机或液压转矩放大器（即电液脉冲马达）。这种控制方法在20世纪60年代应用很广泛，但随着机械制造业的发展，它逐渐不能适应要求。例如，精度要求越来越高，功率也越来越大，步进电动机做不成大功率；用电液脉冲马达，机构就相当庞大，所以目前逐渐被其他控制方式所取代。但开环系统由于结构简单、控制方法简便，价格也相对便宜。对精度要求不高，且功率需求不太大的地方，还是可以用的。经济型简易数控车床的应用就是一例。

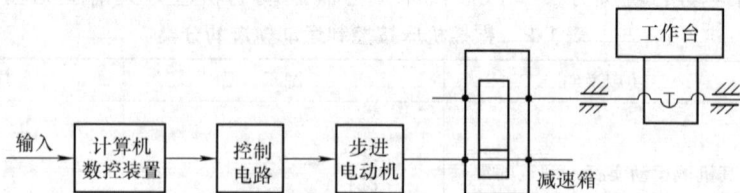

图1-10　开环控制系统

2）半闭环控制系统。半闭环控制系统示意图如图1-11所示，它是在丝杠上装有角度测量装置（光电编码器、感应同步器或旋转变压器）作为间接的位置反馈。零件的尺寸精度应由刀架的运动来测量，但半闭环控制系统不是直接测量刀架的实际位移，而是测量带动刀架的丝杠转动了多大角度，然后根据螺距进行计算，计算出它的位置。这种方法显然是有局限性的，必须要求丝杠加工精确，确保在丝杠上的螺母只有很小的间隙。当然还可以通过软件进行补偿，但是对这些器件的精度与传动间隙的要求也是必要的。

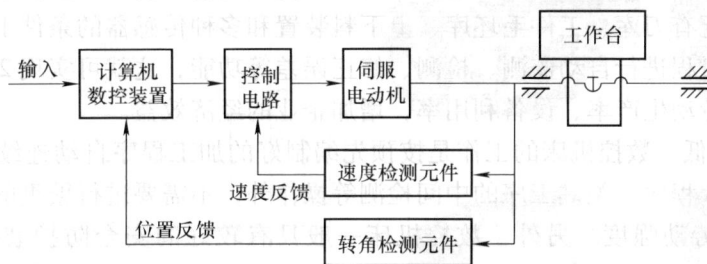

图 1-11　半闭环控制系统

采用这种方法一是在电动机上安装光电编码器比较简单，二是把传动环中最大的一个惯性环节——工作台或刀架的移动放到整个传动闭环的外面，这样在调节上就比较方便了，使系统调试简单。

3）闭环控制系统。闭环控制系统示意图如图 1-12 所示，它是对机床的移动部件的位置直接用直线位置检测装置进行检测，再把实际测量出的位置反馈到数控装置中去，与输入指令比较是否有差值，然后用这个差值去控制移动部件，使移动部件按实际需要值去运动，从而实现准确定位。这种方法，其精度主要取决于测量装置的精度，而与传动链的精度无关，因此这种控制方式要比半闭环精度高。

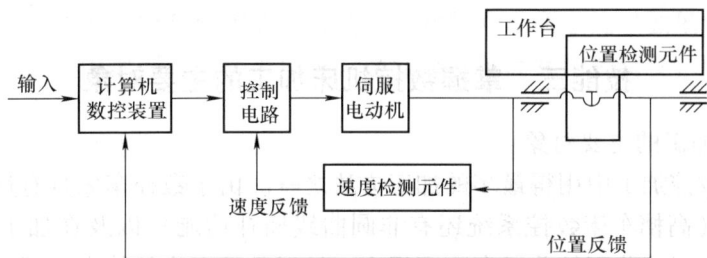

图 1-12　闭环控制系统

虽然如此，闭环控制系统对机床的要求以及对机床的传动链仍然要求非常高，因为传动系统刚度不足、传动系统有间隙或机床导轨摩擦力大引起运动副爬行，这些不仅使调试困难，还会使系统出现振荡现象。

4）混合环控制。这实际上是半闭环和闭环系统的混合形式，内环是速度环，控制进给速度；外环是位置环，主要对数控机床进给运动的坐标位置进行控制。

3. 数控机床的特点

与普通机床相比，数控机床具有如下特点：

1）适应性强，适合加工单件、小批量生产或试制新产品。数控机床在改变加工对象时，只需要改变工件的加工程序，调整相关的数据就能实现新产品的加工，解决了单件、中小批量和多变产品的加工问题。

2）加工精度高、质量稳定。数控机床是按预先编制好的加工程序进行自动工作，加工过程不需要人工干预，因此不受操作工人的技术水平的影响，加工质量稳定，同一批工件的

纹车削如图 1-15 所示。

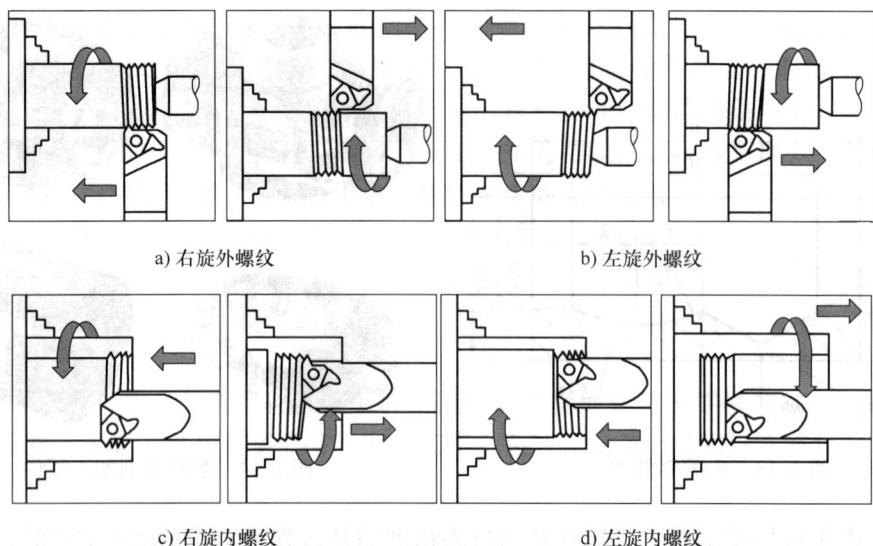

a) 右旋外螺纹　　　　　　　　　　　　b) 左旋外螺纹

c) 右旋内螺纹　　　　　　　　　　　　d) 左旋内螺纹

图 1-15　数控螺纹车削

2. 数控铣床加工的主要对象

数控铣削是机械加工中最常用和最主要的数控加工方法之一，它除了能铣削普通铣床所能铣削的各种零件表面外，还能铣削普通铣床不能铣削的需要二至五坐标联动的各种平面轮廓和立体轮廓。根据数控铣床的特点，从铣削加工角度考虑，适合数控铣削的主要加工对象有以下几类。

（1）平面类零件　加工面平行或垂直于定位面，或加工面与水平面的夹角为定角的零件为平面类零件，如图 1-16 所示。目前在数控铣床上加工的大多数零件属于平面类零件，其特点是各个加工面是平面，或可以展开成平面。

平面类零件是数控铣削加工中最简单的一类零件，一般只需用三坐标数控铣床的两坐标联动（即两轴半数控铣床）就可以把它们加工出来。

图 1-16　典型的平面类零件

（2）变斜角类零件　加工面与水平面的夹角呈连续变化的零件称为变斜角零件，如图 1-17 所示的飞机变斜角梁缘条。

变斜角类零件的变斜角加工面不能展开为平面，但在加工中，加工面与铣刀圆周的瞬时接触为一条线。最好采用四坐标、五坐标数控铣床摆角加工，若没有上述机床，也可采用三坐标数控铣床进行两轴半近似加工。

（3）曲面类零件　加工面为空间曲面的零件称为曲面类零件，如模具、叶片、螺旋桨等，如图 1-18 所示。曲面类零件不能展开为平面。加工时，铣刀与加工面始终为点接触，一般采用球头刀在三轴数控铣床上加工。当曲面较复杂、通道较狭窄、会伤及相邻表面及需

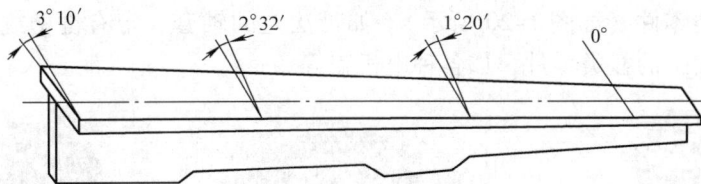

图 1-17 飞机上的变斜角梁缘条

要刀具摆动时，要采用四坐标或五坐标铣床加工。

（4）箱体类零件 箱体类零件一般是指具有一个以上孔系，内部有一定型腔或空腔，在长、宽、高方向有一定比例的零件，如图 1-19 所示。

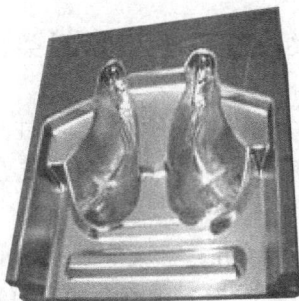

图 1-18 曲面类零件

图 1-19 箱体类零件

箱体类零件一般都需要进行多工位孔系、轮廓及平面加工，公差要求较高，特别是几何公差要求较为严格，通常要经过铣、钻、扩、镗、铰、锪、攻螺纹等工序，需要刀具较多，在普通机床上加工难度大，工装套数多，费用高，加工期长，需多次装夹、找正，手工测量次数多，加工时必须频繁地更换刀具，工艺难以制订，更重要的是精度难以保证。

3. 加工中心的主要加工对象

鉴于加工中心的工艺特点，加工中心适用于复杂、工序多、精度要求较高、需用多种类型普通机床和众多刀具、工装，经过多次装夹和调整才能完成加工的零件，其主要加工对象有以下几类。

（1）即有平面又有孔系的零件 加工中心具有自动换刀装置，在一次安装中，可以完成零件上平面的铣削，孔系的钻削、镗削、铰削，以及攻螺纹等多工步加工。加工的部位可以在一个平面上，也可以不在一个平面上。五面体加工中心一次装夹可以完成除安装基面以外的五个面的加工。因此，加工中心的首选加工对象是既有平面又有孔系的零件，如箱体类零件和盘、套、板类零件。

1）箱体类零件。这类零件在机床、汽车、飞机等行业用得较多，如汽车的发动机缸体、变速箱体、机床的床头箱、主轴箱、柴油机缸体以及齿轮泵壳体等。

这类零件在加工中心上加工，一次装夹可以完成普通机床 60% ~95% 的工序内容，零件各项精度一致性好，质量稳定，同时可缩短生产周期，降低生产成本。

当加工工位较多，工作台需多次旋转角度才能完成加工时，一般选用卧式加工中心。当加工的工位较少，且跨距不大时，可选立式加工中心，从一端进行加工。

2）盘、套、板类零件。这类零件是指带有键槽或径向孔，或端面有分布孔系以及有曲面的盘、套或轴类零件（如图 1-20 所示），如带法兰的轴套、带有键槽或方头的轴类零件等；具有较多孔加工的板类零件，如各种电机盖等。

图 1-20　盘、套、板类零件

端面有分布孔系，曲面的盘、套、板类零件宜选用立式加工中心，有径向孔的可选用卧式加工中心。

（2）复杂曲面类零件　对于由复杂曲线、曲面组成的零件，如凸轮类、叶轮类和模具类等零件，加工中心是加工这类零件的最有效的设备。

1）凸轮类。这类零件有各种曲线的盘形凸轮（如图 1-21 所示）、圆柱凸轮、圆锥凸轮和端面凸轮等，加工时，可根据凸轮表面的复杂程度，选用三轴、四轴或五轴联动的加工中心。

2）整体叶轮类。整体叶轮常见于航空发动机的压气机、空气压缩机、船舶水下推进器等，它除具有一般曲面加工的特点外，还存在许多特殊的加工难点，如通道狭窄，刀具很容易与加工表面和邻近曲面发生干涉。图 1-22 所示是叶轮，它的叶面是一个典型的三维空间曲面，加工这样的型面，可采用四轴以上联动的加工中心。

图 1-21　凸轮

图 1-22　叶轮

3）模具类。常见的模具有锻压模具、铸造模具、注射模具及橡胶模具等。图 1-23 所示为连杆凹模。采用加工中心加工模具，由于工序高度集中，动模、定模等关键件的精加工基本上是在一次安装中完成全部机加工内容，尺寸累积误差及修配工作量小。同时，模具的可复制性强，互换性好。

对于复杂曲面类零件，就加工的可能性而言，

图 1-23　连杆凹模

在不出现加工过切或加工盲区时，复杂曲面一般可以采用球头铣刀进行三坐标联动加工，加工精度较高，但效率较低。如果工件存在加工过切或加工盲区（如整体叶轮等），就必须考虑采用四坐标或五坐标联动的机床。

仅仅加工复杂曲面时并不能发挥加工中心自动换刀的优势，因为复杂曲面的加工一般经过粗铣、（半）精铣、清根等步骤，所用的刀具较少，特别是像模具一类的单件加工。

（3）外形不规则零件　异形件是外形不规则的零件，大多数需要进行点、线、面多工位混合加工，如支架、基座、样板、靠模支架等。由于异形件的外形不规则，刚性一般较差，夹紧及切削变形难以控制，加工精度难以保证，因此在普通机床上只能采取工序分散的原则加工，需要用较多的工装，周期较长。这时可充分发挥加工中心工序集中，多工位点、线、面混合加工的特点，采用合理的工艺措施，一次或二次装夹，完成大部分甚至全部加工内容。

（4）周期性投产的零件　用加工中心加工零件时，所需工时主要包括基本时间和准备时间，其中准备时间占很大比例。例如工艺准备、程序编制、零件首件试切等，这些时间往往是单件基本时间的几十倍，采用加工中心可以将这些准备时间的内容储存起来，供以后反复使用。这样对周期性投产的零件，生产周期就可以大大缩短。

（5）加工精度要求较高的中小批量零件　针对加工中心加工精度高、尺寸稳定的特点，对加工精度要求较高的中小批量零件，选择加工中心加工，容易获得所要求的尺寸精度和形状位置精度，并可得到很好的互换性。

（6）新产品试制中的零件　在新产品定型之前，需经反复试验和改进。选择加工中心试制，可省去许多通用机床加工所需的试制工装。当零件被修改时，只需修改相应的程序及适当地调整夹具、刀具即可，节省了费用，缩短了试制周期。

【项目评价】

一、思考题

1. 模具制造技术发展的趋势与方向是什么？
2. 数控加工技术在模具制造中的应用主要表现在哪几个方面？
3. 数控加工技术在模具加工中的作用有哪些？
4. 数控机床的发展经历了哪几个开发阶段？
5. 常用数控机床由哪几部分组成？
6. 数控机床常用的系统有哪些？
7. 如何做到数控机床设备的管理？
8. CNC 数控系统由哪些部件组成？ CNC 装置的功能有哪些？
9. 衡量数控系统优劣的性能指标有哪些？
10. 数控加工的过程一般可分几个阶段？各是什么？
11. 数控机床的分类方法有哪几种？按控制运动轨迹可将数控机床分为哪几类？
12. 数控机床有什么应用特点？
13. 数控车削加工的主要对象有哪些？
14. 数控铣削加工的主要对象有哪些？
15. 加工中心加工的主要对象有哪些？

二、项目评价评分表

1. 个人知识和技能评价表

班级： 姓名： 成绩：

评价方面	评价内容及要求	分值	自我评价	小组评价	教师评价	得分
项目知识内容	① 了解模具制造技术的发展状况与作用	10				
	② 了解数控加工与工艺技术的新发展	10				
	③ 了解模具的制造特点和分类方式	10				
	④ 理解数控机床的基本概念和加工原理	10				
项目技能内容	① 学会根据模具零件的特点正确选用加工设备	10				
	② 掌握各种数控机床的特点和应用场合	10				
	③ 能识别数控机床的组成部件	10				
	④ 掌握数控机床加工主要对象	10				
安全文明生产和职业素质培养	① 安全、规范操作	10				
	② 文明操作，不迟到早退，操作工位卫生良好，按时按要求完成实训任务	10				

2. 小组学习活动评价表

班级： 姓名： 成绩：

评价项目	评价内容及评价分值			自评	互评	教师评分
分工合作	优秀（12~15分）	良好（9~11分）	继续努力（9分以下）			
	小组成员分工明确，任务分配合理，有小组分工职责明细表	小组成员分工较明确，任务分配较合理，有小组分工职责明细表	小组成员分工不明确，任务分配不合理，无小组分工职责明细表			
获取与项目有关质量、市场、环保等内容的信息	优秀（12~15分）	良好（9~11分）	继续努力（9分以下）			
	能使用适当的搜索引擎从网络等多种渠道获取信息，并合理地选择信息、使用信息	能从网络获取信息，并较合理地选择信息、使用信息	能从网络或其他渠道获取信息，但信息选择不正确，信息使用不恰当			
实操技能操作	优秀（16~20分）	良好（12~15分）	继续努力（12分以下）			
	能按技能目标要求规范完成每项实操任务	能按技能目标要求规范基本完成每项实操任务	能按技能目标要求基本完成每项实操任务，但规范性不够			
基本知识分析讨论	优秀（16~20分）	良好（12~15分）	继续努力（12分以下）			
	讨论热烈、各抒己见，概念准确、理解透彻，逻辑性强，并有自己的见解	讨论没有间断、各抒己见，分析有理有据，思路基本清晰	讨论能够展开，分析有间断，思路不清晰，理解不透彻			
成果展示	优秀（24~30分）	良好（18~23分）	继续努力（18分以下）			
	能很好地理解项目的任务要求，熟练运用多媒体进行成果展示	能较好地理解项目的任务要求，较熟练运用多媒体进行成果展示	基本理解项目的任务要求，不能熟练运用多媒体进行成果展示			
总分						

项 目 小 结

本项目我们学习了如下内容：

❶ 数控技术在模具加工中的应用。

❷ 数控机床的工作过程与分类。

❸ CNC 数控系统和机床的设备管理。

项目二　模具数控编程基础

【项目情境】

数控程序是指编程者根据零件图样和工艺文件的要求，编制出可在数控机床上运行以完成规定加工任务的一系列指令的过程，如图 2-1 所示。

图 2-1　数控程序的编制

【项目学习目标】

	学习目标	学习方式	学时
知识目标	① 了解数控加工内容 ② 了解数控机床的技术参数 ③ 了解与掌握数控刀具的内容与选择 ④ 掌握数控编程的基础知识	讲授	15 课时
技能目标	① 认识数控加工中的坐标系 ② 掌握数控加工中的数学计算 ③ 掌握数控加工方法的选择	讲授与实训（实例）	20 课时
情感目标	① 激励对自我价值的认同感，培养遇到困难决不放弃的韧性 ② 培养使用信息资源和信息技术手段去获取知识的能力 ③ 树立团队意识和协作精神	网络查询、小组讨论、取长补短、相互协作	

【项目基本功】

2.1　项目基本知识

知识点一　数控加工工艺

1. 数控加工工艺概述

（1）数控加工工艺概念与工艺过程。

1）工艺过程。数控加工工艺是指采用数控机床加工零件时，所运用各种方法和技术手段的总和，应用于整个数控加工工艺过程。

数控加工工艺是伴随着数控机床的产生、发展而逐步完善起来的一种应用技术，它是人们大量数控加工实践的经验总结。数控加工工艺过程是利用切削刀具在数控机床上直接改变加工对象的形状、尺寸、表面位置、表面状态等，使其成为成品或半成品的过程。

数控加工过程是在一个由数控机床、刀具、夹具和工件构成的数控加工工艺系统中完成的。数控机床是零件加工的工作机械，刀具直接对零件进行切削，夹具用来固定被加工零件并使之占有正确的位置，加工程序控制刀具与工件之间的相对运动轨迹。工艺设计的好坏直接影响数控加工的尺寸精度和表面质量、加工时间的长短、材料和人工的耗费，甚至直接影响加工的安全性。所以掌握数控加工工艺的内容和数控加工工艺的方法非常重要。

2）数控加工工艺与数控编程的关系。

① 数控程序。输入数控机床，执行一个确定的加工任务的一系列指令，称为数控程序或零件程序。

② 数控编程。即把零件的工艺过程、工艺参数及其他辅助动作，按动作顺序和数控机床规定的指令、格式，编成加工程序，再记录于控制介质即程序载体，输入数控装置，从而指挥机床加工并根据加工结果加以修正的过程。

③ 数控加工工艺与数控编程的关系。数控加工工艺分析与处理是数控编程的前提和依据，没有符合实际的、科学合理的数控加工工艺，就不可能有真正可行的数控加工程序。数控编程就是将制订的数控加工工艺内容程序化。

（2）数控加工工艺特点　由于数控加工采用了计算机控制系统和数控机床，使得数控加工与普通加工相比具有加工自动化程度高、精度高、质量稳定、生成效率高、周期短、设备使用费用高等特点。数控加工工艺与普通加工工艺也具有一定的差异。

1）数控加工工艺内容要求更加具体、详细。普通加工工艺中许多具体工艺问题，如工步的划分与安排、刀具的几何形状与尺寸、走刀路线、加工余量、切削用量等，在很大程度上由操作人员根据实际经验和习惯自行考虑和决定，一般无须工艺人员在设计工艺规程时进行过多的规定，零件的尺寸精度也可由试切保证。数控加工工艺中所有工艺问题必须事先设计和安排好，并编入加工程序中。数控工艺不仅包括详细的切削加工步骤，还包括工夹具型号、规格、切削用量和其他特殊要求的内容，以及标有数控加工坐标位置的工序图等。在自动编程中更需要确定详细的各种工艺参数。

2）数控加工工艺要求更严密、精确。普通加工工艺在加工时，可以根据加工过程中出现的问题，比较自由地进行人为调整。数控加工工艺自适应性较差，加工过程中可能遇到的所有问题必须事先精心考虑，否则导致严重的后果。如攻螺纹时，数控机床不知道孔中是否已挤满切屑，是否需要退刀清理一下切屑再继续加工。又如非数控机床加工，可以多次"试切"来满足零件的精度要求；而数控加工过程，严格按规定尺寸进给，要求准确无误。因此，数控加工工艺设计要求更加严密、精确。

3）零件图形的数学处理和计算。编程尺寸并不是零件图上设计的尺寸的简单再现。在对零件图进行数学处理和计算时，编程尺寸设定值要根据零件尺寸公差要求和零件的形状几何关系重新调整计算，才能确定合理的编程尺寸。

4）考虑进给速度对零件形状精度的影响。制订数控加工工艺时，选择切削用量要考虑进给速度对加工零件形状精度的影响。在数控加工中，刀具的移动轨迹是由插补运算完成的。根据插补原理分析，在数控系统已定的条件下，进给速度越快，则插补精度越低，导致工件的轮廓形状精度越差。尤其在高精度加工时，这种影响非常明显。

5）强调刀具选择的重要性。从零件结构方面来说，数控加工工艺与普通机床加工工艺有所不同，一些在普通机械加工中工艺性不好的零件或结构，采用数控加工时则很容易实现，而有些用普通机床加工时工艺性较好的情况却不适合数控加工，这是由数控加工的原理和特点决定的。如图2-2所示为在普通机床上用成形刀具加工3种沟槽的情形，从普通车床或磨床的切削方式进行工艺性判断，a的工艺性最好，b次之，c最差，因为b和c的槽刀具制造困难，切削抗力比较大，刀具磨损后不易重磨。若改用数控机床加工，如图2-3所示，则c工艺性最好，b次之，a最差，因为a在数控机床上加工时仍要用成形槽刀切削，不能充分利用数控加工走刀灵活的特点，b和c则可用通用的外圆刀具加工。

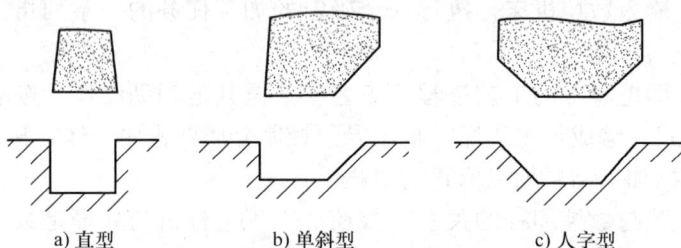

a) 直型　　　　　　b) 单斜型　　　　　　c) 人字型

图2-2　普通机床上用成形刀具加工沟槽

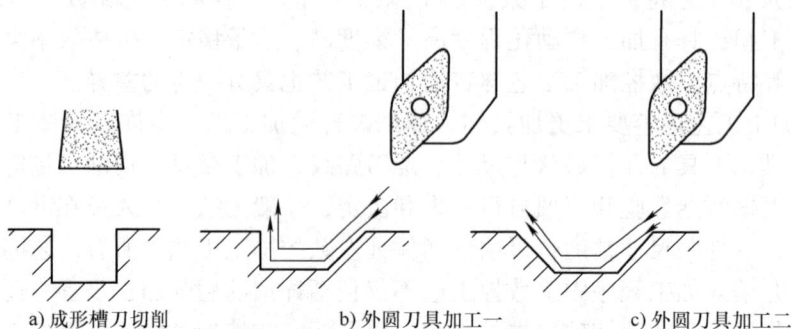

a) 成形槽刀切削　　　　b) 外圆刀具加工一　　　　c) 外圆刀具加工二

图2-3　在数控机床上加工不同的沟槽

又如图2-4所示的端面形状比较复杂的盘类零件，其轮廓剖面由多段直线、斜线和圆弧组成。虽然形状比较复杂，但用标准的35°刀尖角的菱形刀片可以毫无干涉地完成整个型面的切削，完全适合数控加工。

6）数控加工工艺的特殊要求。

① 由于数控机床比普通机床的刚度高，所配的刀具也较好，因此在同等情况下，数控机床切削用量比普通机床大，加工效率也较高。

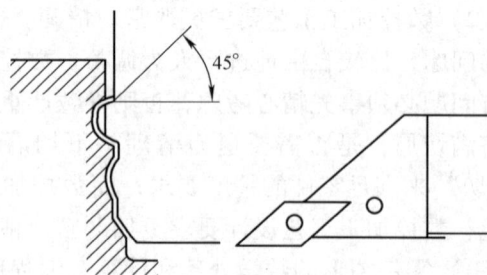

图2-4　复杂轮廓面的数控加工

② 数控机床的功能复合化程度越来越高，因此现代数控加工工艺的明显特点是工序相

对集中，表现为工序数目少，工序内容多，并且由于在数控机床上尽可能安排较复杂的工序，所以数控加工的工序内容比普通机床加工的工序内容复杂。

③ 由于数控机床加工的零件比较复杂，因此在确定装夹方式和夹具设计时，要特别注意刀具与夹具、工件的干涉问题。

7) 数控加工工艺的特殊性。普通工艺中，划分工序、选择设备等重要内容，对数控加工工艺来说属于已基本确定的内容，所以制订数控加工工艺的着重点是整个数控加工过程的分析，关键在确定进给路线及生成刀具运动轨迹。复杂表面的刀具运动轨迹生成需借助自动编程软件，既是编程问题，当然也是数控加工工艺问题。这也是数控加工工艺与普通加工工艺最大的不同之处。

2. 数控加工工艺文件

将工艺规程的内容填入一定格式的卡片中，用于生产准备、工艺管理和指导技术工人操作等各种技术文件称之为工艺文件。它是编制生产计划、调整劳动组织、安排物质供应、指导技术工人加工操作及技术检验等的重要依据。编写数控加工技术文件是数控加工工艺设计的内容之一。这些文件既是数控加工和产品验收的依据，也是操作者需要严格遵守和执行的规程。数控加工工艺文件还作为加工程序的具体说明或附加说明，其目的是让操作者更加明确程序的内容、安装与定位方式、各加工部位所选用的刀具及其他需要说明的事项，以保证程序的正确运行。

数控加工工艺文件主要包括数控加工工序卡、数控刀具调整单、机床调整单、零件加工程序单等。这些文件目前还没的一个统一国家标准，但各企业可根据本单位的特点制订上述工艺文件。

(1) 数控加工编程任务书　如表 2-1 所示，数控加工编程任务书记载并说明了工程技术人员对数控加工工序的技术要求、工序说明以及数控加工前应保证的加工余量，它是程序编制技术人员与工艺制订技术人员协调加工工作和编制数控程序的重要依据之一。

表 2-1　数控加工编程任务书

年　　月　　日

×××× 工程技术部	数控加工编程任务书	产品零件图号		任务书编号	
		零件名称			
		数控设备		共　页第　页	

主要工序说明及技术要求

1. ××××××××××

2. ××××××××××

编程收到日期			经手		批准		
编制		审核		编程		审核	批准

(2) 工序卡　数控加工工序卡与普通加工工序卡有许多相似之处，但也有不同。不同的是数控加工工序卡中应反映使用的辅具、刀具、切削参数、切削液等，它是操作技术人员配合数控程序进行数控加工的主要指导性工艺资料。工序卡应按已确定的工步顺序填写，如

表 2-2 所示。

表 2-2　数控加工工序卡

××××	数控加工工序卡	产品名称或代号		零件名称		零件图号	
工艺序号	程序编号	夹具名称	夹具编号		使用设备		车间
工步号	工步内容	加工面	刀具号	刀具规格	主轴转速	进给速度	背吃刀量	备注
1								
2								
3								
4								
5								
…								
编制		审核		批准		共　页	第　页

（3）数控加工进给路线图　在数控加工中，特别要防止刀具在运行中与夹具、零件等发生碰撞，为此必须设法在加工工艺文件中告之操作技术人员关于程序中的刀具路线图。

为了简化进给路线图，一般采用统一约定的符号来表示，不同的机床可以采用不同的图例与格式，如表 2-3 和表 2-4 所示。

表 2-3　数控加工进给路线图（一）

××××	数控刀具加工进给路线图	比例	共　页
			第　页
零件图号		零件名称	
程序编号		机床型号	
刀　号			
刀具直径		加工要求说明	
直径补偿			
刀具长度			
运动坐标点坐标			
第一点			
第二点		加工零件图样	
…			
编程员		审核	日期

表2-4　数控加工进给路线图（二）

刀具加工路线进给图		零件图号		工序号		工步号	
程序编号		设备型号		程序段号		加工内容	

加工零件图样

符号						
含义						
编程		核对		审核		共　页　　第　页

（4）数控刀具调整单　数控刀具调整单主要包括数控刀具卡片与数控刀具明细表。

数控加工时，对刀具的要求十分严格，一般要在机外对刀仪上事先调整好刀具直径和长度。数控刀具卡片主要反映刀具编号、刀具结构、尾柄规格、组合件名称代号、刀片型号和刀具材料等，它是组装刀具和调整刀具的合理依据。数控刀具卡片见表2-5。

数控刀具明细表是调刀人员调整刀具输入的主要依据（见表2-6）。

表2-5　数控刀具卡片

零件图号		数控刀具卡片				使用设备	
刀具名称							
刀具编号		换刀方式		程序编号			
刀具组成	序号	编号	刀具名称	规格	数量	备注	
	1						
	2						
	3						
	4						
	5						

刀具组成外形图

备注						
编制		审核		批准		共　页　　第　页

表2-6 数控刀具明细表

零件图号	零件名称	材料	数控刀具明细表			程序编号	车间	使用设备
刀号	刀位号	刀具名称	刀具图号	刀具		刀补地址	换刀方式	加工部位
				直径/mm	长度/mm			
				设定	补偿	设定	直径	长度	自动/手动	

刀号	刀位号	刀具名称	刀具图号	设定	补偿	设定	直径	长度	自动/手动	加工部位

编制		审核		批准		年 月 日		共 页		第 页

（5）机床调整单 机床调整单是机床操作技术人员在加工前调整机床的依据。它主要包括机床控制面板开关调整单，如表2-7所示。

表2-7 数控机床调整单

零件号		零件名称		工序号		制表	
F–位码调整旋钮							
F1		F2		F3		F4		F5	
F6		F7		F8		F9		F10	
刀具补偿拨盘							
1				6			
2				7			
3				8			
4				9			
5				10			
各轴切削开关位置							
X				Z			
垂直校验开关位置							
工件冷却							

（6）零件安装和零点设定卡片　数控加工零件安装和零点设定卡片标明了数控加工零件的定位与夹紧方法以及零件零点设定的位置和坐标方向，还有使用夹具的名称和编号等，其格式见表2-8。

表2-8　零件安装和零点设定卡片

零件图号		零件加工安装和零点设定卡片			工序号	
零件名称					装夹次数	
零件加工图样						
				...		
				4		
				3		
				2		
编制	审核	批准	共　　页	1		
			第　　页	序号	夹具名称	夹具图号

（7）数控加工程序单　数控加工程序单是编程技术人员根据零件工艺分析情况，经过数值计算，按照机床设备特定的指令代码编制的。因此，对加工程序进行详细说明是必要的，特别是某些需要长期保存和使用的程序。根据实践，其说明内容一般有：

1）数控加工工艺过程；

2）工艺参数；

3）位移数据的清单以及手动输入（MDI）和置备控制介质；

4）对程序中编入的子程序应说明其内容；

5）其他需要特殊说明的问题。

知识点二　数控机床技术参数

1. 数控车床主要技术参数

为了能更有效地利用数控车床，充分发挥数控车床的优点，需要了解并掌握数控车床的主要技术参数与基本功能。

（1）机床规格与技术要求　数控车床的规格与要求包含以下6个方面的内容，见表2-9。

表2-9　数控车床的规格与要求

规格	内容	要求
加工范围	床身最大工件回转直径	≥φ400mm
	拖板最大工件回转直径	≥φ180mm
	最大工件长度	≥1000mm
	最大车削长度	≥800mm
主轴控制	主轴转速范围（变频，无级或两档）	100～2000rpm
	主轴通孔直径	φ52mm
	主轴锥孔	Morse No.6
	主轴电动机功率	≥5.5kW

（续）

规格	内容	要求
驱动控制	进给快移速度（max）	X 向≥6000mm/min Z 向≥6000mm/min
	进给电动机扭矩（功率）	X 向≥4N·m Z 向≥6N·m
机床精度	定位精度	X 向≤0.016mm Z 向≤0.025mm
	重复定位精度	X 向≤0.010mm Z 向≤0.010mm
刀架控制	刀架刀位数	≥4
	刀架转位的定位精度	≤±0.01mm
	车刀刀杆最大尺寸（宽×高）	≥20mm×20mm
尾座	尾架套筒锥孔	Morse No. 4 或 Morse No. 5
	尾架套筒最大移动距离	≥100mm

（2）数控车床数控系统基本要求　数控系统配置与功能的要求见表2-10。

表2-10　数控车床数控系统配置与功能的要求

控制轴数	2	最大编程尺寸	≥±8 位
联动轴数	2		
最小设定单位	0.001mm		
进给轴驱动系统	数字交流伺服驱动装置＋永磁同步交流无刷伺服电动机		
主轴系统	变频器＋变频主轴电动机		
自动加减速控制方式	S 形加减速度控制		
图形显示	彩色实体图形实时动态显示刀具轨迹和零件形状		
在线帮助功能	提供编程帮助和图例		
程序数据断电保护与存储功能，用户程序可断电储存容量≥512KB			
半闭环控制，数控系统具有位置检测反馈信号输入接口			
数字交流伺服主轴驱动装置＋伺服主轴电动机			
进给修调、快速修调和主轴转速修调3种控制功能			
两种以上对刀操作：可自动计算工件坐标值			
7in 以上单色或彩色液晶显示器，分辨率≥640×480 像素			
空运行、模拟加工和图形化程序校验功能			
实时加工参数显示功能：机床坐标系、工件坐标系、实时跟踪误差、实时剩余进给量、指令位置和实际位置实时显示等			
工作状态显示灯：每个模态键上应有状态指示灯，使用户操作直观明了			
局域网（以太网）连接功能或有计算机通信接口，实现数控机床联网			
具有系统软件可持续升级的能力，可提供二次开发工具软件包			
大量加工程序		断点保存与恢复功能	
显示屏亮度手动和自动调节功能		编辑功能（包括后台编辑功能）	

（续）

从指定的任意行运行加工功能	行程极限的软件、硬件限位功能
具有扩展软驱、硬盘接口，可装载和存储	系统参数备份与恢复功能
故障监控、诊断与报警功能	主轴编码器
历史故障记忆功能	电子手轮
间隙及螺距误差补偿功能，补偿点数≥128点	蓝图编程功能
跟踪误差允差设定与报警功能	DNC接口通信功能
汉字菜单	可外接101键盘的接口
手动/自动/单步/MDI等多种运行方式	程序跳段功能

（3）数控系统编程功能要求 数控系统编程功能要求见表 2-11。

表 2-11 数控系统编程功能要求

功能要求	功能要求
直线、圆弧、螺旋线和正弦线插补功能	自动换刀功能
螺纹功能（公/寸制）、多种螺纹切削固定循环	倒直角、圆角功能
循环、多线螺纹加工功能	小线段连续高速加工功能和准确定位功能
多种粗精车削加工固定循环、复合循环	恒线速切削功能
公制/英制输入功能	坐标系可编程的零点偏置功能
直径/半径编程	四重以上子程序调用功能
绝对值/增量值编程	参数编程、宏程序编程功能，支持逻辑运算、函数运算、条件判别和循环语句
每分钟/每转进给功能	
刀具偏置和补偿功能，刀具位数≥70把	标准的 G 功能、M 功能、T 功能，数控编程指令与国际标准兼容，支持常用 CAD/ CAM 系统生成的数控加工程序
刀具偏置存储器≥70个	
刀尖圆弧半径补偿、长度补偿功能	

2. 数控铣床主要技术参数

（1）机床规格与技术要求 数控铣床的规格与要求包含以下 4 个方面的内容，见表 2-12。

表 2-12 数控铣床的规格与要求

规格	内容	要求
加工范围	工作台面尺寸（宽×长）	≥400mm×800mm
	$X/Y/Z$ 向最大行程	≥600mm/400mm/500mm
	工作台最大承载重量	≥500kg
	最大立铣刀直径	≥ϕ50mm
主轴控制	主轴转速范围（变频，无级或两档）	600～6000rpm
	主轴锥孔	ISO40
	主轴刀柄	BT40
	刀柄拉钉	P40T
	主轴电动机功率	≥5.5kW

（续）

规格	内容	要求
驱动控制	进给快移速度	x 向 $\geqslant 8000$mm/min y 向 $\geqslant 8000$mm/min z 向 $\geqslant 4000$mm/min
	进给电动机扭矩	x 向 $\geqslant 11$N·m y 向 $\geqslant 11$N·m z 向 $\geqslant 11$N·m
机床精度	定位精度	x 向 $\leqslant 0.030$mm y 向 $\leqslant 0.030$mm z 向 $\leqslant 0.030$mm
	重复定位精度	x 向 $\leqslant 0.010$mm y 向 $\leqslant 0.010$mm z 向 $\leqslant 0.010$mm

（2）数控铣床数控系统基本要求　数控系统配置与功能的要求见表 2-13。

表 2-13　数控铣床数控系统配置与功能的要求

控制轴数	3
联动轴数	3
最小设定单位	0.001mm
最大编程尺寸	$\geqslant \pm 8$ 位
进给轴驱动系统	数字交流伺服驱动装置 + 永磁同步交流无刷伺服电动机
主轴系统	变频器 + 变频主轴电动机
自动加减速控制方式	S 形加减速度控制
图形显示	三维彩色实体图形实时动态显示刀具轨迹
工作状态显示灯	每个模态键上应有状态指示灯，使用户操作直观明了
在线帮助功能	提供编程帮助和图例
实时加工参数显示功能	机床坐标系、工件坐标系、实时跟踪误差、实时剩余进给量、指令位置和实际位置实时显示等

局域网（以太网）连接功能或有计算机通信接口，实现数控机床联网

程序数据断电保护与存储功能，用户程序可断电存储容量 $\geqslant 512$KB

半闭环控制，数控系统具有位置检测反馈信号输入接口

数字交流伺服主轴驱动装置 + 伺服主轴电动机

进给修调、快速修调和主轴转速修调 3 种控制功能，修调范围达到 10% ~ 15%

具有扩展软驱、硬盘接口，可装载和存储大量加工程序

7in 以上单色或彩色液晶显示器，分辨率 $\geqslant 640 \times 480$ 像素（工作台台面尺寸为 300mm × 1000mm 的数控铣床）

10in 以上单色或彩色液晶显示器，分辨率 $\geqslant 640 \times 480$ 像素（工作台台面尺寸 $\geqslant 400$mm × 1000mm 的数控铣床和加工中心）

（续）

具有系统软件可持续升级的能力，可提供二次开发工具软件包	
具有系统生产厂家通过 ISO9000 质量体系认证	
间隙及螺距误差补偿功能，补偿点数≥128 点	
两种以上对刀操作，可自动计算工件坐标值	
蓝图编程功能	汉字菜单
断点保存与恢复功能	编辑功能（包括后台编辑功能）
从指定的任意行运行加工功能	显示屏亮度手动和自动调节功能
程序跳段功能	空运行、模拟加工和图形化程序校验功能
故障监控、诊断与报警功能	系统参数备份与恢复功能
历史故障记忆功能	电子手轮
跟踪误差允差设定与报警功能	具有第四轴的扩展能力
手动/自动/单步/MDI 等多种运行方式	DNC 接口通信功能
行程极限的软件、硬件限位功能	可外接 101 键盘的接口

3. 加工中心主要技术参数

（1）机床规格与技术要求　加工中心的规格与要求包含以下 5 个方面的内容，见表 2-14。

表 2-14　加工中心的规格与要求

规格	内容	要求
加工范围	工作台面尺寸（宽×长）	≥400mm×800mm
	$x/y/z$ 向最大行程	≥600mm/400mm/500mm
	工作台最大承载重量	≥300kg
	最大立铣刀直径	≥ϕ40mm
主轴控制	主轴转速范围（变频，无级或两档）	600～6000rpm
	主轴锥孔	ISO40
	主轴刀柄	BT40
	刀柄拉钉	P40T
	主轴电动机功率	≥5.5kW
自动换刀装置	刀库容量	≥12 把
	最大刀具重	≥6.8kg
	最大刀具直径	≥相邻 ϕ80mm/相邻 ϕ160mm
	换刀时间（相邻）	≤6.5s
驱动控制	进给快移速度	x 向≥8000mm/min y 向≥8000mm/min z 向≥8000mm/min
	进给电动机扭矩	x 向≥11N·m y 向≥11N·m z 向≥11N·m

（续）

规格	内容	要求
机床精度	定位精度	x 向 ≤0.025mm y 向 ≤0.020mm z 向 ≤0.025mm
	重复定位精度	x 向 ≤0.015mm y 向 ≤0.012mm z 向 ≤0.015mm

（2）加工中心数控系统编程功能要求　加工中心数控系统编程功能要求见表2-15。

表2-15　加工中心数控系统编程功能要求

功能要求	
直线、圆弧、螺旋线和正弦线插补功能	
参数编程、宏程序编程功能，支持逻辑运算、函数运算、条件判别和循环语句	
标准的 G 功能、M 功能、T 功能，数控编程指令与国际标准兼容，支持常用 CAD/CAM 系统生成的数控加工程序	
螺纹功能（公/寸制）、多种攻螺纹功能、刚性攻螺纹（加工中心）	
多种铣削固定循环、多种粗精铣加工固定循环和复合循环、攻螺纹与逆攻螺纹、钻孔、深钻孔、定心钻循环功能、固定循环返回起始点和安全机功能	
小线段连续高速加工功能（G64）和准确定位功能（G61）	
刀具偏置和补偿功能，刀具位数≥70 把，刀具偏置存储器≥70 个	
多种镗铣切削循环功能	刀尖圆弧半径补偿、长度补偿功能
坐标系可编程的零点偏置功能	公制/英制输入功能
四重以上子程序调用功能	绝对值/增量值编程
旋转、镜像和缩放功能	脉冲当量输入功能
虚轴指定功能	每分钟/每转进给功能
用户自定义 M 指令功能	自动换刀功能

知识点三　数控加工用刀具

数控加工用刀具材料主要包括高速钢、硬质合金、陶瓷、立方氮化硼、人造金刚石等。目前广泛使用气相沉积技术来提高刀具的切削性能和刀具寿命。气相沉积可以用来制备具有特殊力学性能（如超硬、耐热等）的薄膜涂层。刀具涂层技术目前可分为两大类，即化学气相沉积和物理气相沉积。图2-5是不同刀具材料的硬度和韧性对比。

先进的机床需要有先进完备的刀辅具系统为其作支撑，因而现代数控机床在传统机床的基础上对刀具有了更高的要求。现代数控机床广泛使用机夹硬质合金刀具，并且逐步开始推广使用硬质合金涂层刀具。

1. 数控车削用刀具

数控车床使用的刀具从切削方式上可分为3类：外圆表面切削刀具、端面切削刀具和内圆表面切削刀具。

（1）刀具材料基本要求　要实现数控车床的合理切削，必须有与之相适应的刀具与刀具材料。切削中刀具切削刃要承受很高的温度和很大的切削力，同时还要承受冲击与振动，要使刀具能在这样的条件下工作，并保持良好的切削能力，刀具材料应满足以下基本要求。

1）高硬度和高耐磨性。刀具材料的硬度应大于工件材料的硬度才能维持正常的切削。

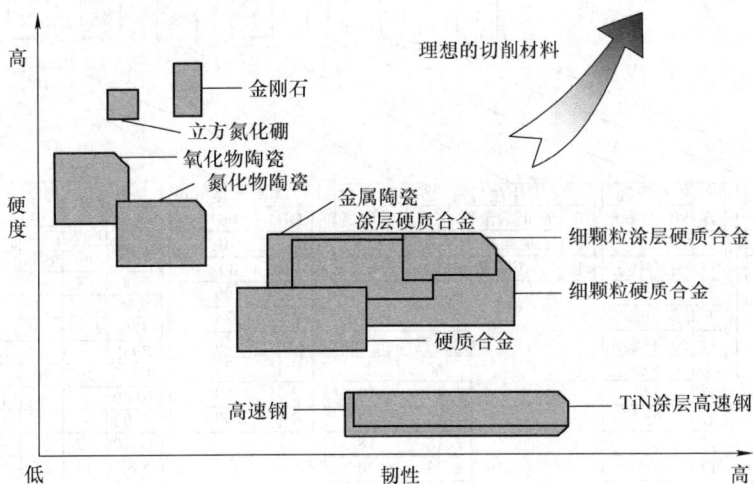

图 2-5　不同刀具材料的硬度和韧性对比

2）足够的强度和韧性。刀具材料必须具备足够的抗弯强度和冲击韧性，在切削过程中以承受切削力、冲击和振动，避免刀具产生断裂和崩刃。

3）良好的耐热性能。耐热性是指刀具材料在切削过程中的高温下保持硬度、耐磨性、强度和韧性的能力。

4）良好的工艺性。为了便于刀具的制造，要求刀具材料具有良好的工艺性，如良好的热处理性能和刃磨性等。

5）经济性。是指刀具材料价格及刀具制造成本，整体上的经济性可以使分摊到每个工件的成本降低。

（2）数控车削用刀具特点　为了满足数控车床的加工工序集中、零件装夹次数少、加工精度高和能自动换刀等要求，数控车床使用的刀具有如下特点。

1）高加工精度。为适应数控加工高精度和快速自动换刀的要求，数控刀具及其装夹结构必须具有很高的精度，以保证在数控车床上的安装精度和重复定位精度。

2）高刚性。数控车床所使用的刀具应具有适应高速切削的要求，具有良好的刚性。

3）高寿命。数控加工刀具的寿命及其经济寿命的指标应具有合理性，要注重刀具材料及其切削参数与被加工工件材料之间匹配的选用原则。

4）高可靠性。要求刀具应有很高的可靠性，性能和刀具寿命不能有较大差异。

5）装卸调整方便。为避免加工过程中出现意外的损伤，满足同一批刀具的刀具系统装载质量限度的要求，对整个数控车床自动换刀系统的结构应进行优化。

6）标准化、系列化、通用化程度高。使数控车床刀具最终达到高效、多能、快换和经济的目的。

（3）数控车削用刀具

1）外圆车刀型号。为便于选用和订购，规范生产厂家对刀片的命名，标准 GB/T 5343.1—2007 中规定，外圆车刀型号由不同意义的字母或数字按一定的顺序、方式排列构成，如图 2-6 所示。

① 夹紧机构。可转位车刀夹紧机构见表 2-16。

P C L N R 25 25 M 12
① ② ③ ④ ⑤ ⑥ ⑦ ⑧

① 夹紧机构	
C	双重压紧型
M	WP车刀型
P	杠杆压紧型
S	螺钉压紧型

② 刀片形状	
C	80°菱形
D	55°菱形
R	圆形
S	正方形
T	正三角形
V	36°菱形

③ 主偏角	
A	90°无偏角
B	75°
D	45°中立
E	60°
F	90°
G	90°有偏角
J	55°
K	75°
L	95°
N	85°
O	105°
S	45°
T	60°

④ 刀片法后角	
C	7°正后角型
N	负角型
E	20°正后角型

⑤ 进给方向	
R	右
L	左
N	左、右

⑥ 刀具高、宽/mm²	
8	8
10	10
12	12
18	18
20	20
25	25
32	32

⑦ 刀具长度/mm	
D	60
E	70
F	80
H	100
K	125
M	150
P	170
O	180
R	200

⑧ 刀片尺寸/mm

刀片内接圆	正方形	正三角形	圆形	80°菱形	55°菱形	35°菱形
6.00	—	—	06	—	—	—
6.15	—	11	—	06	07	11
7.94	—	13	—	—	—	—
8.00	—	—	08	—	—	—
9.525	09	16	—	09	11	16
10.00	—	—	10	—	—	—
12.00	—	—	12	—	—	—
12.70	12	22	—	12	15	—
15.875	16	27	—	16	—	—
16.00	—	—	16	—	—	—
19.05	19	—	19	19	—	—
20.00	—	—	20	—	—	—
25.00	—	—	25	—	—	—
25.40	25	—	—	—	—	—
32.00	—	—	32	—	—	—

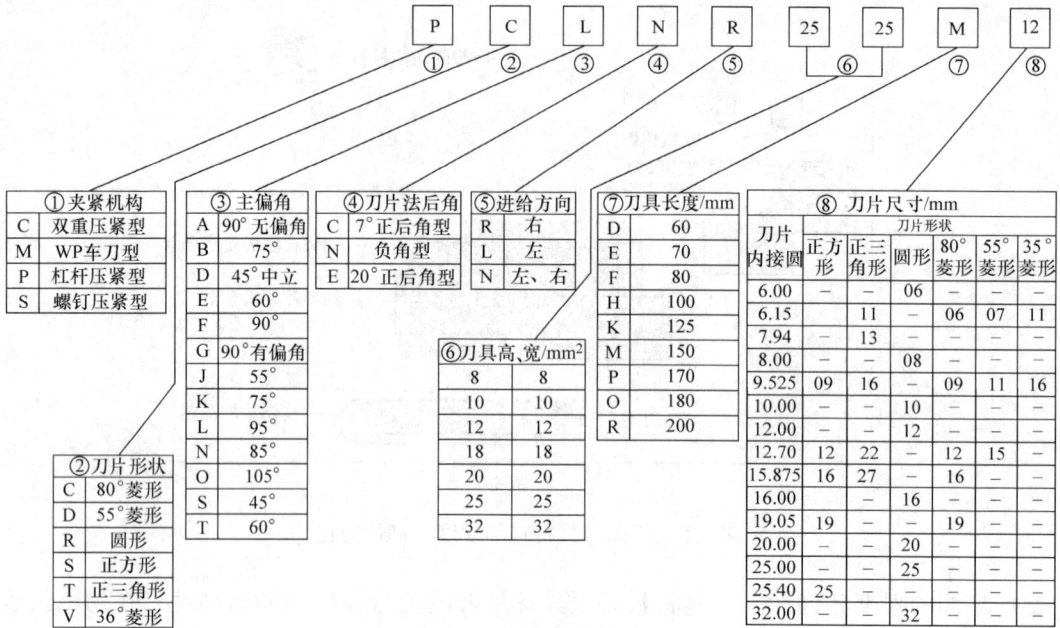

图 2-6　外圆车刀型号表示规则

表 2-16　可转位车刀夹紧机构

夹紧方式	图示	特性	夹紧方式	图示	特性
压板紧固（C）		1. 紧硬紧固　2. 负前角刀片：半精加工、粗加工（主要用于陶瓷刀具紧固）　3. 正前角刀片：低切削阻力	双重紧固（M）		1. 压板和插销双重紧固　2. 坚硬紧固　3. 重切削用
插销紧固（P）		1. 紧固力强　2. 精度高　3. 刀片更换容易	杠杆紧固（P）		1. 紧固力强　2. 精度高　3. 刀片更换容易，使用广泛
螺钉紧固（S）		1. 构造简单　2. 精、半精加工用	楔形紧固（W）		1. 坚硬紧固　2. 重切削用

② 进给方向。车削进给方向如图 2-7 所示。R 为右偏刀，从右开始切削加工；L 为左偏刀，从左开始切削；N 一般为螺纹的进刀加工方式。

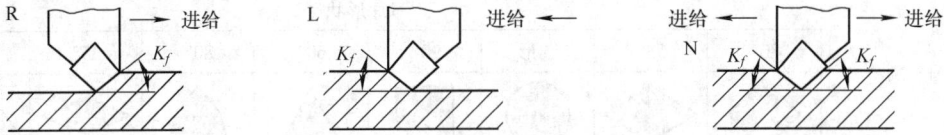

图 2-7 车削进给方向

③ 外圆刀片的夹紧方式。外圆刀片的夹紧方式见表 2-17。

表 2-17 外圆刀片的夹紧方式

刀具系统	负前角刀片（T-MAXP）				正前角刀片	陶瓷和立方氮化硼刀片（T-MAX）	
	刚性夹紧式	杠杆夹紧式	楔块夹紧式	螺钉夹紧和上压式	螺钉夹紧式	刚性夹紧式	上压式
夹紧系统							
工序 纵向/端面车削	◆◆	◆	◆		◆	◆◆	◆
仿形车削	◆◆	◆	◆	◆		◆◆	◆
端面车削	◆◆	◆	◆	◆	◆	◆◆	◆
插入车削		◆			◆◆		◆◆

说明：◆◆——推荐刀具系统；◆——补充选择刀具系统。

④ 外圆刀片的应用。外圆刀片的应用见表2-18。

表2-18 外圆刀片的应用

	刀片形状							
外圆车削	80°	55°	圆形	90°	60°	80°	35°	55°
	C	D	R	S	T	W	V	
工序 纵向/端面车削	◆◆	◆	◆	◆	◆	◆		
仿形车削		◆◆	◆		◆		◆	◆
端面车削	◆	◆		◆◆	◆	◆		◆
插入车削		◆◆		◆				

说明：◆◆——推荐刀具系统；◆——补充选择刀具系统。

2）镗刀杆（内孔刀具）型号。镗刀杆型号的表示规则如图2-8所示。

■ ISO形镗杆
[铝加工用、M型、P型、S型]

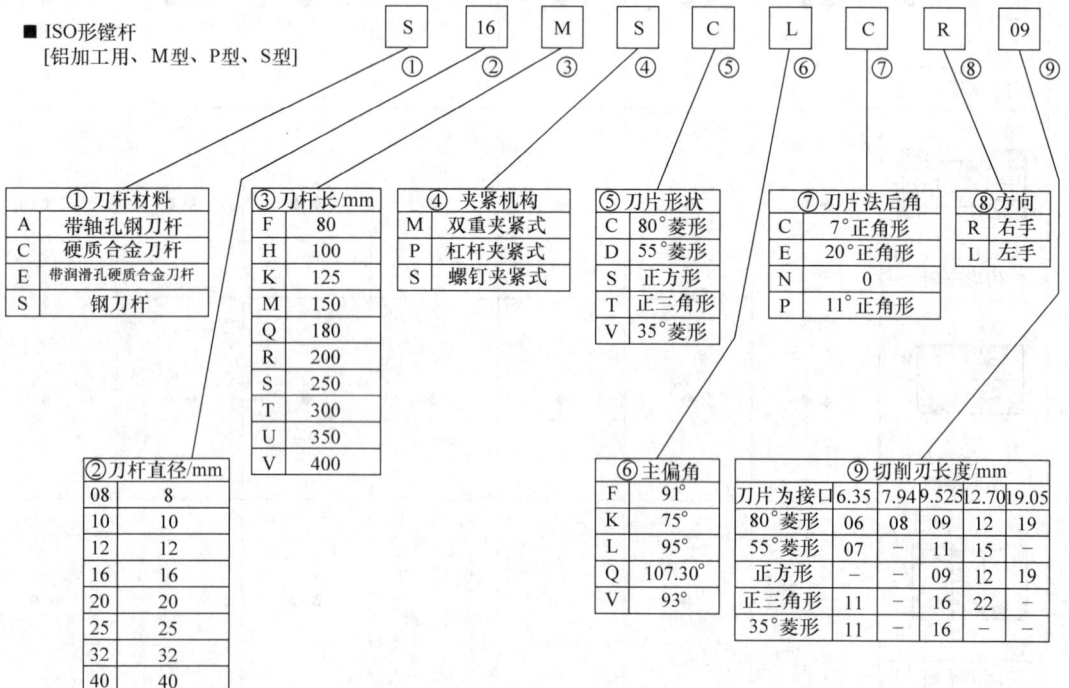

S 16 M S C L C R 09
① ② ③ ④ ⑤ ⑥ ⑦ ⑧ ⑨

①刀杆材料	
A	带轴孔钢刀杆
C	硬质合金刀杆
E	带润滑孔硬质合金刀杆
S	钢刀杆

③刀杆长/mm	
F	80
H	100
K	125
M	150
Q	180
R	200
S	250
T	300
U	350
V	400

④夹紧机构	
M	双重夹紧式
P	杠杆夹紧式
S	螺钉夹紧式

⑤刀片形状	
C	80°菱形
D	55°菱形
S	正方形
T	正三角形
V	35°菱形

⑦刀片法后角	
C	7°正角形
E	20°正角形
N	0
P	11°正角形

⑧方向	
R	右手
L	左手

②刀杆直径/mm	
08	8
10	10
12	12
16	16
20	20
25	25
32	32
40	40

⑥主偏角	
F	91°
K	75°
L	95°
Q	107.30°
V	93°

⑨切削刃长度/mm					
刀片为接口	6.35	7.94	9.525	12.70	19.05
80°菱形	06	08	09	12	19
55°菱形	07	–	11	15	–
正方形	–	–	09	12	19
正三角形	11	–	16	22	–
35°菱形	11	–	16	–	–

图2-8 镗刀杆型号的表示规则

① 内孔刀片的夹紧方式。内孔刀片的夹紧方式见表2-19。

表2-19　内孔刀片的夹紧方式

刀具系统	负前角刀片（T-MAXP）				正前角刀片	陶瓷和立方氮化硼刀片（T-MAX）
	刚性夹紧式	杠杆夹紧式	楔块夹紧式	螺钉夹紧和上压式	螺钉夹紧式	上压式
夹紧系统	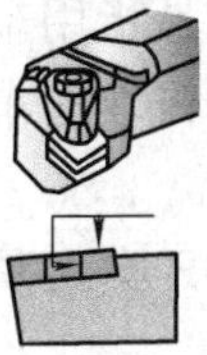		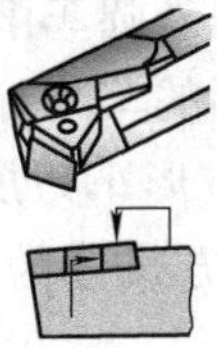	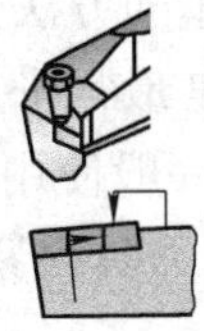		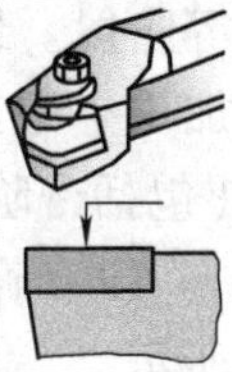
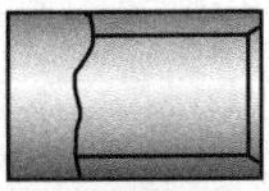 工序 纵向/端面车削	◆◆	◆◆	◆		◆◆	◆
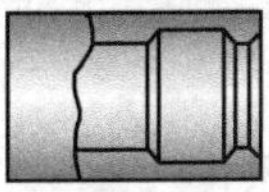 工序 仿形车削	◆	◆	◆	◆◆	◆◆	◆
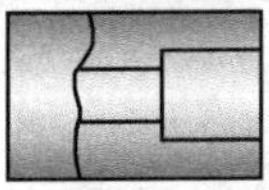 工序 端面车削	◆	◆		◆◆	◆	◆

说明：◆◆——推荐刀具系统；◆——补充选择刀具系统。

注意问题：使用尽可能大的镗杆，以获得最大稳定性；如可能，使用小于90°的主偏角，以减小冲击的作用在切削刃上的力。

② 内孔刀片的应用。内孔刀片的应用见表2-20。

表2-20　内孔刀片的应用

外圆车削	刀片形状						
	80° C	55° D	圆形 R	90° S	60° T	80° W	35° V
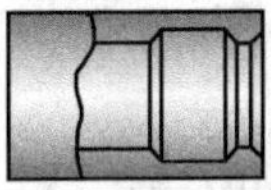 工序 纵向/端面车削	◆	◆	◆	◆	◆◆		
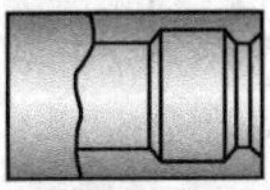 工序 仿形车削		◆◆			◆		◆
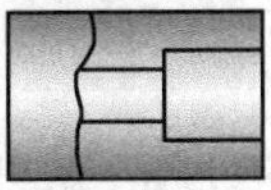 工序 端面车削	◆◆	◆	◆		◆	◆	

说明：◆◆——推荐刀具系统；◆——补充选择刀具系统。

（4）数控车削用刀具的选用原则　数控车削用刀具的选用应从多个方面去考虑。

1）确定工序类型。确定工序类型即确定外圆/内孔加工顺序。一般遵从先内孔后外圆的原则，即先进行内部型腔的加工，再进行外圆的加工。

2）确定加工类型。确定加工类型即确定外圆车削/内孔车削/端面车削/螺纹车削的类型。数控车削加工的工艺特点是以工件旋转为主运动，车刀运动为进给运动，主要用来加工各种回转表面。根据所选用的车刀角度和切削用量的不同，车削可分为粗车、半精车和精车等阶段。最常见、最基本的车削方法是外圆车削；内孔车削是指用车削方法扩大工件的孔或加工空心工件的内表面，也是最常采用的车削加工方法之一；端面车削主要指的是车端平面（包括台阶端面）；螺纹车削一般使用成形车刀加工。

3）确定刀具夹紧方式。刀具夹紧方式分为 M 类夹紧、P 类夹紧和 S 类夹紧，如图 2-9所示。

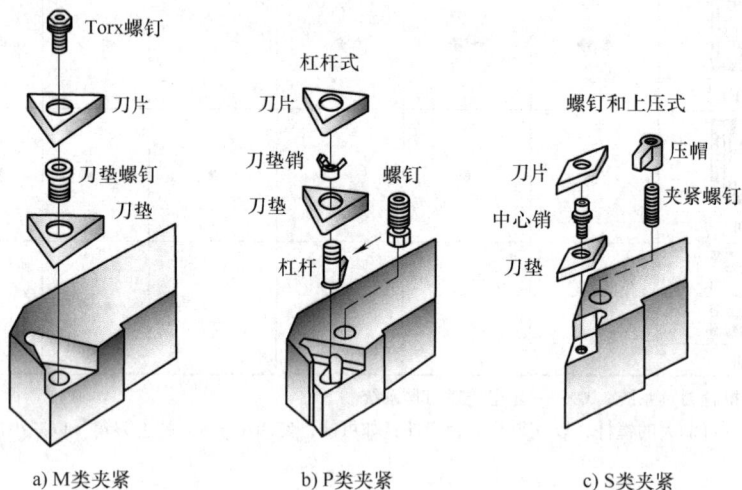

a) M类夹紧　　　　b) P类夹紧　　　　c) S类夹紧

图 2-9　刀具夹紧方式

4）确定刀具形式。如图 2-10 所示为车削用刀具形式与加工范围。

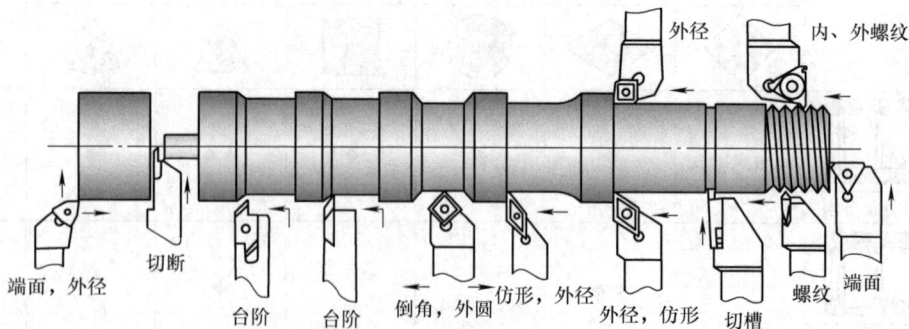

图 2-10　车削用刀具形式与加工范围

5）确定刀具中心高。一般刀具中心高主要有 16mm、20mm、25mm、32mm 和40mm 等。

6）选择刀片。选择刀片的形状、型号、槽型、刀尖和牌号。图 2-11 所示为可转位车刀刀片的形状。

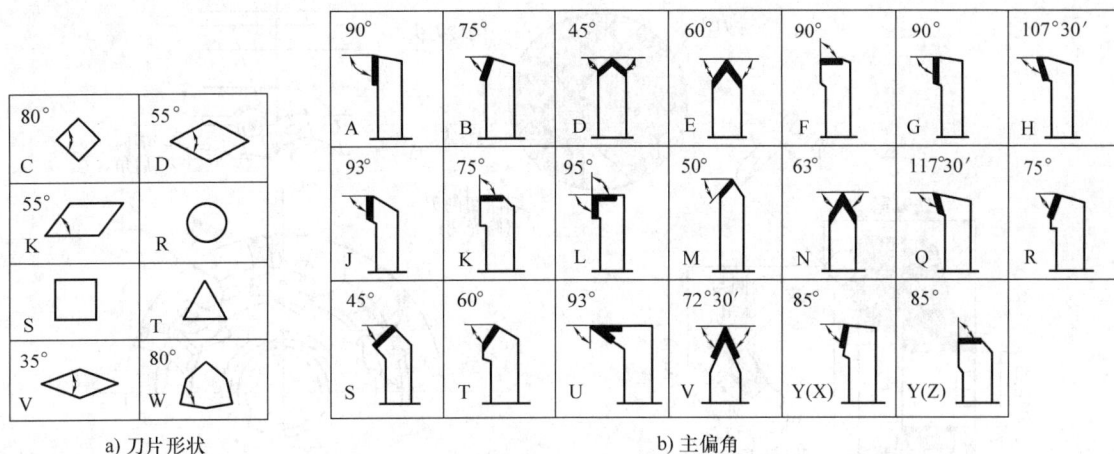

a) 刀片形状   b) 主偏角

图 2-11 可转位车刀刀片的形状

（5）刀具的选择和预调 选择数控车削刀具要针对所用机床的刀架结构，现以图 2-12 所示的某数控车床的刀盘结构为例加以说明。这种刀盘一共有 6 个刀位，每个刀位上可以在径向安装刀具，也可以在轴向装刀，外圆车刀通常安装在径向，内孔车刀通常安装在轴向。刀具以刀杆尾部和一个侧面定位，当采用标准尺寸的刀具时，只要定位、锁紧可靠，就能确定刀尖在刀盘上的相对位置。可见对于这类刀盘结构，车刀的柄部要选择合适的尺寸，刀刃部分要选择机夹不重磨刀具，并且刀具的长度不得超出规定的范围，以免发生干涉现象。

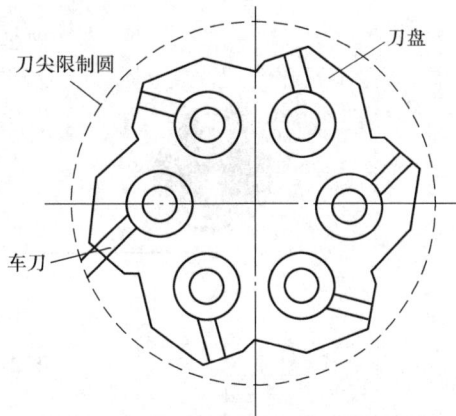

图 2-12 数控车床对车刀的限制

数控车床刀具预调的主要工作包括如下几项内容。

1）按加工要求选择全部刀具，并对刀具外观，特别是刃口部位进行检查。

2）检查、调整刀尖的高度，实现等高要求。

3）刀尖圆弧半径应符合程序要求。

4）测量和调整刀具的轴向和径向尺寸。

2. 数控铣床/加工中心用刀具

（1）面铣刀 面铣刀一般采用舯状体上机夹刀片或刀头组成，常用于铣削较大的平面，其结构如图 2-13 所示。

铣削刀具齿距上刀刃上某一点和相邻刀齿上相同点之间的距离。面铣刀分为疏齿、密齿和超密齿，如图 2-14 所示。当稳定性和功率有限时，采用疏齿方式，用以减少刀片数目并采用不等齿距以得到最高生产率；在一般用途生产和混合生产条件下首选密齿；在稳定条件下采用超密齿以获得较高生产率。

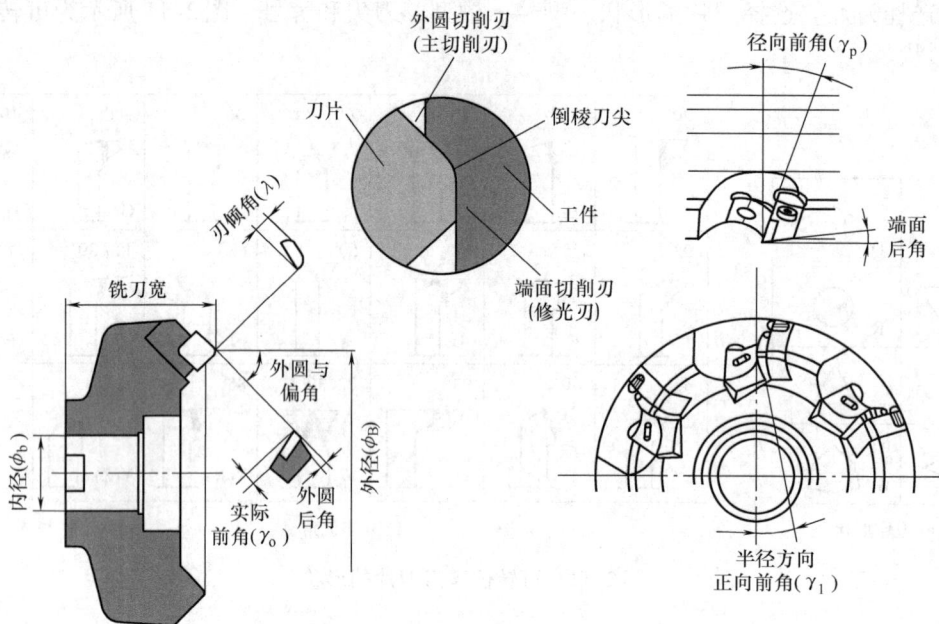

图 2-13　面铣刀的结构

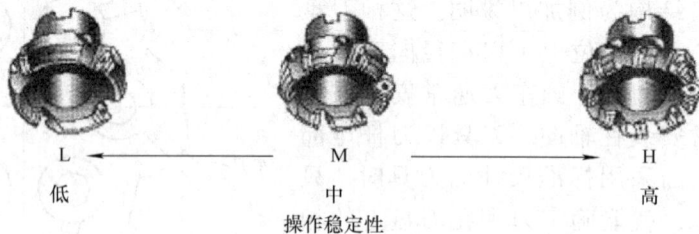

图 2-14　铣削刀具齿距

面铣刀刀盘直径应根据工件尺寸，主要是根据工件宽度来选择，如图 2-15 所示。在选择过程中，机床功率要首先考虑。为达到较好的切削效果，刀具位置、刀齿和工件接触的形式也要考虑。一般来说，面铣刀的直径应比切削宽度大 20% ~ 50%。

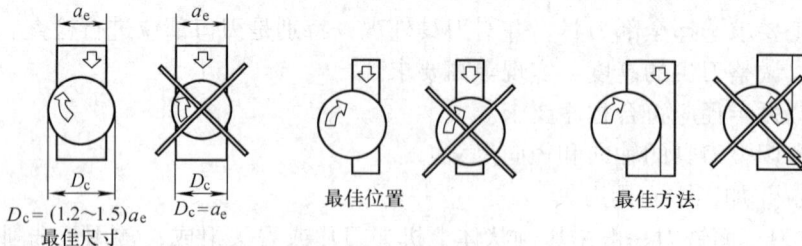

图 2-15　刀具直径和位置

（2）立铣类刀具　立铣刀具有立铣刀、键槽铣刀和球头铣刀等。

1）立铣刀。立铣刀的结构如图 2-16 所示，它主要用于各种凹槽、台阶以及成形表面的铣削。其主切削刃位于圆周面上，端面上的是副切削刃。立铣刀一般不宜沿轴线方向进给。

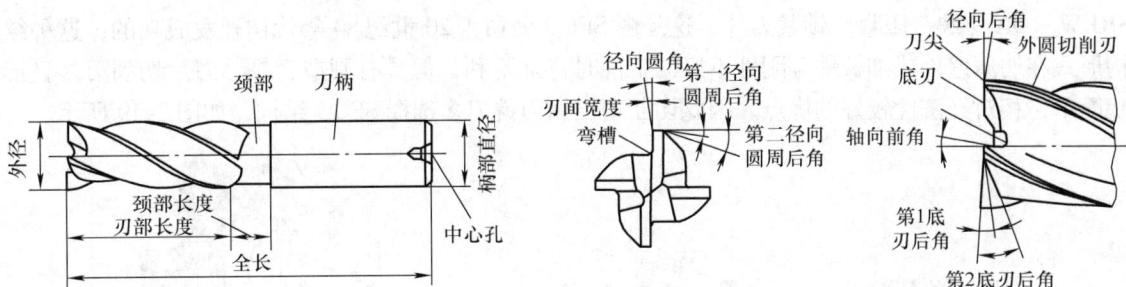

图 2-16 立铣刀的结构

2）键槽铣刀。键槽铣刀主要用于加工封闭槽。外形类似立铣刀，有两个刀齿，端面切削刃为主切削刃，圆周的切削刃是副切削刃。

3）球头铣刀。球头铣刀主要用于加工模具型腔或凸模成形表面。曲面加工时也常采用球头铣刀，但加工曲面较平坦的部位时，刀具以球头顶端切削，切削条件较差，因而应采用圆鼻刀。在单件或小批量生产中，采用鼓形、锥形的盘形铣刀来加工变斜角零件，如图 2-17 所示。

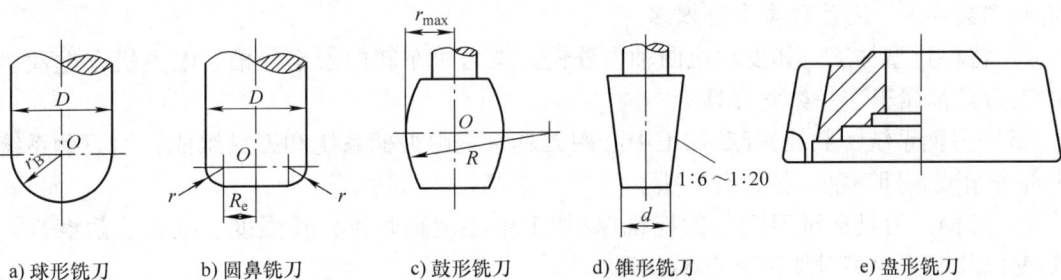

a) 球形铣刀　　b) 圆鼻铣刀　　c) 鼓形铣刀　　d) 锥形铣刀　　e) 盘形铣刀

图 2-17 曲面加工用铣刀

（3）粗铣球头仿形铣刀　粗铣球头仿形铣刀的结构如图 2-18 所示。其主要技术特色如下：

1）刀具整体设计成双负结构，即负的前角和负的刃倾角，采用了 –10° 的刃倾角，提高了排屑性能和刀具的抗冲击与抗振动性能。

2）刀片的定位设计采用了最稳定的三角面定位原理，采用一次定位磨削加工完成，使用特殊开发的夹具，定位精度较高。

3）刀片的刃形设计非常有特色，只用了一段圆弧和一段直线构造刀片刃形轮廓。通过特殊的造型处理，刃形的设计理论精度达到：球形刃的最大误差仅为 0.005mm，直线刃的最大误差为 0.02mm。这样设计的优点是大批量制造容易实现，刀片的刃形仅为一段直线和一段圆弧，这是最为简洁的设计，大大降低了包括模具、刀片研磨等工序的复杂性。

4）双后角设计，保证刀具有足够的刃部强度的同时可以大进给强力切削。

5）刀体设计与制造采用最为先进的理念，所有应力集中的区域采用圆滑化设计处理，确保强力切削的使用状况下刀体的绝对安全。

（4）三面刃铣刀　三面刃铣刀的应用领域极为广泛，其种类非常多，根据用途主要有以下几种。

1）切断型。形式多种多样，刀体制造工艺异常复杂，采用四边形浅槽车削刀片，采用

SREW - ON（螺钉压紧）锁紧刀片，这是由 SECO 公司于 20 世纪 80 年代初开发成功的，这种结构形式在切薄壁件或细长件等刚性不好的工件时特别不利，但具有制造容易、刀片切削刃多且形状简单，相对经济性较好的优点，因此切断型三面刃铣刀多选择 SECO 结构，如图 2-19 所示。

图 2-18 粗铣球头仿形铣刀的结构

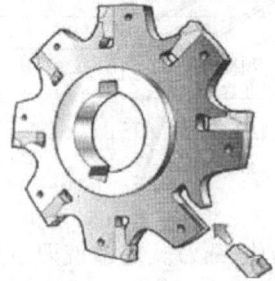

图 2-19 切断型三面刃铣刀的 SECO 结构

2）单侧面加工。如发动机曲轴座侧面加工，根据设计要求有多种倒角或倒圆要求，刀片种类十分繁多。

3）沟槽加工。如铣刀螺旋槽，被加工槽宽度必须根据用户要求精调，同样底部有多种倒角或倒圆要求，刀片种类十分繁多。

4）特种重型加工。如发动机曲轴内外铣、电力机车转向架定位槽、电力机车电动机内槽加工刀具都属于这一类型刀具。

（5）刀柄系统　数控铣床/加工中心用刀具系统由刀柄系统和刀具组成，而刀柄系统由 3 个部分组成，即刀柄、拉钉和夹头。

1）刀柄。刀具通过刀柄与数控铣床/加工中心主轴联接，其强度、刚性、耐磨性、制造精度以及夹紧力等对加工有直接影响。

数控铣床刀柄一般采用 7:24 锥面与主轴锥孔配合定位，刀柄及其尾部供主轴内拉紧机构用的拉钉已实现标准化；加工中心的刀柄分为整体式和模块式两类，如图 2-20 所示。整体式刀柄刀具系统中，不同的刀具直接或通过刀具夹头与对应的刀柄联接组成所需要的刀具系统。模块式刀柄刀具系统是将整体式刀杆分解成柄部、中间联接块、工作部 3 个主要部分，然后通过各种联接在保证刀杆联接精度、刚度的前提下，将这 3 个部分联接成一整体。

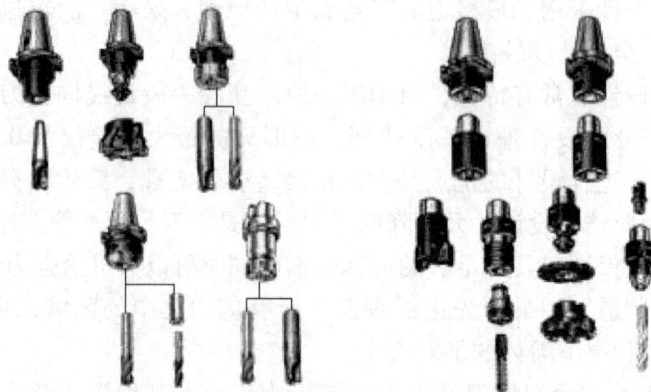

a) 整体式刀具系统　　　　　　　　b) 模块式刀具系统

图 2-20 数控铣床/加工中心刀具系统

2）拉钉与夹头。拉钉如图 2-21 所示，其尺寸已标准化，ISO 和我国国家标准都规定了 A 型和 B 型两种形式的拉钉，其中 A 型拉钉用于不带钢球的拉紧装置，B 型拉钉用于带钢球的拉紧装置。

夹头有两种，即 ER 弹簧夹头和 KM 弹簧夹头，如图 2-22 所示。ER 弹簧夹头的夹紧力较小，适用于切削力较小的场合；KM 弹簧夹头的夹紧力较大，适用于强力铣削。

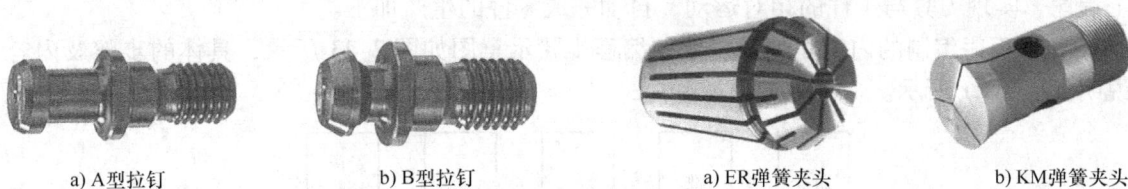

a) A型拉钉　　　　b) B型拉钉　　　　　　a) ER弹簧夹头　　　　b) KM弹簧夹头

图 2-21　拉钉　　　　　　　　　　　　　图 2-22　夹头

（6）铣刀的选择　选取刀具时，要使刀具的尺寸与被加工工件的表面尺寸和形状相适应。生产中，平面零件周边轮廓的加工，常采用立铣刀。铣削平面时，应选择硬质合金刀片铣刀；加工凸台、凹槽时，选择高速钢立铣刀；加工毛坯表面或粗加工孔时，可选择镶硬质合金的可转位螺旋立铣刀。绝大部分铣刀由专业工具厂制造，加工时只需选好铣刀的参数即可。铣刀的主要结构参数有：直径 d_0、宽度（或长度）L 及齿数 z。

刀具半径 r 应小于零件内轮廓面的最小曲率半径 ρ，一般取 $r = (0.8 \sim 0.9) \rho$。

零件的加工高度 $H < (1/4 \sim 1/6) r$，以保证刀具有足够的刚度。

对不通孔（深槽），选取 $L = H + (5 \sim 10)$ mm（L 为刀具切削部分长度，H 为零件高度）。

加工通孔及通槽时，选取 $L = H + r_c + (5 \sim 10)$ mm（r_c 为刀尖角半径）。

铣刀直径 d_0 是铣刀的基本结构参数，其大小对铣削过程和铣刀的制造成本有直接影响。选择较大铣刀直径，可以采用较粗的心轴，提高加工系统刚性，切削平稳，加工表面质量好，还可增大容屑空间，提高刀齿强度，改善排屑条件。另外，刀齿不切削时间长，散热好，可采用较高的铣削速度。但选择大直径铣刀也有一些不利因素，如刀具成本高，切削扭矩大，动力消耗大，切入时间长等。在保证足够的容屑空间及刀杆刚度的前提下，宜选择较小的铣刀直径。某些情况下则由工件加工表面尺寸确定铣刀直径。例如，铣键槽时，铣刀直径应等于槽宽。

铣刀齿数 z 对生产率和加工表面质量有直接影响。同一直径的铣刀，齿数越多，同时切削的齿数也越多，使铣削过程较平稳，因而可获得较好的加工质量。另外，当每齿进给量一定时，可随齿数的增多而提高进给速度，从而提高生产率。但过多的齿数会减少刀齿的容屑空间，因此不得不降低每齿进给量，这样反而降低了生产率。一般按工件材料和加工性质选择铣刀的齿数。例如，粗铣钢件时，首先需保证容屑空间及刀齿强度，应采用粗齿铣刀；半精铣或精铣钢件、粗铣铸铁件时，可采用中齿铣刀；精铣铸铁件或铣削薄壁铸铁件时，宜采用细齿铣刀。

知识点四　数控编程基础知识

1. 数控编程的概念

输入到数控系统中并使数控机床执行一个明确的加工任务，且具有特定代码和其他规定符号编码的一系列指令称为数控程序。它是数控机床的应用软件，而生成数控机床零件加工程序的过程，则为数控编程。各数控系统使用的数控程序的语言规则与格式不尽相同，应用时应严格按各设备编程手册中的规定进行编制。

数控编程是一个十分严格的工作，它是数控加工中重要的步骤，必须遵守各相关的标准。只有首先掌握一些基本的知识，才能更好地进行相应的处理、运算等，编制出合理的加工程序，实现刀具与工件的相对运动，自动完成零件的生产加工。

（1）程序编制的内容和步骤　数控编程步骤示意图如图 2-23 所示，具体的步骤及内容说明如表 2-21 所示。

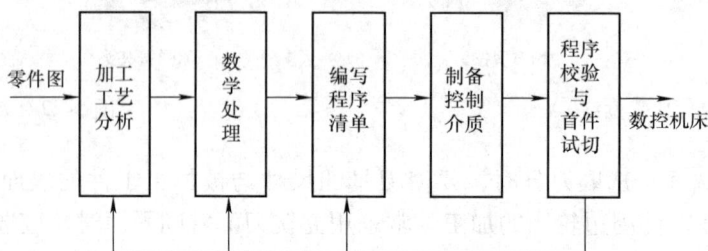

图 2-23　数控编程步骤示意图

表 2-21　程序编制的步骤及内容说明

步骤	内容说明
加工工艺分析	编程人员首先要根据零件图样，对零件的材料、形状、尺寸、精度和热处理要求等进行加工工艺分析，合理地选择加工方案，确定加工顺序、加工路线、装夹方式、刀具及切削用量等；同时还要考虑所用机床的指令功能，充分发挥机床的效能。加工路线要短，正确地选择对刀点、换刀点，减少换刀次数
数学处理	在完成工艺分析处理后，应根据零件的形状、尺寸、走刀路线来计算出零件轮廓上各几何元素的起点、终点、圆弧的圆心坐标等
编写程序清单	在完成上面两个步骤后，编程人员应根据数控系统规定的程序功能指令，按照规定的程序格式，逐段编写零件加工程序。此外还应附上必要的加工示意图、刀具布置图、机床调整卡、工序卡和必要的说明
制备控制介质	把编制好的程序单上的内容记录在控制介质上，作为数控装置的输入信息。通过程序的手工输入或通信传输方式送入数控系统
程序校验与首件试切	编写的程序清单和制备好的控制介质，必须经过校验和试切才能正式使用。校验的方法是直接将控制介质上的内容输入到数控装置中，让机床空转，以检查机床的运动轨迹是否正确。当发现有误差时，要及时分析误差产生的原因，找出问题所在，加以修正

（2）数控编程的方法　数控编程通常分为手工编程和自动编程两大类。

1）手工编程。从工件图样分析、工艺处理、数值计算、编写零件加工程序、程序输入直到程序校验等各阶段均由人工完成的编程方法称为手工编程。对于加工形状简单的零件，计算比较简单，程序不多，采用手工编程既经济又及时，比较容易完成。目前国内大部分的数控机床编程处于这一层次。手工编程的框图如图 2-24 所示。

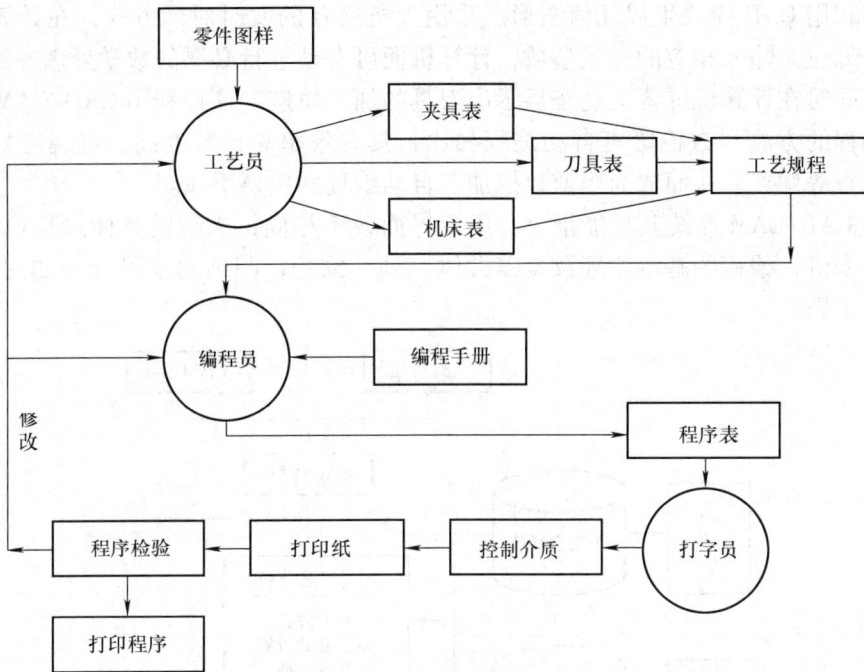

图 2-24　手工编程的框图

手工编程的意义在于加工形状简单的工件（如直线与直线或直线与圆弧组成的轮廓）时，编程快捷、简便，不需要具备特别的条件（价格较高的自动编程机及相应的硬件和软件等），机床操作或编程人员不受特殊条件的制约，还具有较大的灵活性和编程费用少等优点。

2）自动编程。由计算机或编程器完成程序编制中的大部分或全部工作的编程方法称为自动编程。

① 数控语言编程。数控语言自动编程基本过程如图 2-25 所示。编程人员根据被加工工件图样要求和工艺过程，运用专用的数控语言（APT）编制零件加工源程序，用于描述工件的几何形状、尺寸大小、工艺路线、工艺参数及刀具相对工件的运动关系等，不能直接用来控制数控机床。源程序编写后输入计算机，经编译系统翻译成目标程序后才能被系统所识别。最后，系统根据具体数控系统所要求的指令和格式进行后置处理，生成相应的数控加工程序。

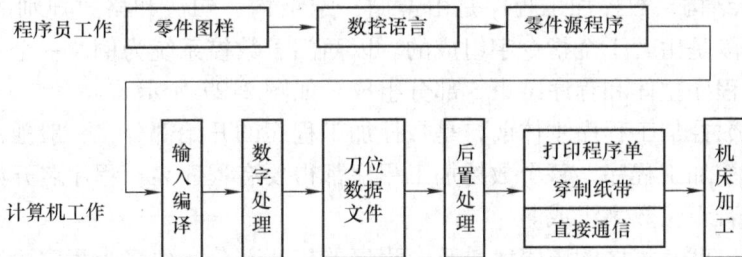

图 2-25　数控语言自动编程基本过程

② CAD/CAM 系统自动编程。随着 CAD/CAM 技术的成熟和计算机图形处理能力的提高，可直接利用 CAD 模块生成几何图形。采用人机交互的实时对话方式，在计算机屏幕上指定被加工部位，输入相应的加工参数，计算机便可自动进行必要的数学处理并编制出数控加工程序，同时在计算机屏幕上动态显示出刀具的加工轨迹。这种利用 CAD/CAM 系统进行数控加工编程的方法与数控语言自动编程相比，具有效率高、精度高、直观性好、使用简便、便于检查等优点，从而成为当前数控加工自动编程的主要手段。

不同的 CAD/CAM 系统其功能指令、用户界面各不相同，编程的具体过程也不尽相同。但从总体上来讲，编程的基本原理及步骤大体上是一致的，归纳起来可分为如图 2-26 所示的几个基本步骤。

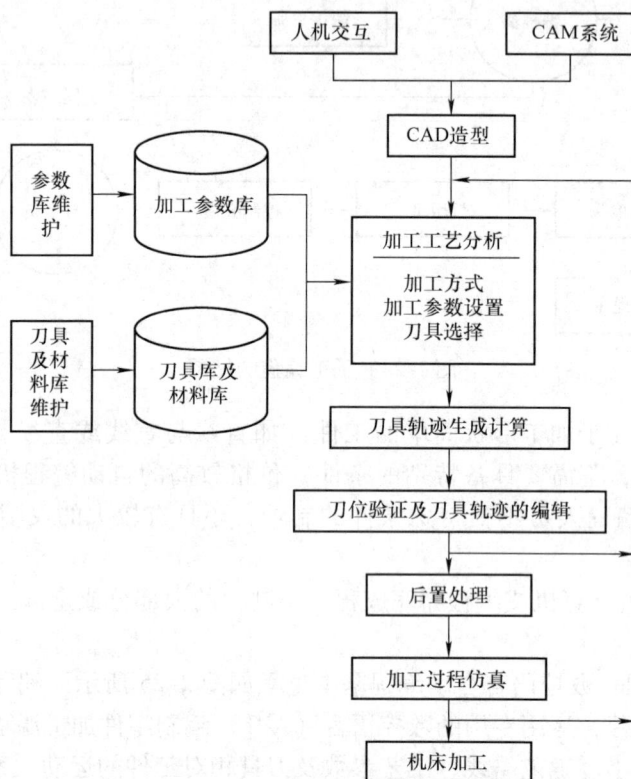

图 2-26　CAD/CAM 系统数控编程步骤

2. 程序结构与程序段格式

（1）程序的结构　数控加工程序是由遵循一定结构、句法和格式规则的若干个程序段组成，每个程序段是由若干个指令字组成的。以西门子数控系统为例，一个完整的数控加工程序由程序名、程序主体和程序结束 3 部分组成，如图 2-27 所示。

程序名位于数控加工程序主体前，是数控加工程序的开始部分，一般独占一行。为了区别存储器中的数控加工程序，每个数控加工程序都得要有程序名。程序名开始两个符号必须是字母后面紧跟若干位数字组成。

程序的主体也就是程序的内容，是整个程序的核心部分，由多个程序段组成。程序段是数控程序中的一句，单列一行，表示工件的一段加工信息，用于指令机床完成某一个动作。

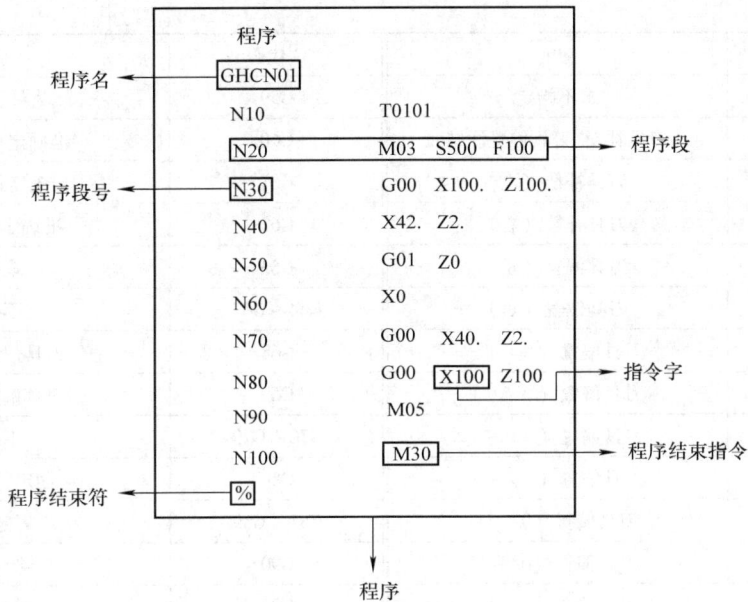

图 2-27　程序的结构

若干个程序段的集合，则完整地描述了某一个工件加工的所有信息。

（2）程序段格式　程序段格式是指在同一程序段中字、字母、数字、符号等各个信息代码的排列顺序和含义规则的表示方法。程序段的格式可分为字地址程序段格式、具有分隔符号 TAB 的固定顺序的程序段格式、固定顺序段格式。广泛使用的就是字地址程序段格式（也称可变程序段格式）。这种程序段格式是用地址码来指明数据的意义，因此不需要的指令字或与上一程序段相同的指令字都可省略，所以程序段的长度也是可变的。采用这种格式的优点就是程序中所包含的信息可读性高，便于人工编程修改。

3. 功能字

（1）准备功能字　准备功能字的地址符是 G，它是设立机床加工方式，为数控机床的插补运算、刀补运算、固定循环等做好准备。G 指令由字母 G 和后面的两位数字组成，从 G00～G99 共 100 种，见表 2-22。

表 2-22　G 指令的用法与功能

G 代码	功能	G 代码	功能
G00	点定位	G09	减速
G01	直线插补	G10～G16	不指定
G02	顺时针圆弧插补	G17	XY 平面选择
G03	逆时针圆弧插补	G18	ZX 平面选择
G04	暂停	G19	YZ 平面选择
G05	不指定	G20～G32	不指定
G06	抛物线插补	G33	等螺距螺纹切削
G07	不指定	G34	增螺距螺纹切削
G08	加速	G35	减螺距螺纹切削

（续）

G 代码	功能	G 代码	功能
G36 ~ G39	永不指定	G59	直线偏移 YZ
G40	刀具补偿/刀具偏置注销	G60	准确定位 1（精）
G41	刀具补偿（左）	G61	准确定位 2（中）
G42	刀具补偿（右）	G62	准确定位（粗）
G43	刀具偏置（正）	G63	攻螺纹
G44	刀具偏置（负）	G64 ~ G67	不指定
G45	刀具偏置（+/+）	G68	刀具偏置，内角
G46	刀具偏置（+/-）	G69	刀具偏置，外角
G47	刀具偏置（-/-）	G70 ~ G79	不指定
G48	刀具偏置（-/+）	G80	固定循环注销
G49	刀具偏置（0/+）	G81 ~ G89	固定循环
G50	刀具偏置（0/-）	G90	绝对尺寸
G51	刀具偏置（+/0）	G91	增量尺寸
G52	刀具偏置（-/0）	G92	预置寄存
G53	直线偏移注销	G93	时间倒数，进给量
G54	直线偏移 X	G94	每分钟进给
G55	直线偏移 Y	G95	主轴每转进给
G56	直线偏移 Z	G96	恒线速度
G57	直线偏移 XY	G97	主轴每分钟转速
G58	直线偏移 XZ	G98、G99	不指定

G 指令分为模态指令和非模态指令。模态指令又称续效代码，是指在程序中一经使用后就一直有效，直到出现同组中的其他任一 G 指令将其取代后才失效。非模态指令只在编有该代码的程序段中有效，下一程序段需要时必须重写。

（2）坐标尺寸字　坐标尺寸字在程序段中主要用来指令机床的刀具运动到达的坐标位置。尺寸字可以使用米制，也可以使用英制，FANUC 系统用 G20/G21 切换。

尺寸字是由规定的地址符及后续的带正、负号的多位十进制数组成。常用的地址符有 X、Y、Z、U、V、W，表示指令到达点坐标值或距离；I、J、K 表示零件圆弧轮廓圆心点的坐标值。有些数控系统在尺寸字中允许使用小数点编程，无小数点的尺寸字指令的坐标长度等于数控机床设定单位与尺寸字中数字的乘积。例如，采用米制单位若设定为 $1\mu m$，则指令 X 向尺寸 400mm 时，应写成 X400.0 或 X400000。

（3）辅助功能字　辅助功能字的地址符是 M，它是用来控制数控机床中辅助装置的开关动作或状态。与 G 指令一样，M 指令由字母 M 和其后的两位数字组成，从 M00 ~ M99 共 100 种。常用的 M 指令如下。

1）M00（程序暂停）。执行 M00 指令，主轴停、进给停、切削液关、程序停止。欲继续执行后续程序，应按操作面板上的循环启动键。该指令方便操作者进行刀具和工件的尺寸测量、工件调头、手动变速等操作。

2）M01（选择停止）。该指令与 M00 功能相似，不同的是 M01 只有在机床操作面板上的"选择停止"开关处于"开"状态时才有效。

3）M02（程序结束）。该指令表示加工程序全部结束，机床的主轴、进给、切削液全部停止，一般放在主程序的最后一个程序段中。

4）M03（主轴正转）。主轴转速由主轴转速功能字 S 指定。

5）M04（主轴反转）。

6）M05（主轴停止）。在 M03 或 M04 指令作用后，可以用 M05 指令使主轴停止。

7）M08（切削液开）。该指令使切削液打开。

8）M09（切削液关）。该指令使切削液关闭。

9）M30（程序结束并返回到程序开始）。该指令与 M02 功能相似，只是 M30 兼有控制返回零件程序头的作用。

（4）进给功能字　进给功能字的地址符是 F，它是用来指定各运动坐标轴及其任意组合的进给量或螺纹导程。该指令是模态代码。现代数控机床一般都使用直接指定法，即 F 后跟的数字就是进给速度的大小。例如，F80 表示进给速度是 80mm/min。这种表示较为直观，为用户编程带来方便。

有的数控系统，可用 G94/G95 来设定进给速度的单位。G94 是表示进给速度与主轴速度无关的每分钟进给量，单位为 mm/min；G95 是表示与主轴速度有关的主轴每转进给量，单位为 mm/r。

（5）主轴转速功能字　主轴转速功能字的地址符是 S，它是用来指定主轴转速或切削速度，单位为 r/min 或 m/min。该指令是模态代码，其表示方法采用直接指定法，即 S 后跟的数字就是主轴转速或切削速度的大小。例如，当表示主轴转速时，S800 表示主轴转速为 800r/min。

（6）刀具功能字　刀具功能字的地址符是 T，它是用来指定加工中所用刀具和刀补号的。该指令是模态代码。常用的表示方法是 T 后跟两位数字或四位数字。

2.2　项目基本技能

技能一　认识数控加工中的坐标系

在数控机床中，刀具的运动是在坐标系中进行的。在一台机床上，有各种坐标系以及坐标，认真理解这些参照对使用、操作机床以及编程都很重要。

1. 机床坐标系

对于数控机床中的坐标系和运动方向命名，ISO 标准和我国标准 GB/T 19660—2005 都规定采用右手笛卡儿直角坐标系，使用一个直线进给运动或一个圆周进给运动定义一个坐标轴。

（1）坐标系的构成　国家标准中规定直线进给运动用右手直角笛卡儿坐标系 X、Y、Z 表示，常称基本坐标系。X、Y、Z 坐标轴的相互位置用右手定则决定。

如图 2-28 所示，图中大拇指的指向为 X 轴的正方向，食指指向为 Y 轴的正方向，中指指向为 Z 轴的正方向。围绕 X、Y、Z 轴旋转的圆周进给坐标分别用 A、B、C 表示。根据右手螺旋法则，可以方便地确定 A、B、C 三个旋转坐标轴。以大拇指指向 $+X$、$+Y$、$+Z$ 方向，则食指、中指等的指向是圆周进给运动 $+A$、$+B$、$+C$ 方向。

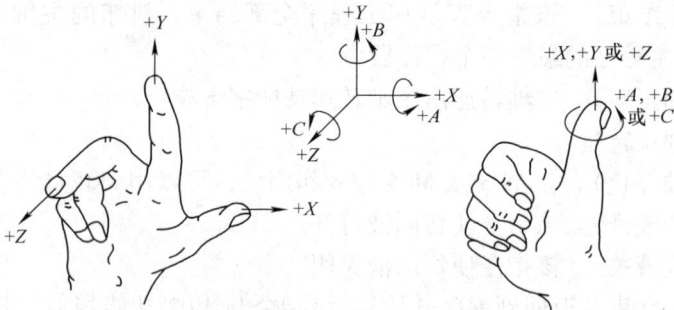

图 2-28　右手笛卡儿坐标系

如果数控机床的运动多于 X、Y、Z 三个坐标，可用附加坐标轴 U、V、W 分别来表示平行于 X、Y、Z 三个坐标轴的第二组直线运动；如果在回转运动 A、B、C 外还有第二组回转运动，可分别指定为 D、E、F。不过，大部分数控机床加工只需三个直线坐标及一个旋转坐标便可完成大部分零件的数控加工。

（2）运动方向的确定　数控机床的进给运动，有的是刀具向工件运动来实现的，有的是由工作台带着工件向刀具运动来实现的。为了在不知道刀具、工件之间如何做相对运动的情况下，便于确定机床的进给操作和编程，必须弄清楚各坐标轴的运动方向。

1）Z 轴的确定。Z 坐标的运动是由传递切削力的主轴所决定，可表现为加工过程带动刀具旋转，也可表现为带动工件旋转。对于有主轴的机床则与主轴轴线平行的标准坐标轴即为 Z 坐标，远离工件的刀具运动方向为 Z 轴正方向，如图 2-29、图 2-30a、图 2-30b 所示。当机床有几个主轴时，则选一个垂直于工件装夹面的主轴为 Z 轴。对于没有主轴的机床则规定垂直于工件在机床工作台的定位表面的轴为 Z 轴（如刨床），如图 2-30c 所示。

2）X 轴的确定。X 坐标轴是水平的，平行于工件的装夹面，且平行于主要的切削方向。对于加工过程主轴带动工件旋转的机床（如车床、磨床等），X 坐标轴的方向沿工件的径向，平行于横向滑座或其导轨，刀架上刀具或砂轮远离工件旋转中心的方向为 X 轴正方向，如图 2-29 所示。对于加工过程主轴带动刀具旋转的机床（铣床、钻床、镗床等），如果 Z 轴是水平的（卧式），则从主轴向工件方向看，X 轴的正方向指向右方，如图 2-30a 所示。如果 Z 轴是垂直的（立式），则从主轴向立柱方向看，X 轴的正方向指向右方，如图 2-30b 所示。

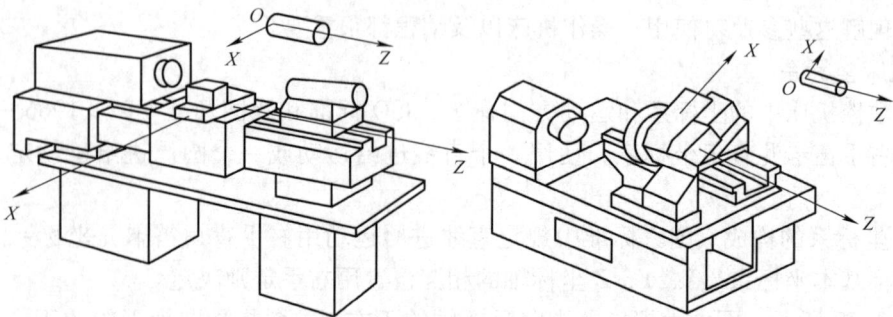

图 2-29　卧式车床坐标系

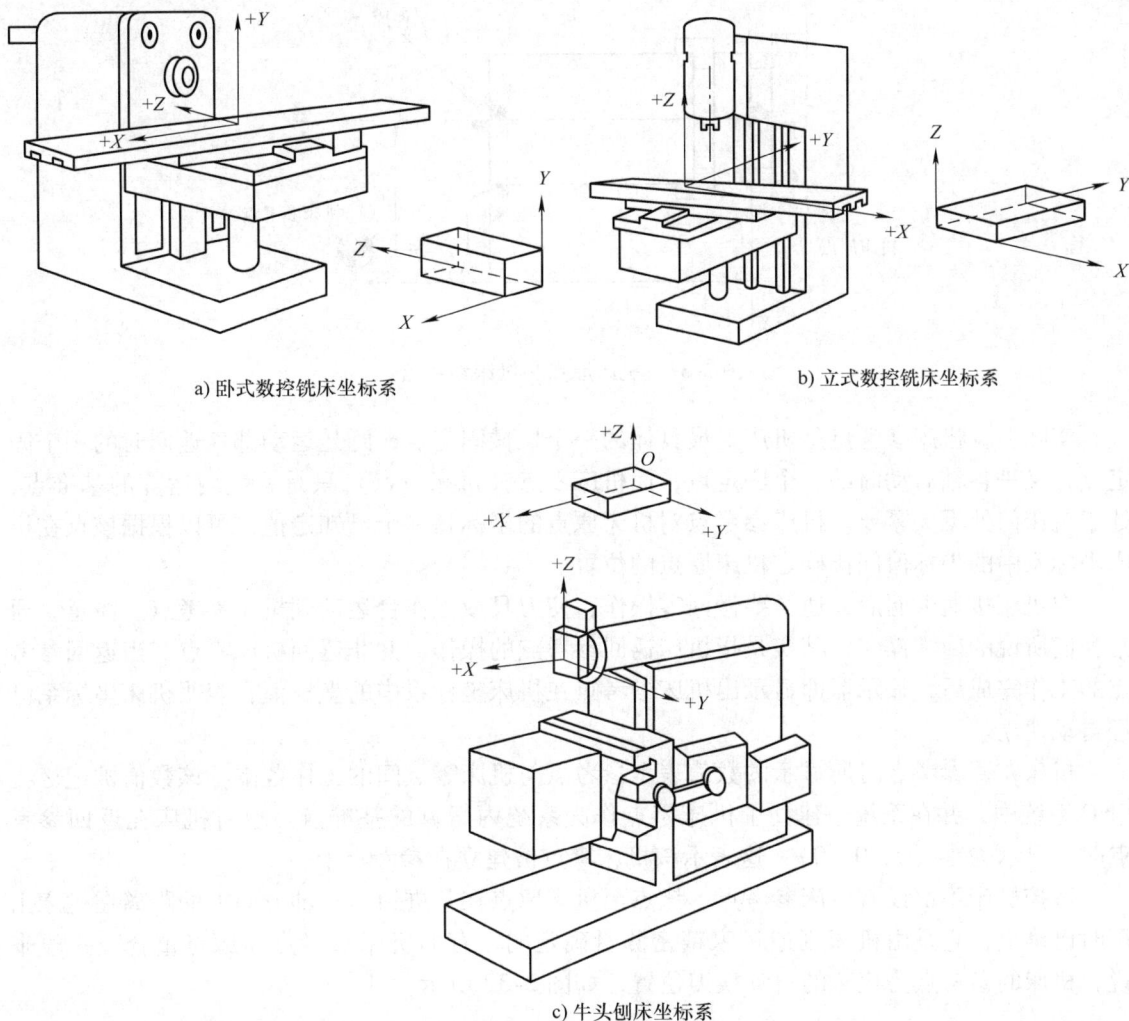

a) 卧式数控铣床坐标系

b) 立式数控铣床坐标系

c) 牛头刨床坐标系

图 2-30 常用机床坐标系

3）Y 轴的确定。根据 X、Z 轴及其方向，按右手直角笛卡儿坐标系即可确定 Y 轴的方向，如图 2-30 所示。

2. 机床原点和机床参考点

（1）机床原点 机床原点是机床基本坐标系的原点，是工件坐标系、机床参考点的基准点，又称机械原点、机床零点。它是机床上的一个固定点，其位置是由机床设计和制造单位确定的，通常不允许用户更改，如图 2-31 所示。

机床原点在机床装配、调试时就已确定下来了，是数控机床进行加工运动的基准参考点。在数控车床上，机床原点一般在卡盘端面与主轴中心线的交点处；数控铣床的机床原点，各生产厂家不一致，有的在机床工作台的中心，有的在进给行程的终点。

（2）机床参考点 机床参考点是机床坐标系中一个固定不变的点，是机床各运动部件在各自的正方向自动退至极限的一个点（由限位开关精密定位），如图 2-31 所示。机床参考点已由机床制造厂家测定后输入数控系统，并记录在机床说明书中，用户不得更改。

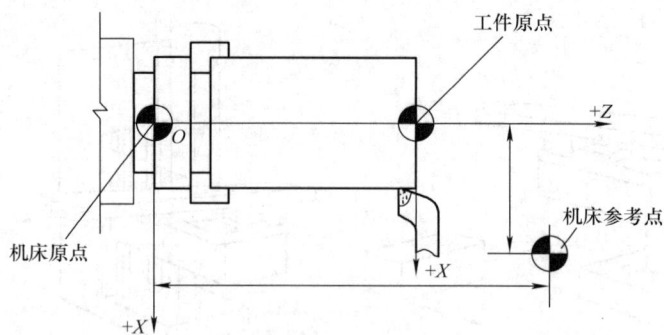

图 2-31　机床原点和机床参考点

　　实际上，机床参考点是机床上最具体的一个机械固定点，既是运动部件返回时的一个固定点，又是各轴启动时的一个固定点，而机床零点（机床原点）只是系统内运算的基准点，处于机床何处无关紧要。机床参考点对机床原点的坐标是一个已知定值，可以根据该点在机床坐标系中的坐标值间接确定机床原点的位置。

　　在机床接通电源后，通常要做回零操作，使刀具或工作台运动到机床参考点。注意，通常我们所说的回零操作，其实是指机床返回参考点的操作，并非返回机床零点。当返回参考点的工作完成后，显示器即显示出机床参考点在机床坐标系中的坐标值，表明机床坐标系已经自动建立。

　　机床在回参考点时所显示的数值表示参考点与机床零点间的工作范围，该数值被记忆在CNC系统中，并在系统中建立了机床零点作为系统内运算的基准点。也有机床在返回参考点时，显示为零（0，0，0），这表示该机床零点被建立在参考点上。

　　数控机床不都设有机床参考点，该点至机床原点在其进给坐标轴方向上的距离在机床出厂时已确定，它是由机床制造厂家精密测量确定的，有的机床参考点与原点重合。一般来说，机床的参考点为机床的自动换刀位置，如图 2-32 所示。

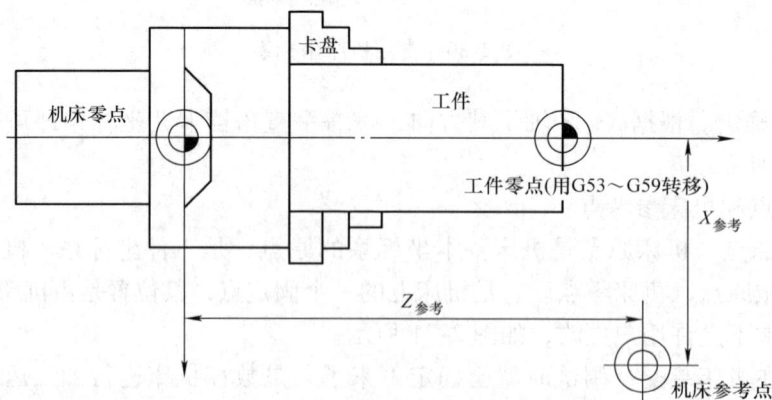

图 2-32　机床参考点

3. 工件坐标系和工件原点

　　工件坐标系是编程人员在编程时使用的，由编程人员以工件图样上的某一固定点为原点所建立的坐标系，编程尺寸都按工件坐标系中的尺寸确定。为保证编程与机床加工的一致性，工件坐标系也应该是右手笛卡儿坐标系，而且工件装夹到机床上时，应使工件坐标系与机床坐标系的坐标轴方向保持一致。

（1）工件原点的概念　在工件坐标系上，确定工件轮廓的编程和计算原点，称为工件坐标系原点，简称为工件原点，亦称编程原点。工件原点在工件上的位置可以任意选择，为了有利于编程，工件原点最好选在工件图样的基准上或工件的对称中心上，如回转体零件的端面中心、非回转体零件的角边、对称图形的中心等。

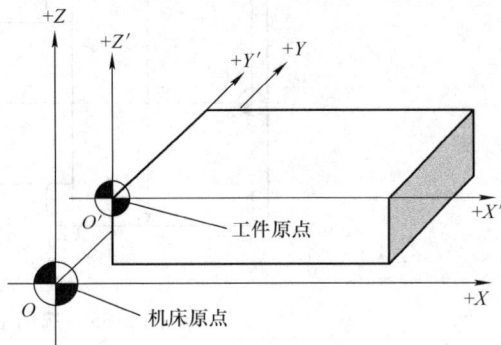

图 2-33　铣床坐标系

在数控车床上加工零件时，工件原点一般设在主轴中心线与工件右端面或左端面的交点处，如图 2-31 所示；在数控铣床上加工零件时，工件原点一般设在工件的某个角上或对称中心上，如图 2-33 所示。

在加工中，由于工件的装夹位置相对于机床来说是固定的，所以工件坐标系在机床坐标系中的位置也就确定了。

（2）工件原点的应用　为了编程方便，可将方便计算的点作为编程原点，如图 2-34 所示的台阶轴工件，用机床原点编程时，车端面和各台阶长度都要进行繁琐的计算。如果以工件 $\phi36mm$ 端面为编程原点，也就是将工件编程零点从机床零点 M 偏置到 $\phi36mm$ 端面 W，如图 2-35 所示，编程时就方便多了。

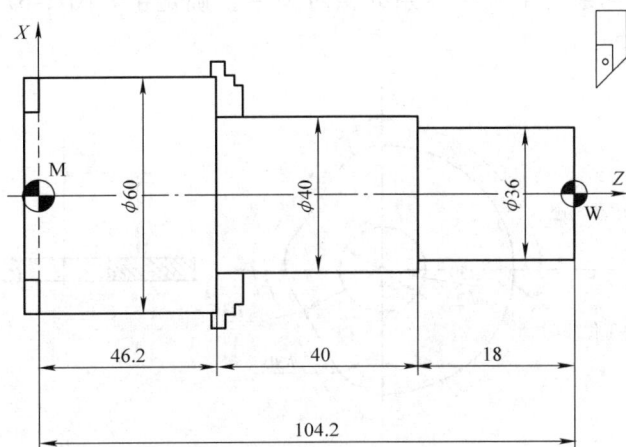

图 2-34　选用机床原点为编程原点

4. 工件坐标系和机床坐标系的关系

数控编程时，所有尺寸都按工件坐标系中的尺寸确定，不必考虑工件在机床上的安装位置和安装精度，但在加工时需要确定机床坐标系、工件坐标系、刀具起点三者的位置才能加工。工件装夹在机床上后，可通过对刀确定工件在机床上的位置。

数控加工前，通过对刀操作来确定工件坐标系与机床坐标系的相互位置关系。加工时，工件随夹具在机床上安装后，测量工件原点与机床原点之间的距离，这个距离称为工件原点

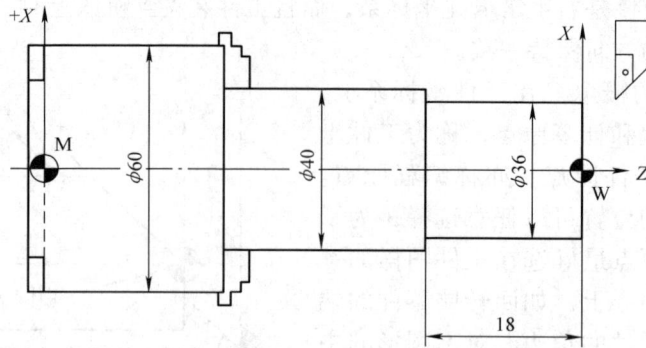

图 2-35　选用工件右端面为编程原点

偏置，如 2-36 所示。在用绝对坐标编程时，该偏置值可以预存到数控装置中，在加工时工件原点偏置值可以自动加到机床坐标系上，使数控系统可按机床坐标系确定加工时的坐标值。

5. 确定刀具与工件的相对位置

数控加工时，需要确定以下参照点。

（1）对刀点　对刀点也叫起刀点，用于确定刀具与工件相对位置。对刀点可以是工件或夹具上的点，或者与它们相关的易于测量的点。对刀

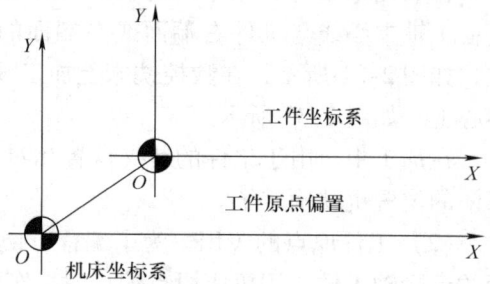

图 2-36　工件原点偏置

点确定之后，机床坐标系与工件坐标系的相对关系就确定了。图 2-37 所示的点 Z 即为对刀点。

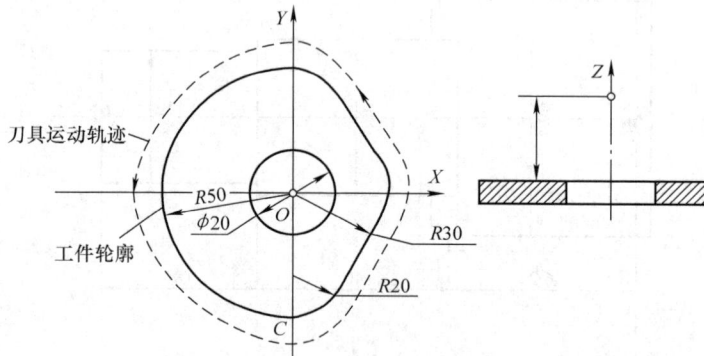

图 2-37　确定对刀点

对刀点可以设置在被加工零件上，也可以设置在夹具上与零件定位基准有一定尺寸联系的某一位置上，有时对刀点就选择在零件的加工原点。对刀点的设置原则如下。

1）所选的对刀点应使程序编制简单。

2）对刀点应选择在容易找正、便于确定零件加工原点的位置。

3）对刀点应选在加工时检验方便、可靠的位置。

4）对刀点的选择应有利于提高加工精度。

（2）刀位点　刀位点是指刀具的定位基准点。在进行数控加工编程时，往往是将整个刀具浓缩为一个点，那就是刀位点。

如图 2-38 所示，圆柱铣刀的刀位点是刀具中心线与刀具底面的交点；球头铣刀的刀位点是球头的球心点或球头顶点；车刀的刀位点是刀尖或刀尖圆弧中心；钻头的刀位点是钻头顶点。

对刀就是使"对刀点"与"刀位点"重合的操作。对刀时，直接或间接地使对刀点与刀位点重合，如图 2-39 所示。

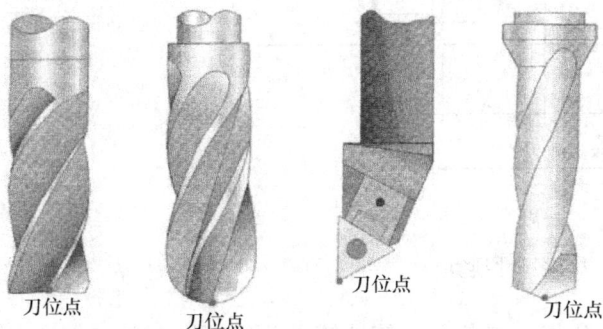

图 2-38　常用数控刀具的刀位点

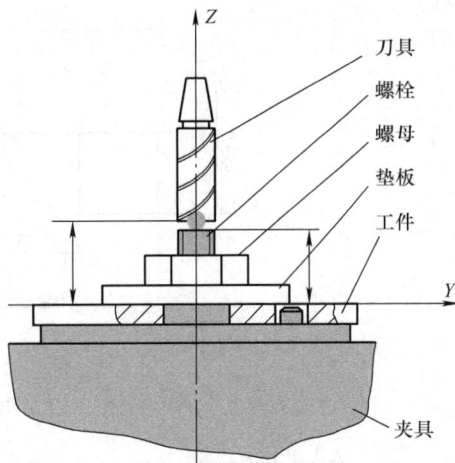

图 2-39　对刀

（3）换刀点　换刀点可以是某一固定点（如加工中心，其换刀机械手的位置是固定的），也可以是任意一点（如数控车床）。为防止换刀时碰伤零件与其他部件，换刀点常常设置在被加工零件或夹具的轮廓之外，并留有一定的安全量。

技能二　数控加工中的数学计算

在数控加工编程时，需要对工件各基点、节点的坐标值进行计算，以便更好地保证刀具运行轨迹的正确性，从而达到工件各尺寸的要求。因而。正确掌握基本的数学处理是很有必要的。

数学处理的内容主要包括数值换算、尺寸链解算、坐标值计算和辅助计算等。

1. 数值换算

在很多情况下，因零件图样上的尺寸基准与编程时所需要的尺寸基准不一致，需将图样上和尺寸换算为编程坐标系中的尺寸，以便下一步数学处理工作。

数值换算包含两个方面，一是直接换算，二是间接换算。直接换算是指直接通过图样上的标注尺寸，即可获得编程尺寸。进行直接换算时，可对图样上给定的公称尺寸或极限尺寸的中值，经过简单的加、减等运算后便可达到所需要求。

例如在图 2-40b 中，除尺寸 42.1mm 外，其余尺寸均属直接按图 2-40a 标注尺寸经换算后而得到的编程时的尺寸。其中 $\phi59.94$mm、$\phi20$mm 与 140.08mm 三个尺寸为分别取两极限尺寸平均值后得到的编程尺寸。在取极限尺寸中值时，一般取小数点后两位（0.01），基准孔按照"四舍五入"的方法，基准轴则将第三位进上。

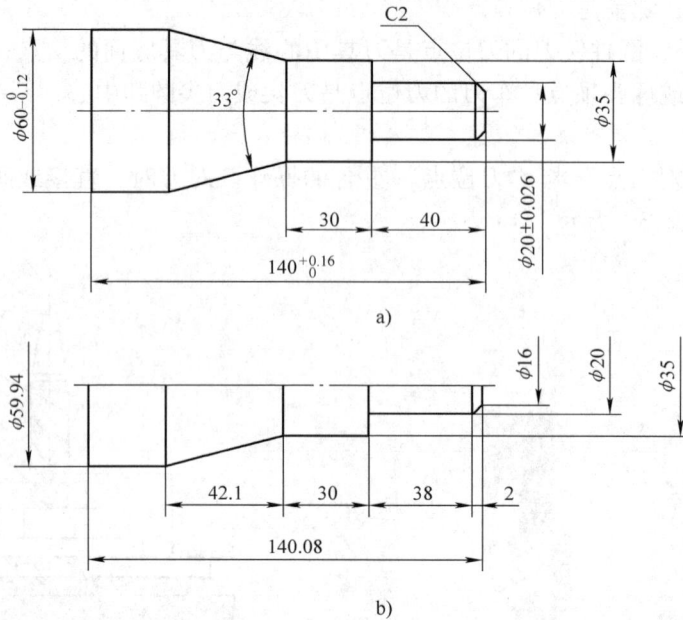

图 2-40   标注尺寸换算

间接换算是指图样中的尺寸需通过平面几何、三角函数等计算方法进行必要的解算后才能得到其编程尺寸。用间接换算方法所换算出来的尺寸，可以是直接换算时所需的基点坐标尺寸，也可以是为计算某些点坐标值所需要的中间尺寸。图 2-40b 中的 42.1mm 就是属于间接换算后得到的编程尺寸。

对于由直线和圆弧组成的零件轮廓，采用手工编程时，常利用直角三角形的几何关系进行基点坐标的数值计算，图 2-41 为直角三角形的几何关系，三角函数计算公式列于表 2-23。

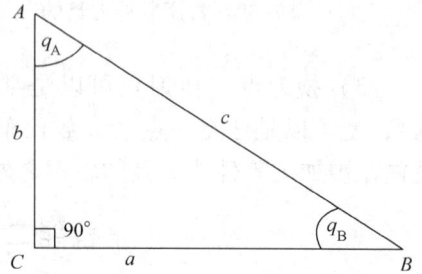

图 2-41   直角三角形的几何关系

表 2-23   直角三角形中的几何关系

已知角	求相应的边	已知边	求相应的角
q_A	$a/c = \sin (q_A)$	a, c	$q_A = \arcsin (A/C)$
q_A	$b/c = \cos (q_A)$	b, c	$q_A = \arccos (B/C)$
q_A	$a/b = \tan (q_A)$	a, b	$q_A = \arctan (A/B)$
q_B	$b/c = \sin (q_B)$	b, c	$q_B = \arcsin (B/C)$
q_B	$a/c = \cos (q_B)$	a, c	$q_B = \arccos (A/C)$
q_B	$b/a = \tan (q_B)$	b, a	$q_B = \arctan (B/A)$
勾股定理	$c^2 = a^2 + b^2$	三角形内角和	$q_A + q_B + 90° = 180°$

2. 尺寸链解算

在数控加工中，除了要准确地得到其编程尺寸外，还要得到某些重要尺寸的允许变动量，这就需要通过尺寸链解算才能得到。

例如：图 2-42 所示的齿轮装配中，要求装配后齿轮端面与箱体凸台端面之间具有0.1～0.3mm 的轴向间隙，已知 $B_1 = 80^{+0.1}_{0}$ mm，$B_2 = 60^{0}_{-0.06}$ mm，问 B_3 尺寸应控制在什么范围内才能满足装配要求。

解：根据题意绘出装配图的基本尺寸链简图，如图 2-43 所示。

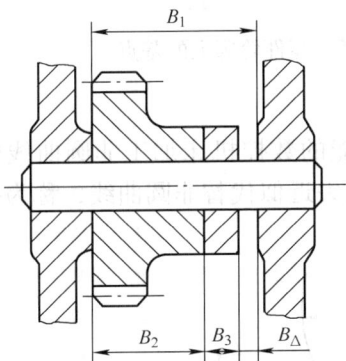

图 2-42　装配尺寸与间隙

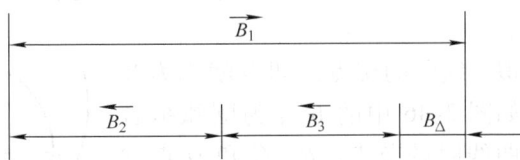

图 2-43　尺寸链简图

确定封闭环、增环和减环分别为 B_Δ、$\overrightarrow{B_1}$、$\overleftarrow{B_2}$、$\overleftarrow{B_3}$。

列尺寸链方程式计算 $\overleftarrow{B_3}$ 的公称尺寸，有：

$$B_\Delta = \overrightarrow{B_1} - (\overleftarrow{B_2} + \overleftarrow{B_3})$$

$$\overleftarrow{B_3} = \overrightarrow{B_1} - \overleftarrow{B_2} - B_\Delta$$

$$= 80 - 60 - 0$$

$$= 20\text{mm}$$

再确定 B_3 极限尺寸：

$$B_{\Delta max} = \overrightarrow{B_{1max}} - (\overleftarrow{B_{2min}} + \overleftarrow{B_{3min}})$$

$$\overleftarrow{B_{3min}} = \overrightarrow{B_{1max}} - \overleftarrow{B_{2min}} - \overleftarrow{B_{\Delta max}}$$

$$= 80.1 - 59.94 - 0.3$$

$$= 19.86\text{mm}$$

$$B_{\Delta min} = \overrightarrow{B_{1min}} - (\overleftarrow{B_{2max}} + \overleftarrow{B_{3max}})$$

$$\overleftarrow{B_{3max}} = \overrightarrow{B_{1min}} - \overleftarrow{B_{2max}} - B_{\Delta min}$$

$$= 80 - 60 - 0.1$$

$$= 19.9\text{mm}$$

所以，$\overleftarrow{B_3} = 20^{-0.10}_{-0.14}$ mm。

3. 坐标值计算

编制加工程序时，计算坐标值的工作有基点的直接计算、节点的拟合计算及刀具中心轨迹的计算等。

坐标值计算的一般方法如图 2-44 所示。

（1）基点的直接计算　构成零件轮廓的不同几何素线的交点或切点称为基点（如图 2-45），它可以直接作为刀具运动轨迹的起点或终点。如图 2-45 中所示的 A、B、C、

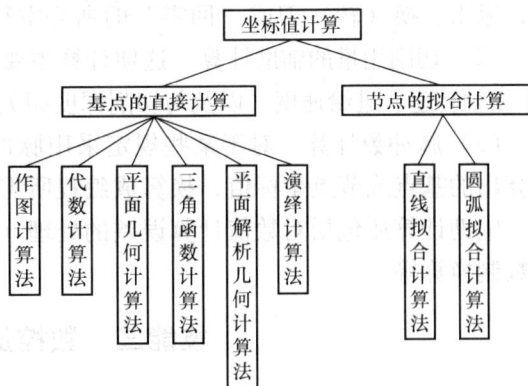

图 2-44　坐标值计算的一般方法

（续）

加工方案	经济精度级	表面粗糙度 Ra 值/μm	适用范围
粗镗（或扩孔）	IT11～IT12	12.5～6.3	
粗镗（粗扩）—半精镗（精扩）	IT8～IT9	3.2～1.6	
粗镗（扩）—半精镗（精扩）—精镗（铰）	IT7～IT8	1.6～0.8	除淬火钢外各种钢材，毛坯有铸出孔或锻出孔
粗镗（扩）—半精镗（精扩）—精镗—浮动镗刀精镗	IT6～IT7	0.8～0.4	
粗镗（扩）—半精镗—粗磨—精磨	IT7～IT8	0.8～0.2	主要用于淬火钢，也可用于未淬火钢，但不宜用于有色金属加工
粗镗（扩）—半精镗—磨孔		0.2～0.1	
粗镗—半精镗—精镗—金刚镗		0.4～0.05	主要用于精度要求高的有色金属加工
钻（扩）—粗铰—精铰—珩磨；钻—（扩）—拉—珩磨；粗镗—半精镗—精镗—珩磨	IT6～IT7	0.2～0.025	精度要求很高的孔
以研磨代替上述方案中的珩磨	IT6 级以上		

（2）内孔表面加工方法选择实例　如图 2-47 所示零件，要加工内孔 $\phi40H7$、阶梯孔 $\phi13mm$ 和 $\phi22mm$ 等 3 种不同规格和精度要求的孔，零件材料为 HT200。

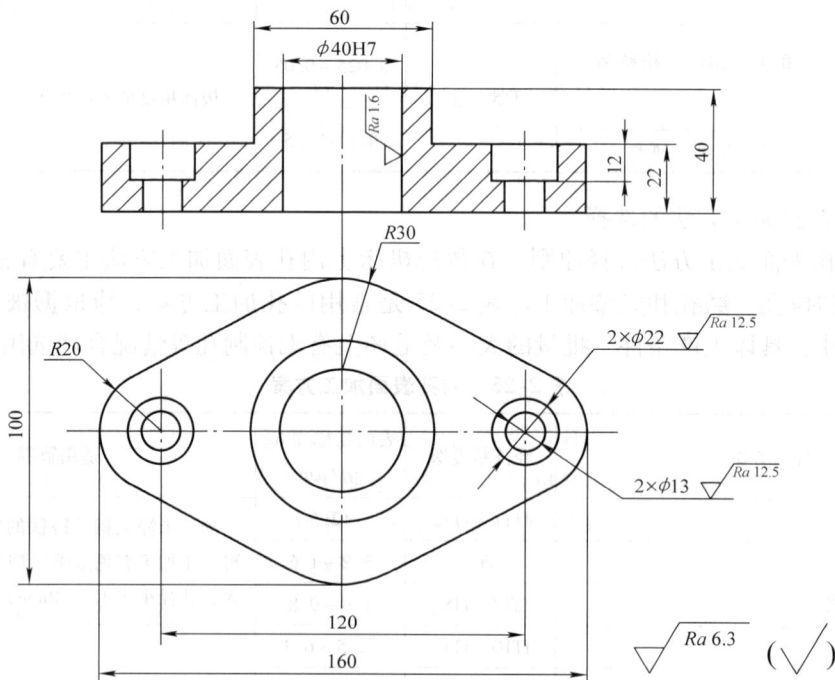

图 2-47　典型零件孔加工方法选择

$\phi40mm$ 内孔的尺寸公差为 H7，表面粗糙度要求较高，为 $Ra1.6\mu m$，根据表 2-25 所示孔加工方案，可选择钻孔—粗镗（或扩孔）—半精镗—精镗方案。

阶梯孔 $\phi13mm$ 和 $\phi22mm$ 没有尺寸公差要求，可按自由尺寸公差 IT11 ~ IT12 处理，表面粗糙度要求不高，为 $Ra12.5\mu m$，因而可选择钻孔—锪孔方案。

3. 平面加工方法的选择

平面的主要加工方法有铣削、刨削、车削、磨削和拉削等，精度要求高的平面还需要经研磨或刮削加工。常见平面加工方案见表 2-26。

1）最终工序为刮研的加工方案多用于单件小批生产中配合表面要求高且非淬硬平面的加工。当批量较大时，可用宽刀细刨代替刮研，宽刀细刨特别适用于加工像导轨面这样的狭长的平面，能显著提高生产率。

2）磨削适用于直线度及表面粗糙度要求较高的淬硬工件和薄片工件、未淬硬钢件上面积较大平面的精加工，但不宜加工塑性较大的有色金属。

3）车削主要用于回转零件端面的加工，以保证端面与回转轴线的垂直度要求。

4）拉削平面适用于大批量生产中的加工质量要求较高且面积较小的平面。

5）最终工序为研磨的方案适用于精度高、表面粗糙度要求高的小型零件的精密平面，如量规等精密量具的表面。

表 2-26　平面加工方案

加工方案	经济精度级	表面粗糙度 Ra 值/μm	适用范围
粗车—半精车	IT9	6.3 ~ 3.2	端面
粗车—半精车—精车	IT7 ~ IT8	1.6 ~ 0.8	
粗车—半精车—磨削		0.8 ~ 0.2	
粗铣—精铣	IT8 ~ IT9	6.3 ~ 1.6	一般不淬硬平面（端铣表面粗糙度值较小）
粗铣—精铣—刮研	IT6 ~ IT7	0.8 ~ 0.1	精度要求较高的不淬硬平面；批量较大时宜采用宽刃精加工
以宽刃刀加工代替刮研	IT7	0.8 ~ 0.2	
粗铣—精铣—磨削			精度要求高的淬硬平面或不淬硬平面
粗铣—精铣—粗磨—精磨	IT6 ~ IT7	0.4 ~ 0.02	
粗铣—拉	IT7 ~ IT9	0.8 ~ 0.2	大量生产，较小的平面
粗铣—精铣—磨削—研磨	IT6 以上	0.1 ~ 0.05	高精度平面

4. 平面轮廓和曲面轮廓加工方法的选择

1）平面轮廓常用的加工方法有数控铣、线切割及磨削等。对如图 2-48a 所示的内平面轮廓，当曲率半径较小时，可采用数控线切割方法加工。若选择铣削的方法，因铣刀直径受最小曲率半径的限制，直径太小，刚性不足，会产生较大的加工误差。对图 2-48b 所示的外平面轮廓，可采用数控铣削方法加工，常用粗铣—精铣方案，也可采用数控线切割的方法加工。对精度及表面粗糙要求较高的轮廓表面，在数控铣削加工之后，再进行数控磨削加工。数控铣削加工适用于除淬火钢以外的各种金属，数控线切割加工可用于各种金属，数控磨削加工适用于除有色金属以外的各种金属。

2）立体曲面加工方法主要是数控铣削，多用球头铣刀，以"行切法"加工，如图 2-49所示。根据曲面形状、刀具形状以及精度要求等通常采用二轴半联动或三轴半联动。对精度

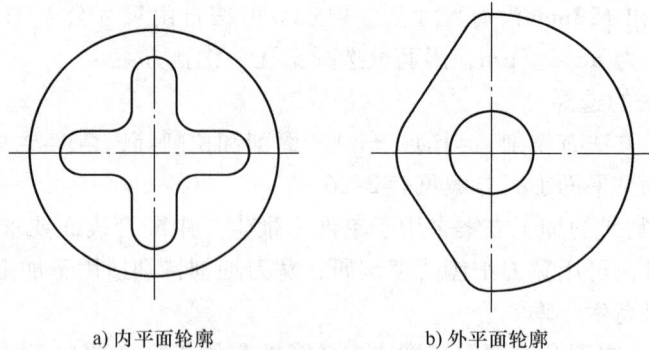

a) 内平面轮廓   b) 外平面轮廓

图 2-48   平面轮廓零件

和表面粗糙度要求高的曲面,当用三轴联动的"行切法"加工不能满足要求时,可用模具铣刀,选择四坐标或五坐标联动加工。

表面加工方法的选择,除了考虑加工质量、零件的结构形状和尺寸、零件的材料和硬度以及生产类型外,还要考虑加工的经济性。

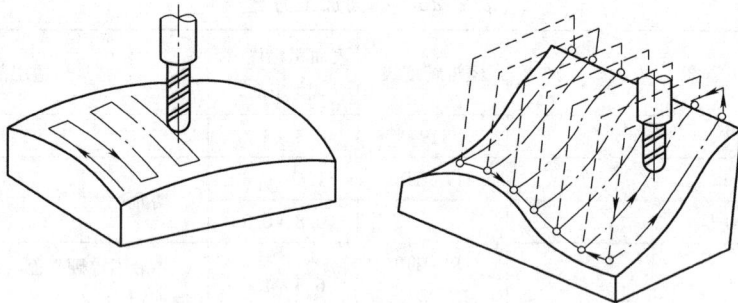

图 2-49   曲面的行切法加工

各种表面加工方法所能达到的精度和表面粗糙度都有一个相当大的范围。当精度达到一定程度后,要继续提高精度,成本会急剧上升。例如外圆车削,将精度从 IT7 级提高到 IT6 级,此时需要价格较高的金刚石车刀,很小的背吃刀量和进给量,增加了刀具费用,延长了加工时间,大大地增加了加工成本。对于同一表面加工,采用的加工方法不同,加工成本也不一样。例如,公差为 IT7 级、表面粗糙度 $Ra0.4\mu m$ 的外圆表面,采用精车就不如采用磨削经济。

任何一种加工方法获得的精度只在一定范围内才是经济的,这种一定范围内的加工精度即为该加工方法的经济精度。它是指在正常加工条件下(采用符合质量标准的设备、工艺装备和标准等级的工人,不延长加工时间)所能达到的加工精度,相应的表面粗糙度称为经济表面粗糙度。在选择加工方法时,应根据工件的精度要求选择与经济精度相适应的加工方法。常用加工方法的经济精度及经济表面粗糙度,可查阅有关工艺手册。

【项目评价】

一、思考题

1. 数控加工工艺的内容是什么?

2. 数控加工工艺与数控编程有什么关系?

3. 数控加工工艺的特点是什么?

4. 数控加工工艺文件包含哪些内容？

5. 数控加工程序单一般包含哪些内容？

6. 数控机床的规格与要求包含哪几个方面的内容？

7. 数控车床数控系统基本要求有哪些？

8. 数控系统编程功能有哪些要求？

9. 数控铣床数控系统基本要求有哪些？

10. 数控加工用刀具材料主要有哪些？有什么基本要求？

11. 外圆车刀型号规则怎样表示？

12. 外圆刀杆的夹紧应用系统有哪几种？

13. 数控车床刀具预调的主要工作包括哪几项内容？

14. 数控铣床/加工中心用刀具有几种？

15. 数控铣床/加工中心用刀具系统由哪几部分组成？各部分的应用特点是什么？

16. 程序编制的内容和步骤是什么？

17. 数控编程通常分为哪几类？

18. 什么是程序结构与程序段格式？

19. 机床标准坐标系构成的内容有哪些？

20. 什么是机床原点，在实际加工中有何用途？

21. 什么是工件原点，与机床原点有何关系？

22. 如何确定刀具与工件的相对位置？

23. 什么是刀位点？常用数控刀具的刀位点在什么位置？

24. 数控加工中为什么要进行数学处理？数学处理包括哪些主要内容？

25. 怎样选择数控加工的方法？

二、技能训练

如图 2-50 所示的轴套类零件，分析说明其数控加工工艺的基本过程。

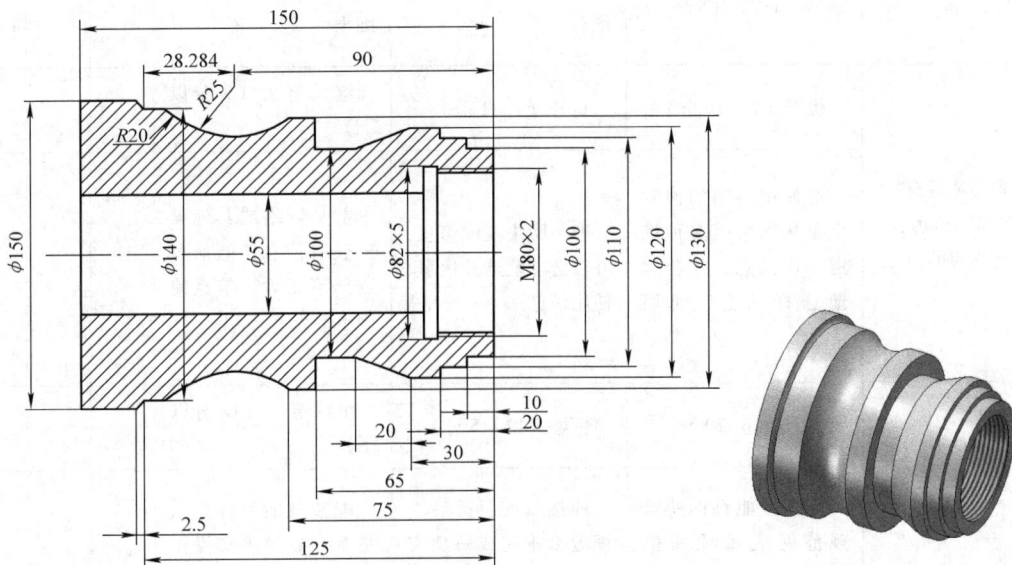

图 2-50　轴套类零件

三、项目评价评分表

1. 个人知识和技能评价表

班级：　　　　　　　姓名：　　　　　　　成绩：

评价方面	评价内容及要求	分值	自我评价	小组评价	教师评价	得分
项目知识内容	① 了解数控加工内容	10				
	② 了解数控机床的技术参数	10				
	③ 了解与掌握数控刀具的内容与选择	10				
	④ 掌握数控编程的基础知识	10				
项目技能内容	① 认识数控加工中的坐标系	15				
	② 掌握数控加工中的数学计算	10				
	③ 掌握数控加工方法的选择	15				
安全文明生产和职业素质培养	① 安全、规范操作	10				
	② 文明操作，不迟到早退，操作工位卫生良好，按时按要求完成实训任务	10				

2. 小组学习活动评价表

班级：　　　　　　　姓名：　　　　　　　成绩：

评价项目	评价内容及评价分值			自评	互评	教师评分
分工合作	优秀（12~15分）	良好（9~11分）	继续努力（9分以下）			
	小组成员分工明确，任务分配合理，有小组分工职责明细表	小组成员分工较明确，任务分配较合理，有小组分工职责明细表	小组成员分工不明确，任务分配不合理，无小组分工职责明细表			
获取与项目有关质量、市场、环保等内容的信息	优秀（12~15分）	良好（9~11分）	继续努力（9分以下）			
	能使用适当的搜索引擎从网络等多种渠道获取信息，并合理地选择信息、使用信息	能从网络获取信息，并较合理地选择信息、使用信息	能从网络或其他渠道获取信息，但信息选择不正确，信息使用不恰当			
实操技能操作	优秀（16~20分）	良好（12~15分）	继续努力（12分以下）			
	能按技能目标要求规范完成每项实操任务	能按技能目标要求规范基本完成每项实操任务	能按技能目标要求基本完成每项实操任务，但规范性不够			

（续）

评价项目	评价内容及评价分值			自评	互评	教师评分
基本知识分析讨论	优秀（16～20分）	良好（12～15分）	继续努力（12分以下）			
	讨论热烈、各抒己见，概念准确、理解透彻，逻辑性强，并有自己的见解	讨论没有间断、各抒己见，分析有理有据，思路基本清晰	讨论能够展开，分析有间断，思路不清晰，理解不透彻			
成果展示	优秀（24～30分）	良好（18～23分）	继续努力（18分以下）			
	能很好地理解项目的任务要求，熟练运用多媒体进行成果展示	能较好地理解项目的任务要求，较熟练运用多媒体进行成果展示	基本理解项目的任务要求，不能熟练运用多媒体进行成果展示			
总分						

项 目 小 结

本项目我们学习了如下内容。

❶ 数控加工工艺。

❷ 数控机床技术参数。

❸ 数控加工用刀具。

❹ 数控编程基础知识。

❺ 认识数控加工中的坐标系。

❻ 数控加工方法的选择。

项目三　模具数控车削加工技术

【项目情境】

模具数控车削加工技术是一种常用的模具零件加工方法。掌握数控车削加工技术，能提高模具零件的加工效率，并能满足模具的高精度生产加工要求。图 3-1 所示是数控车削加工情形。

图 3-1　数控车削加工

【项目学习目标】

	学习目标	学习方式	学时
知识目标	① 掌握数控车床的组成 ② 理解数控车床各部分的结构特点与功能 ③ 理解数控车床编程指令的使用 ④ 掌握模具车削类零件的编程方法	教师讲授、启发、引导、互动式教学	20 课时
技能目标	① 认识数控系统控制面板按钮与功能 ② 学会分析加工信息，正确选择适合加工要求的数控车床 ③ 掌握数控车床控制面板的操作 ④ 掌握数控车床程序的输入、修改 ⑤ 掌握数控车床对刀操作 ⑥ 学会运用编程指令，灵活处理加工工艺来编制复杂零件的加工程序	学习重点：数控系统控制面板按钮与功能	50 课时
情感目标	① 激励对自我价值的认同感，培养遇到困难决不放弃的韧性 ② 培养使用信息资源和信息技术手段去获取知识的能力 ③ 树立团队意识和协作精神	网络查询、小组讨论、取长补短、相互协作	

【项目基本功】

3.1 项目基本知识

知识点一 认识数控车床

数控车床是数控机床中应用最为广泛的一种,它可完成各种有复杂素线的回转体类零件的加工。

1. 数控车床的组成

数控车床大致由 5 部分组成,分别是数控系统、驱动系统、辅助装置、车床主机和 CAD/CAM 软件,如图 3-2 所示。

(1) 数控系统 数控系统(也称控制系统)是数控车床的控制核心。它的主要部分是一台计算机,它与通用计算机从

图 3-2 数控车床的组成

构成上讲是相同的,其中包括 CPU、存储器和显示器等部分。数控系统中用的计算机一般是专用计算机,也有一些是工业控制用计算机。

(2) 驱动系统 驱动系统是数控车床切削工作的动力部分,主要实现主运动和进给运动。在数控车床中,驱动系统又称为伺服系统,由伺服驱动电路和驱动装置两大部分组成。伺服驱动电路的作用是接收指令,经过软件的处理,推动驱动装置运动。驱动装置主要由主轴电动机、进给系统等组成,其中电动机有步进电动机、直流伺服电动机和交流伺服电动机 3 类。

(3) 辅助装置 与普通车床相类似,辅助装置是指数控车床中为正常加工提供帮助的配套部分,如液压、气动装置,冷却、照明、润滑、防护和排屑装置等。

(4) 车床主机 车床主机是数控车床的机械部件,主要包括床身、主轴箱、刀架、尾座和进给传动机构等。

(5) CAD/CAM 软件 由于一些模具零件形状复杂,需借助 CAD/CAM(计算机辅助设计与制造)软件与相应的后置处理程序,来生成加工程序,通过数控车床控制系统上的通信接口或其他存储介质(如磁盘、光盘等),把生成的加工程序输入到数控车床的控制系统中,完成零件的加工。

数控车床的机械结构与普通车床基本一致,而刀架和导轨的布局形式发生了根本性的变化,这是因为刀架和导轨的布局形式直接影响数控车床的使用性能。数控车床床身导轨和水平面的相对位置如图 3-3 所示,有 4 种布局形式,图 3-3a 为水平式,图 3-3b 为斜床身斜置式,图 3-3c 为水平床身斜置式,图 3-3d 为直立式。

水平式的工艺性好,便于导轨面的加工。水平放置刀架可提高刀架的运动精度,但下部空间小,排屑困难,一般可用于大型数控车床或小型精密数控车床的布局。

斜床身斜置式的导轨倾斜角度分别为 30°、45°、60° 和 90°(称为立床身)。倾斜角度小,排屑不便;倾斜角度大,导轨的导向性差,受力情况也差。一般中小规格的数控车床,其床身的倾斜度为 60° 为宜。

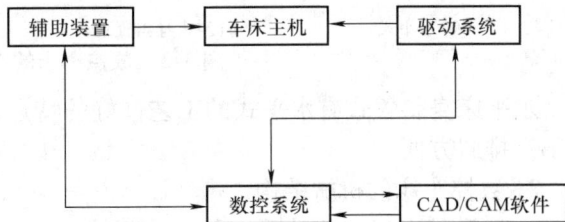

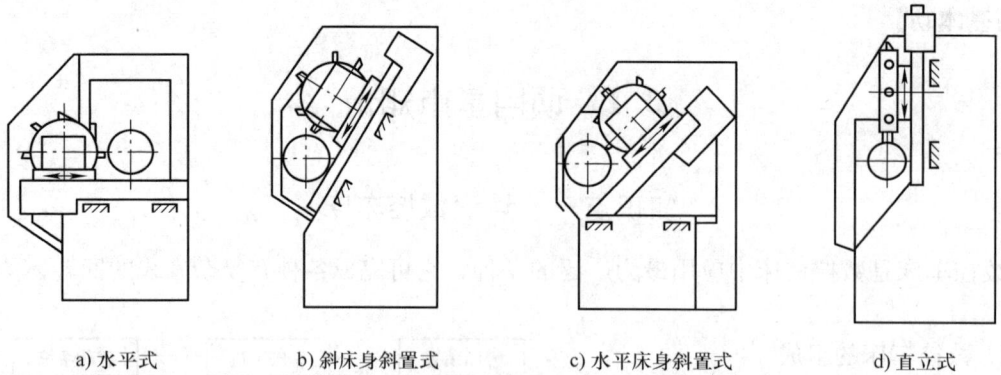

a) 水平式　　　b) 斜床身斜置式　　　c) 水平床身斜置式　　　d) 直立式

图 3-3　数控车床的床身和导轨布局

水平床身斜置式有水平式的工艺性好的特点，且机床宽度方向的尺寸较水平配置滑板的要小，排屑方便。

2. 数控车床的机械结构

（1）数控车床主传动系统及主轴部件

1）数控车床主运动传动系统。主运动传动系统是数控车床的重要组成部分，它的最高与最低转速范围、传递功率和动力特性都决定了数控车床的最高性能。

在图 3-4 所示的 TND360 数控卧式车床的传动系统图中，主运动传动由主轴直流伺服电动机驱动，经齿数为 27/48 同步带传动到主轴箱中的轴 I 上，再经轴 I 上的双联滑移齿轮，经齿轮副 84/60 或 29/86 传递到轴 II（即主轴），使主轴获得高速（800～3150r/min）和低速（7～800r/min）两档转速范围。在各转速范围内，由主轴伺服电动机驱动实现无级调速。主轴箱内部省去了大部分齿轮传动变速机构，因而减小了齿轮传动对主轴精度的影响，并且维修方便，振动小。

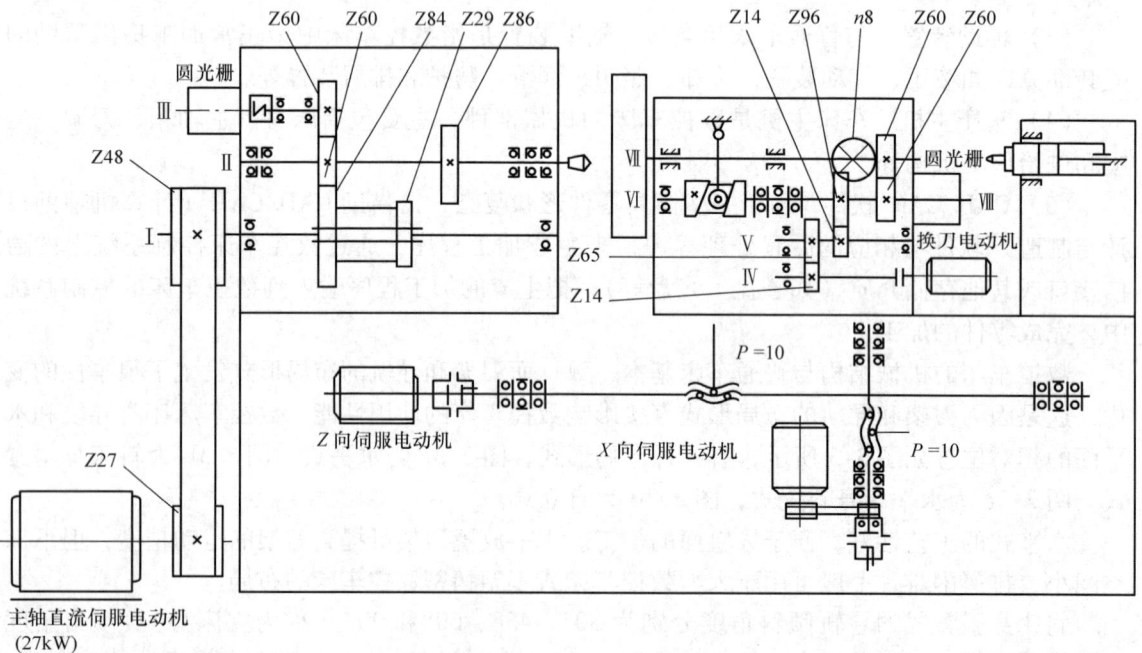

图 3-4　TND360 数控卧式车床的传动系统图

2）液压卡盘结构。数控车床除采用自定心卡盘、单动卡盘或弹簧夹头外，为减少数控车床装夹工件的辅助时间，也多采用液压或气动自定心卡盘装夹工件。

如图 3-5 所示，液压卡盘固定安装在主轴前端，回转液压缸与接套用螺钉连接，接套又通过螺钉与主轴后端面连接，使回转液压缸随主轴一起转动。卡盘的夹紧与松开，由回转液压缸通过一根空心拉杆来驱动。拉杆后端与液压缸内的活塞用螺纹连接，连接套两端的螺纹分别与拉杆和滑套连接。

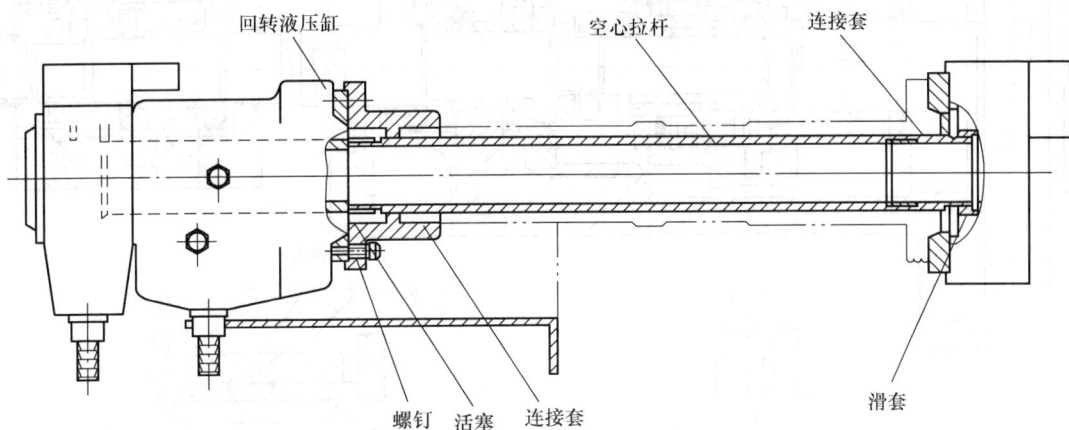

图 3-5　液压卡盘结构简图

如图 3-6 所示，当液压缸内的压力油推动活塞和拉杆向卡盘方向移动时，滑套向右移动，并通过楔形槽的作用，使卡爪座带着卡爪沿径向向外移动，从而使卡盘松开。反之，液压缸内的压力油推动活塞和拉杆向主轴后端移动时，通过楔形机构，使卡盘夹紧工件。卡盘体用螺钉固定安装在主轴前端。

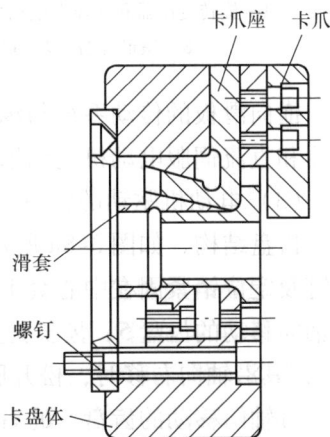

图 3-6　卡盘内楔形机构示意图

（2）进给传动系统及装置

1）纵向进给运动及传动装置。图 3-7 所示是 TND360 数控车床 Z 轴进给装置示意图。从图中可看出，纵向直流伺服电动机经安全联轴器直接驱动滚珠丝杠螺母副，带动纵向滑板沿床身上的纵向导轨运动。直流伺服电动机由尾部的旋转变压器和测速发电机进行位置反馈和速度反馈，纵向进给量的最小脉冲是 0.001mm。这样构成的伺服系统为半闭环伺服系统。I 放大图为无键锥环连接结构。无键锥环是相互配合的锥环，如拧紧螺钉，紧压环就压紧锥环，使内环的内孔收缩，外环的外圆胀大，靠摩擦力连接轴和孔，锥环的对数可根据所传递的转矩进行选择。这种结构不需要开键槽，避免了传动间隙。

2）横向进给运动及传动装置

① 横向进给运动传动。横向进给运动传动是由横向直流伺服电动机通过齿数 24/24 同步带轮，经安全联轴器驱动滚珠丝杠螺母副，使横向滑板实现横向进给运动。

② 横向进给运动传动装置。横向滑板通过导轨安装在纵向滑板的上面，做横向进给运

表 3-1　影响数控车床布局的因素

影响因素	说明	图示
工件尺寸、质量和形状的影响	随着工件尺寸、质量和形状的变化，数控车床的布局有卧式车床、落地车床、单柱立式车床、双柱立式车床和龙门移动式立式车床	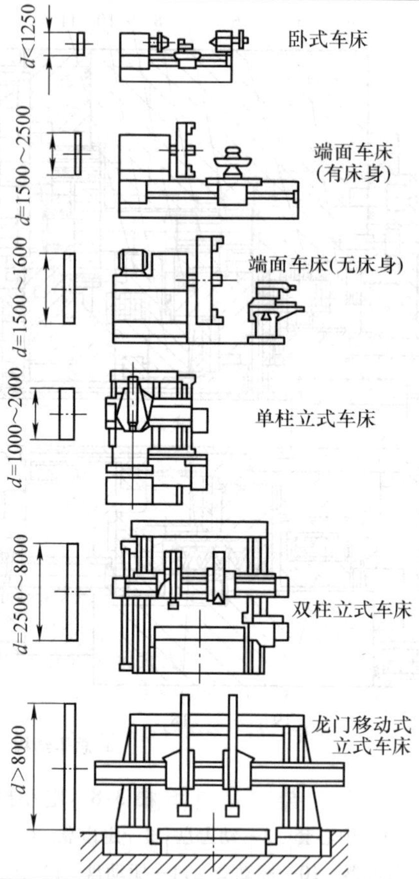
车床精度的影响	提高车床的工作精度，降低车床工作时切削力、切削热和切削振动对自身的影响，数控车床在布局时就必须考虑各部件的刚度、抗振性和热变形不敏感问题，否则，对加工尺寸会造成一定的影响。卧式车床主轴箱热变形时，因刀架的位置不同，对尺寸的影响也不同	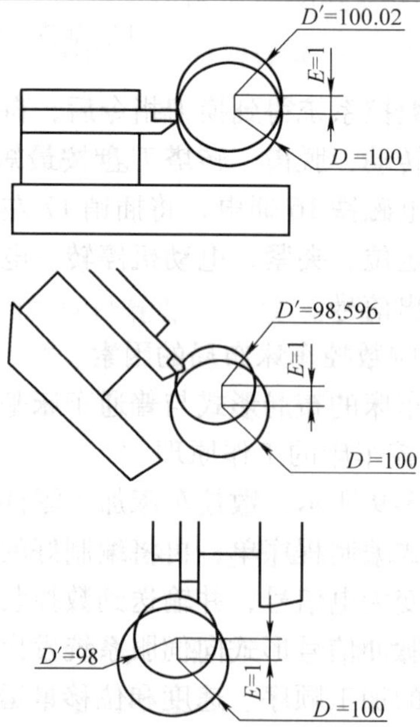 主轴箱热变形加工尺寸的影响

（续）

影响因素	说明	图示
车床生产率的影响	伴随着生产率要求的不同，数控车床的布局可以产生单主轴单刀架和双主轴单刀架以及双主轴双刀架等不同的结构变化	 多刀平衡车削 NC4轴 铣削(动力刀具) NC5轴 TT25S 上刀架有Y轴、ATC和动力刀具 NC6轴 尾座换为第二主轴 NC5轴 TM25S 尾座换为第二主轴 NC6轴 NC8轴 TM25YS

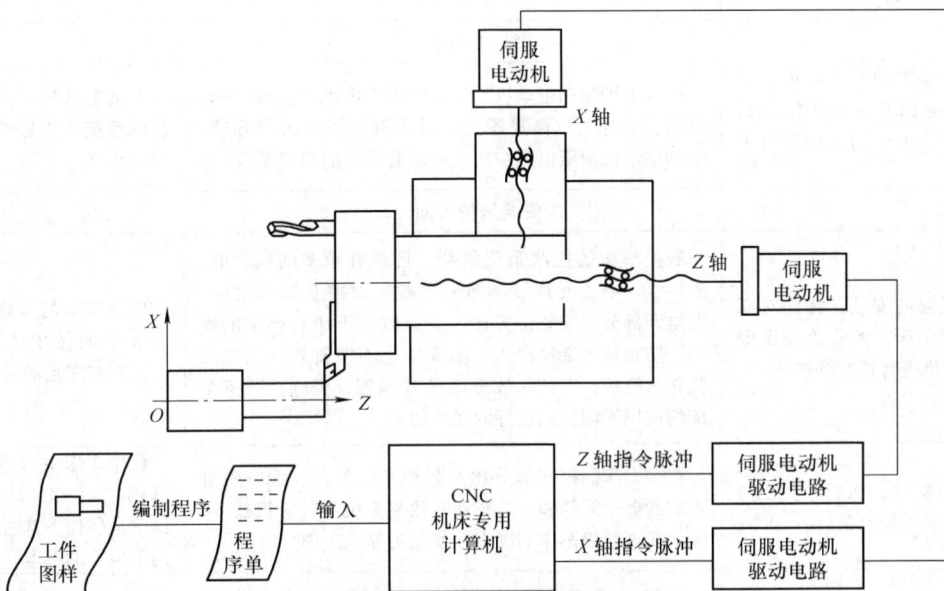

图 3-9　数控车床的基本工作原理

5. 数控车床的功能和特点

（1）数控车床的主要功能　不同数控车床其功能是不一样的，但都应具备下面5个主要功能：

1）直线插补功能。

2）圆弧插补功能。

3）固定循环功能。

4）恒线速度切削功能。

5）刀尖半径自动补偿功能。

（2）数控车床的特点　数控车床是实现柔性自动化的重要设备，与普通车床相比，数控车床需从两个方面来表达，见表 3-2 和表 3-3。

表 3-2　数控车床总体特点

特点	简要说明	备注
适合于复杂零件的加工	数控车床的最大特点，是利用穿孔带可对各相关坐标进行数值控制，几何形状复杂的零件可利用计算机进行编程，能迅速、方便地得到穿孔带，一般难以用手动操作或非数控车床加工的复杂零件，如凸轮、样板、模具型面、复杂轴、盘、箱体零件等，可用数控车床方便地加工	简易数控车床将许多数控车床的功能进行简化，适合于某些较简单的零件加工
换批量调整方便，适合于多品种、中小批量柔性自动化生产	数控车床利用穿孔带控制，换批时更换穿孔带即可，调整远比非数控车床，如凸轮控制车床、程序控制车床等方便	换批调整快慢取决于工人的技术熟练程度
便于实现信息流自动化，在数控车床基础上，可实现 CIMS（计算机集成制造系统）	数控车床在数字控制上具有突出优点，利用计算机可以实现信息流自动化，并从而进一步实现 CIMS	目前 CIMS 处于研制发展阶段

表 3-3　数控车床的结构特点

特点	简要说明	备注
结构方面		
数控车床主轴和进给可自动变速，各坐标可自动定位，机、电、液驱动机构的互相配合十分严格	要求主轴驱动电动机、工作台伺服电动机自动变速，且具有快速性、高灵敏度，对主轴轴承、床身导轨、驱动电动机液压电气控制元件均有严格的技术要求	主轴电动机、伺服电动机的性能严重影响数控车床的水平
安装维护方面		
要求正确的安装，特别对高精度数控车床，尤应重视正确安装。严格进行正常维护	数控车床的控制系统复杂，且具有较多的机、电、液、气、电子元件及测量元件等，数控系统有强电、弱电两部分，安装位置比一般非数控车床有严格的要求。防止灰尘杂物侵入，温度变化不能剧烈，尤应加强正常维护，对任何故障应及时修理，否则，数控车床的使用不能得到良好的经济效果	应有成套的维修队伍和高水平的技术人员与工人，并有充足的备件
车床的驱动、执行、控制 3 部分，控制比较复杂	数控车床的控制部分比非数控车床复杂，没有先进可靠的电子元件和功能齐备的数控系统及计算机技术，无法实现数控车床的优点并使之可靠地工作	数控车床的可靠性、刀具的先进性，均十分关键，是数控车床能否可靠用于生产的根本
在总体布局上，要求车床具有足够的刚度、精度，并易于排屑	数控车床实现半自动工作，加装自动换刀装置（ATC）和交换工作台（APC）可实现全自动无人化工作，车床在强力切削下工作，效率高，要求具有足够的刚度、精度和保持性，并易于排除切屑	

知识点二　认识数控车床操作面板

1. SIEMENS 802D 数控系统显示屏幕

SIEMENS 802D 数控系统标准车床显示屏幕划分为 3 个部分：状态区、应用区、说明及软键区，如图 3-10 所示。

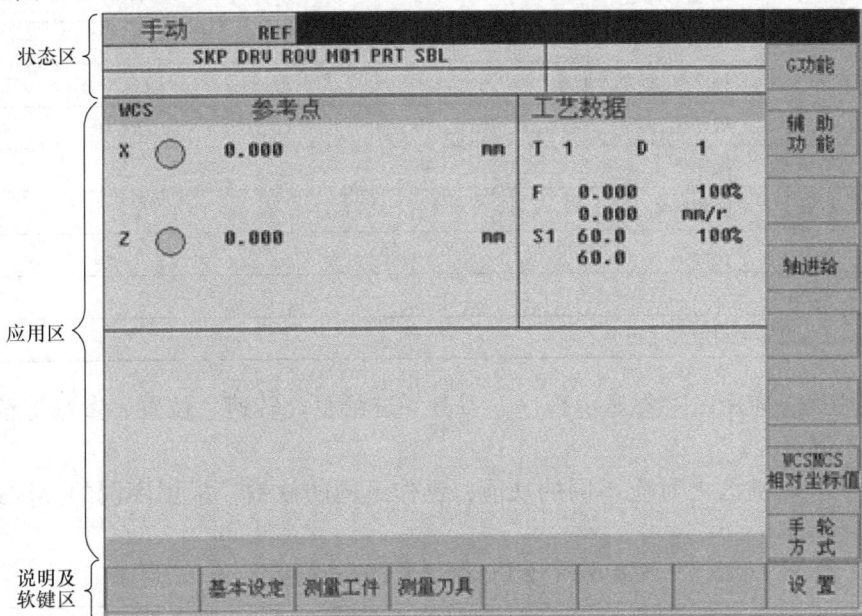

图 3-10　SIEMENS 802D 数控系统标准车床显示屏幕

（1）状态区　状态区主要显示当前操作状态、报警信息、程序状态、加工程序信息等。状态区中的缩略符的含义见表 3-4。

表 3-4　状态区中的缩略符的含义

状态区	
图中元素	缩略符的含义
1 区	当前操作区域，有效方式
	加工　JOG：JOG 方式下增量大小
	MDA
	AUTOMATIC
	参数
	程序
	程序管理
	系统
	报警
	G291 标志的"外部语言"

（续）

图中元素	缩略符的含义	
2 区	报警信息行	
	显示内容	1. 报警号和报警文字 2. 信息内容
3 区	程序状态	
	RESET	程序复位/基本状态
	RUN	程序运行
	STOP	程序停止
4 区	自动方式下的程序控制	
5 区	保留	
6 区	NC 信息	
7 区	所选的零件程序（主程序）	

（2）应用区　应用区主要显示程序、刀具、进给量、转速、位置、参数等信息，不同状态时显示不同画面。

（3）说明及软键区　对应不同的功能，操作不同的软键，根据不同的要求进行控制。其单元说明见表 3-5。

表 3-5　说明及软键区显示单元释义

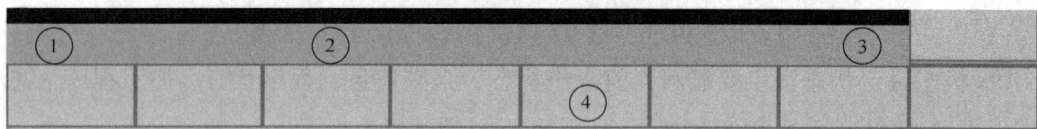

说明及软键区

图中元素	含义	显示
1 区	1. 在此区域出现返回键，表明处于子菜单 2. 按返回键，返回上一级子菜单	
2 区	提示显示信息	
3 区	1. MMC 状态信息 2. 出现扩展键，表明还有其他扩展功能 3. 大小写字符转换键	 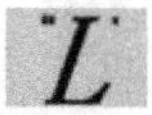
4 区	1. 执行数据传送 2. 链接 PLC 编程工具 3. 垂直和水平软件栏	 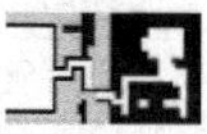

2. SIEMENS 802D 数控系统控制面板

SIEMENS 802D 数控系统控制面板如图 3-11 所示，其按键功能解释见表 3-6。

图 3-11　SIEMENS 802D 数控系统控制面板

表 3-6　**SIEMENS 802D 数控系统按键功能表**

按键名称	图示	功能说明
急停		按下急停按键，数控车床立即停止一切动作
点动距离选择		在单步或手轮方式下来选择移动距离
手动方式		手动方式，连续移动
回零方式		车床通电开机后，必须先执行回零的操作，然后才能进行其他操作
自动方式		在该方式下，可自动运行加工程序
单段方式		在该方式下，程序的运行每次只执行一条数控加工指令
手动数据输入		手动数据输入也叫 MDA 方式，它是单程序执行模式
主轴控制		按下此键，车床主轴正转
		按下此键，车床主轴停止转动
		按下此键，车床主轴反转
快进		按下该按键，车床处于手动快速状态

（续）

按键名称	图示	功能说明
移动	+X	手动状态下，按下该按键系统将沿 X 轴正向移动。在回零状态时，按下该按键 X 轴回零
	-X	手动状态下，按下该按键系统将沿 X 轴反向移动
	+Z	手动状态下，按下该按键系统将沿 Z 轴正向移动。在回零状态时，按下该按键 Z 轴回零
	-Z	手动状态下，按下该按键系统将沿 Z 轴反向移动
复位		按下此键，复位 CNC 系统，包括取消报警、主轴故障复位、中途退出自动操作循环和输入/输出过程等
循环保持		程序运行暂停，在程序运行过程中，按下此按键运行暂停。按 恢复运行
运行开始		按下此键，程序运行开始
主轴倍率修调		将开关置于相应位置来调节主轴转速倍率
进给倍率修调		调节数控程序自动运行时的进给速度倍率，调节范围为 0～120%
手轮		在手轮模式下使车床刀架移动；手轮逆时针旋转时，刀架向负方向移动（即向主轴箱方向）移动；手轮顺时针方向旋转时，刀架向正方向（即向尾座方向）移动

3. SIEMENS 802D 数控系统编辑面板

SIEMENS 802D 数控系统编辑面板如图 3-12 所示。该面板各按键功能见表 3-7。

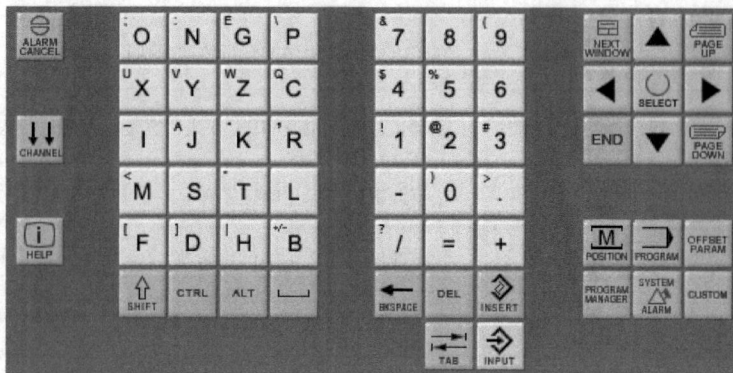

图 3-12   SIEMENS 802D 数控系统编辑面板

表 3-7　SIEMENS 802D 数控系统编辑面板按键功能表

按键名称	图示	功能说明
报警答应键		用于报警后数控系统的复位
通道转换键		用于转换数控系统数据传输的通道
信息键		用于显示数控系统的特定信息
上档键		对键上的两种功能进行转换。用了上档键，当按下字符键时，该键上部的字符（除了光标键）就被输出
空格键		按下该键，光标向后移动，并空一格
删除键		用于删除程序字、程序段及整个程序。◀自右向左删除字符；DEL自左向右删除字符
取消键		取消键，用于删除最后一个进入输入缓存区的字符或符号
制表键		用于输入制表符
回车/输入键		1. 接受一个编辑值 2. 打开、关闭一个文件目录 3. 打开文件
翻页键		该键用于将屏幕显示页面向前翻页
		该键用于将屏幕显示页面向后翻页
加工操作区域键		按此键，进入机床操作区域
程序操作区域键		生成零件程序
参数操作区域键		按此键，进入参数操作区域
程序管理操作区域键		按此键，进入程序管理操作区域
报警/系统操作区域键		报警信息和信息表（诊断和调试）
选择转换键		一般用于单选、多选框

知识点三　数控车床编程体系

1. 快速定位指令 G00

G00 指令是模态代码，它命令刀具以点位控制方式从刀具所在点快速运动到下一个目标位置。它只是快速定位，而无运动要求，且无切削加工过程。

（1）指令格式　G00 快速定位指令的格式为：

$$G00\ X\ (U)\_\ Z\ (W)\_$$

（2）参数说明

1）X、Z 为刀具以各轴的快速进给速度移动时走刀终点的绝对坐标值；U、W 为刀具以各轴的快速进给速度移动时走刀终点的增量坐标值。

2）G00 为模态指令，可由 G01、G02、G03 或 G33 指令功能注销。

3）G00 移动速度不能用程序指令设定，而是由厂家预先设置的。

4）G00 的执行过程中，刀具由程序起始点加速到最大速度，然后快速移动，最后减速到终点，实现快速定位。

5）G00 指令运行时，刀具的实际运动路线不是直线，而是折线，如图 3-13 所示。使用时应注意刀具是否会与工件发生干涉。

6）G00 一般用于加工前的快速定位或加工后的快速退刀。

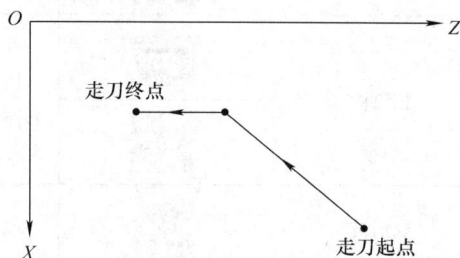

图 3-13　G00 的运动路线

2. 直线插补指令 G01

G01 指令是模态代码，规定刀具在 XOZ 平面内以插补联动方式按指定的进给速度 F 做任意的直线运动。

（1）指令格式　G01 指令走刀路线如图 3-14 所示，其格式为：

$$G01\ X\ (U)\_\ Z\ (W)\_\ F\_$$

（2）参数说明

1）X、Z 为刀具以 F 指令指明的进给速度移动时走刀终点的绝对坐标值；U、W 为刀具以 F 指令指明的进给速度移动时走刀终点的增量坐标值。倒直角时，X、Z 为绝对编程时未倒角前两相邻程序段轨迹的交点 G 的坐标值；U、W 为增量编程时 G 点相对于起始直线轨迹的始点 A 点的移动距离。

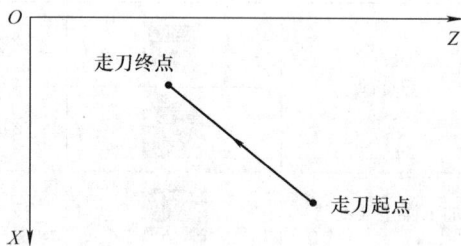

图 3-14　G01 指令走刀路线

2）G01 指令后的坐标值取绝对值编程还是增量值编程由编程者根据情况决定。

3）G01 指令可由 G00、G02 或 G03 注销，用于加工圆柱形外圆、内孔、锥面等。

4）进给速度由 F 指令决定。F 指令也是模态指令，可由 G00 指令取消。如果在 G01 程序段之前的程序段没有 F 程序，且 G01 程序段中也没有 F 指令，则机床不运动。因此，G01 程序中必须含有 F 指令。

5）程序中 F 指令进给速度在没有新的 F 指令以前一直有效，不必在每个程序段中都写入 F 指令。

6）G01 程序段中，如果省略 X（U），则表示为外圆加工；省略 Z（W），则表示端面加工。

7）两个相连的 G01 指令，后一个 G01 指令和 F 功能字可省略，其进给速度与前一个相同。

3. 圆弧插补指令 G02/G03

圆弧插补指令 G02/G03 是使刀具相对于工件以指定的速度从当前点（起始点）向终点进行圆弧插补。G02 为顺时针圆弧插补，G03 为逆时针圆弧插补，如图 3-15 所示。

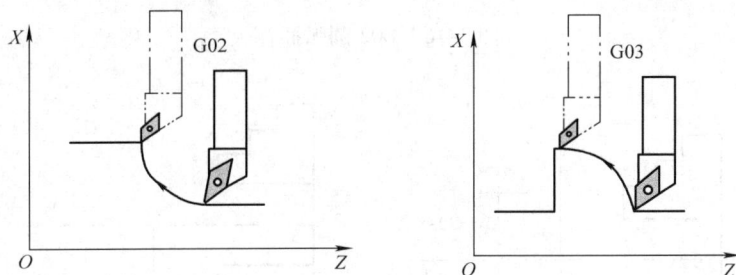

图 3-15 圆弧插补指令 G02/G03

（1）指令格式 圆弧插补指令格式有以下 4 种情况。

1）终点和圆心式：

$$G02/G03 \ X \_\_ \ Z \_\_ \ I \_\_ \ K \_\_ \ F \_\_$$

2）终点和半径式：

$$G02/G03 X \_\_ \ Z \_\_ \ CR = \_\_ \ F \_\_$$

3）张角和圆心式：

$$G02/G03 \ AR = \_\_ \ I \_\_ \ K \_\_ \ F \_\_$$

4）张角和终点式：

$$G02/G03 \ AR = \_\_ \ X \_\_ \ Z \_\_ \ F \_\_$$

（2）参数说明

1）X、Z 为圆弧终点的绝对坐标值。

2）I、K 不管是绝对值编程还是在增量编程时永远是圆心相对于圆弧起点的坐标。

3）CR 是圆弧半径，AR 是圆弧对应的圆心角。

4）X、I 都采用直径来编程。

5）G02/G03 为模态指令，用于加工圆弧表面。

（3）G02、G03 的判断 对于后刀座坐标系，G02 从起点至终点的运动轨迹为顺时针圆弧插补，如果是前刀座坐标系，则为逆时针圆弧插补，如图 3-16 所示。而 G03 刚好相反，对于后刀座坐标系，从起点至终点的运动轨迹为逆时针圆弧插补，如果是前刀座坐标系，则为顺时针圆弧插补，如图 3-17 所示。

4. 毛坯切削循环指令 CYCLE95

（1）指令格式 CYCLE95 的格式为：

CYCLE95（NPP，MID，FALZ，FALX，FAL，FF1，FF2，FF3，VARI，

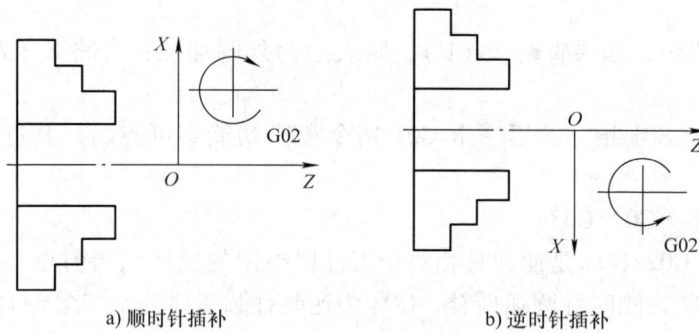

a) 顺时针插补　　　　　　　　　　　b) 逆时针插补

图 3-16　G02 圆弧插补

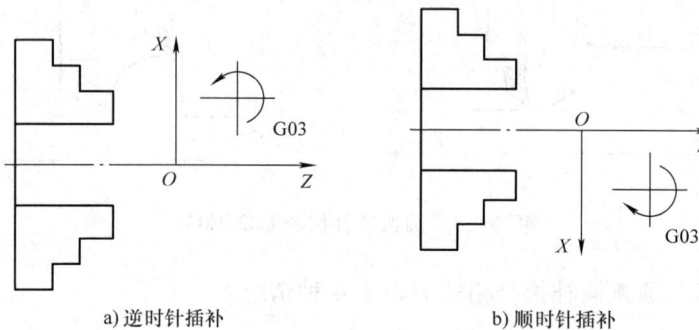

a) 逆时针插补　　　　　　　　　　　b) 顺时针插补

图 3-17　G03 圆弧插补

DT，DAM，－VRT）

（2）功能参数代码说明　功能参数代码说明见表3-8。

表 3-8　CYCLE95 指令功能参数代码说明

参数代码	功能说明
NPP	轮廓子程序名，程序名的前两个字符为字母，后面可为下划线、数字或者字母，一个程序名最多可含 16 个字符
MID	背吃刀量，无 + 、－（是指粗加工的最大背吃刀量情况）
FALZ	Z 轴上的精加工余量
FALX	X 轴上的精加工余量
FAL	沿轮廓的精加工余量
FF1	无下切的粗加工进给量（下切是指凹入工件的轮廓）
FF2	进入凹槽的进给量
FF3	精加工进给量
VARI	加工类型，其类型用数字 1 ~ 12 来表示，具体情况见表 3-9
DT	粗切削有暂停时间
DAM	粗加工中断路径，切屑
－ VRT	从轮廓返回的路径，增量

表3-9　加工类型

序号	纵向/横向	内部/外部	粗加工/精加工/综合加工
1	纵向	外部	粗加工
2	横向	外部	粗加工
3	纵向	内部	粗加工
4	横向	内部	粗加工
5	纵向	外部	精加工
6	横向	外部	精加工
7	纵向	内部	精加工
8	横向	内部	精加工
9	纵向	外部	综合加工
10	横向	外部	综合加工
11	纵向	内部	综合加工
12	横向	内部	综合加工

（3）指令程序的执行过程　CYCLE95 指令程序的执行过程见表3-10。

表3-10　指令程序的执行过程

加工阶段	执行过程
粗加工	① 车刀以 G00 指令方式从初始点运动至循环加工起点 ② 按参数代码 MID 下设定的最大背吃刀量进给 ③ 沿坐标轴平行方向，以 G01 指令方式，并以粗切进给量切削到粗切削交点 ④ 以 G01/G02/G03 指令方式，按粗切进给量进行粗加工 ⑤ 在每个坐标轴方向按参数代码 – VRT 中所编程的退刀量退刀，并以 G00 指令方式返回 ⑥ 重复前面的过程至加工到最后尺寸
精加工	① 以 G00 指令方式按不同的坐标轴分别回循环加工起点 ② 以 G00 指令方式在两个坐标轴方向上回轮廓起点 ③ 以 G01/G02/G03 指令方式按精加工进给量进行精加工 ④ 以 G00 指令方式在两个坐标轴方向回循环加工起始点

5. 车槽循环指令 CYCLE93

（1）指令格式　CYCLE93 的格式为：

CYCLE93（SPD，SPL，WIDG，DIAG，STA1，ANG1，ANG2，RCO1，RCO2，RCI1，RCI2，FAL1，FAL2，IDEP，DTB，VAR1）

（2）功能参数代码说明　功能参数代码说明见表3-11，其参数示意如图3-18所示。

（2）螺纹切削循环指令 CYCLE97
CYCLE97 指令可按纵向或横向加工形状
为圆柱体或圆锥体的内、外单线或多线
螺纹，其切削进给深度可自动设定。

1）CYCLE97 指令格式。指令格
式为：

CYCLE97（PIT，MPIT，SPL，FPL，
DM1，DM2，APP，ROP，TDEP，FAL，
IANG，NSP，NRC，NID，VARI，
NUMT）

2）功能参数代码说明。CYCLE97
指令功能参数代码如图 3-20 所示，其说
明见表 3-13。

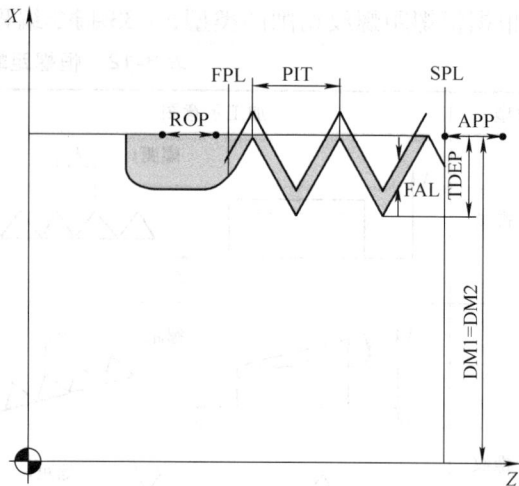

图 3-20　CYCLE97 指令功能参数代码

表 3-13　CYCLE97 指令功能参数代码说明

参数代码	功能说明
PIT	螺纹导程
MPIT	以螺距为螺纹尺寸
SPL	螺纹纵向起点
FPL	螺纹横向起点
DM1	在起点的螺纹直径
DM2	在终点的螺纹直径
APP	升速进刀段，无 +、− 号
ROP	降速退刀段，无 +、− 号
TDEP	螺纹的牙型高度，无 +、− 号
FAL	粗加工余量，无 +、− 号
IANG	切入角度，带 +、− 号
NSP	第一螺纹的起点偏置
NRC	粗加工次数
NID	空刀次数
VARI	螺纹加工类型（见表 3-14）
NUMT	螺纹线数

表 3-14　螺纹加工类型

值	外螺纹/内螺纹	恒定进给/恒定切削截面积
1	A	恒定进给
2	I	恒定进给
3	A	恒定切削截面积
4	I	恒定切削截面积

如图 3-21 所示，使用参数 IANG，可以定义螺纹的切入角度，如果要以合适的角度进行螺纹切削，此参数的值必须设置为零。如果要沿侧面切削，此参数的绝对值必须设为刀具侧面角的一半值。如图 3-22 所示，进给的执行是通过参数的符号定义的，如果是 + 值，则进给始终在同一侧面进行；如果是 - 值，则在两侧面分别执行。在两侧面交替的切削类型只适用于圆柱螺纹，如果用于锥形螺纹的 IANG 值虽然是 - 值，则只沿一个侧面切削循环。

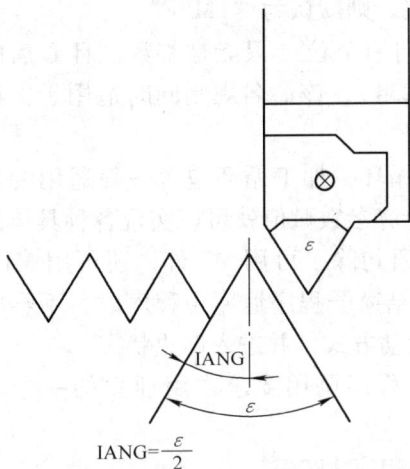

图 3-21　IANG（切入角）图示

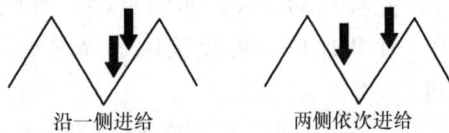

图 3-22　进给执行符号的定义

在循环加工中，以螺纹切削时的锥形角来确定所加工螺纹是纵向螺纹还是横向螺纹。当锥形角小于或等于 45°时，则加工的是纵向螺纹，否则就是横向螺纹，如图 3-23 所示。

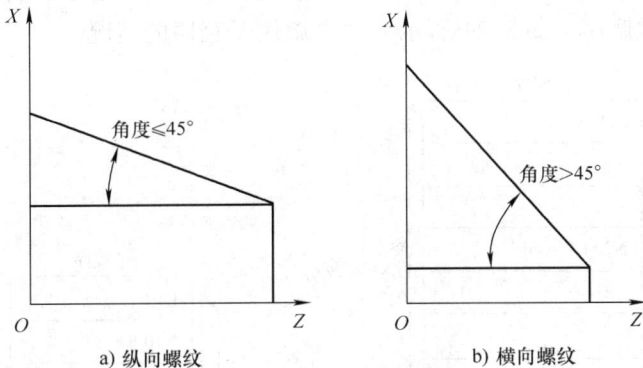

图 3-23　加工时纵/横向螺纹的判断

3）程序执行过程。程序执行的过程为：

① 车刀以 G00 指令方式运动至第一条螺纹线升速进刀段起始处；

② 按功能参数代码 VARI 所确定的加工方式进行粗加工进刀；

③ 根据编程的粗切削次数重复进行螺纹切削；

④ 以 G33 方式进行螺纹精加工；

⑤ 其他螺纹线的加工与上述相似。

7. 子程序的应用

（1）SIEMENS 系统子程序命名规则　SIEMENS 数控系统规定程序由文件名和文件扩展

名组成。文件名可以由字母＋数字组成。文件扩展名有两种，即"MPF"和"SPF"。其中，"MPF"表示主程序，如"DL0082. MPF"；"SPF"表示子程序，如"L0082. SPF"。文件名命名规则如下。

1）以字母、数字或下划线来命名文件名。字符间不能有分隔符号，且最多不能超过8个字符。另外，程序名开始的两个符号必须是字母，如 HLENG456、DE38 等。该命名规则同时适用于主程序和子程序文件的命名，如省略其后缀，则默认为". MPF"。

2）以地址"L"加数字来命名程序名。L 后的值可有 7 位（只能是整数，且 L 后的每个零均有意义，不能省略，如 L234 并非 L0234 或 L00234），该命名规则同时适用于主程序和子程序文件的命名，如省略其后缀，则默认为". SPF"。

（2）子程序的调用　子程序的一种形式就是加工循环，加工循环包含一般通用的加工工序，如螺纹切削、坯料切削加工等，通过给规定的计算参数赋值就可以实现各种具体的加工。子程序的结构与主程序的结构没什么区别，结束语句除了可用 M2 外，还可用 M17 和RET 等指令，子程序结束后返回主程序。用 RET 指令结束子程序返回主程序时，不会中断G64 连续路径运动方式，而用 M2 指令则会中断 G64 运动方式，并进入停止状态。

在一个程序中，可直接用程序名调用子程序，子程序调用要求占用独立的一个程序段。如：

N30　　L806 ；　　　调用子程序 L806

N40　　WELLE 8；　　调用子程序 WELLE 8

如果要求多次连续地执行某一子程序，则在编程时必须在所调用子程序的程序名后地址P 下写入调用次数（最大次数可为 9999，即 P1～P9999）。如：

N50　　L806 P5 ；　　表示调用子程序 L806，运行 5 次

子程序可多次被调用，图 3-24 所示为两次调用子程序的情况。

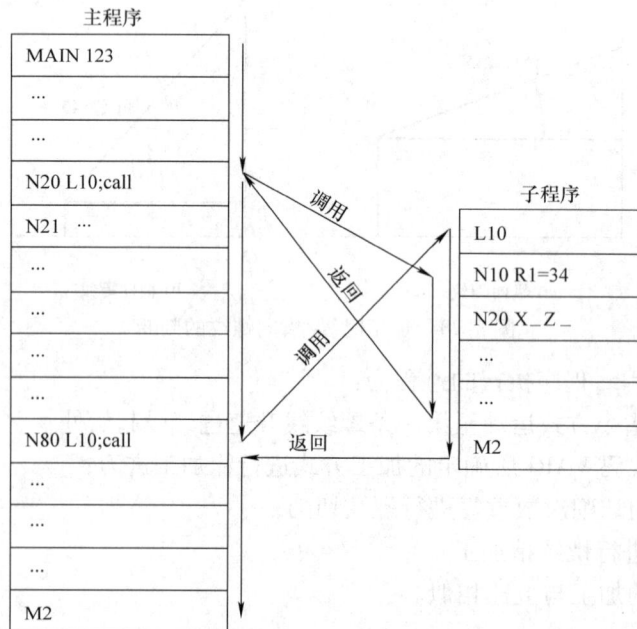

图 3-24　两次调用子程序

（3）子程序的嵌套 子程序不仅可从主程序中调用，也可以从其他子程序中调用，这个过程称为子程序的嵌套。SIEMENS 数控系统的子程序嵌套深度可以为 8 层，也就是 8 级程序界面（包括主程序界面），如图 3-25 所示。

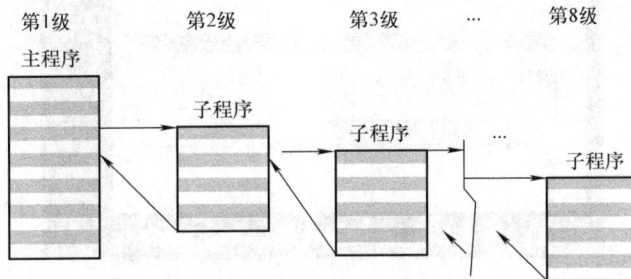

图 3-25　SIEMENS 数控系统 8 级程序界面运行过程

在子程序中可改变模态有效的 G 指令功能，比如 G90 到 G91 的变换，在返回调用程序时要注意检查一下所有模态有效的功能指令，并按照要求进行调整。对于 R 参数也同样要注意，不要无意识地用上级程序界面中所使用的计算参数来修改下级程序界面的计算参数。

3.2　项目基本技能

技能一　数控车床加工程序的处理

1. 新建数控程序

数控程序可用 SIEMENS 802D 系统内部的编辑器直接输入程序或新建一个数控加工程序。新建一个数控程序的操作如下。

1）在系统面板上按 PROGRAM MANAGER，则进入到如图 3-26 所示程序管理界面。

图 3-26　程序管理界面

2）在管理界面中按 新程序 ，则弹出如图 3-27 所示的新程序命名对话框。

3）在对话框中输入新程序的名字（程序名的开头两个字符为字母，其后的字符可以是

图 3-27 新程序命名对话框

字母、数字或下划线），程序名长度不能超过 8 个字符，如图 3-28 所示。

图 3-28 输入新程序名

4）程序名输入完成后，按 确认 则进入如图 3-29 所示的程序编辑界面。如按 中断 ，则返回到程序管理界面。

图 3-29 进入程序编辑界面

5）在界面中输入加工程序，如图 3-30 所示。

2. 数控程序的传送

通过控制系统的 RS232 接口可以输出数据（比如零件的加工程序）并保存到外部设备中，同样也可从那里把数据再读到系统中（但必须保证 RS232 接口应与数据保存设备匹配）。操作方法如下。

1）打开键盘，按 PROGRAM MANAGER ，进入如图 3-31 所示程序管理界面。

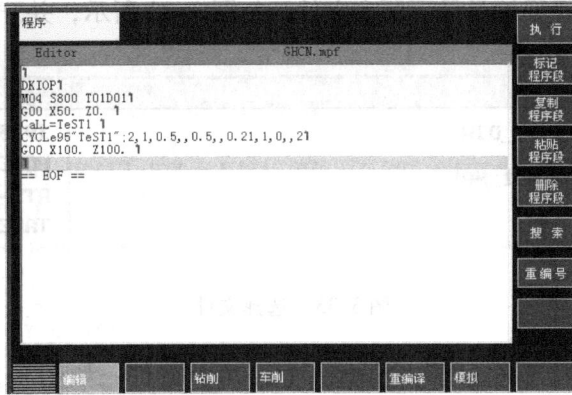

图 3-30　输入加工程序

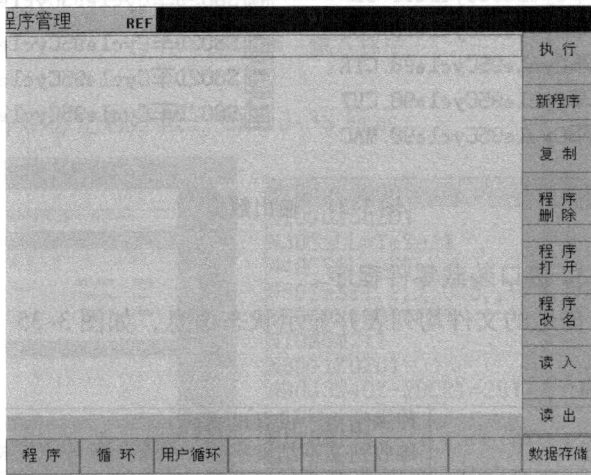

图 3-31　进入程序管理界面

2）按 读入 ，选择读入程序，如图 3-32 所示。

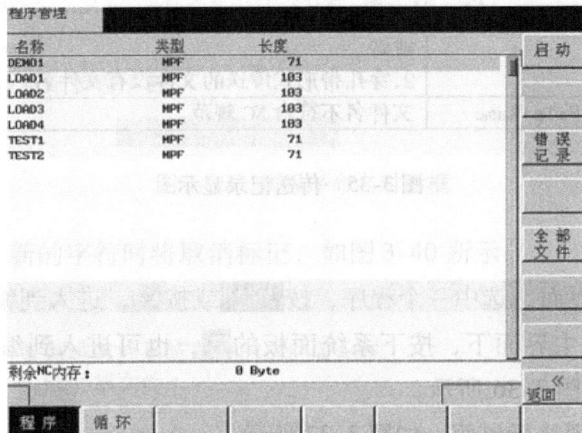

图 3-32　读入程序

6）按 复制程序段 ，将当前选中的一段程序复制到剪贴板；按 粘贴程序段 ，当前剪贴板上的文本粘贴到当前的光标位置，如图 3-41 所示。

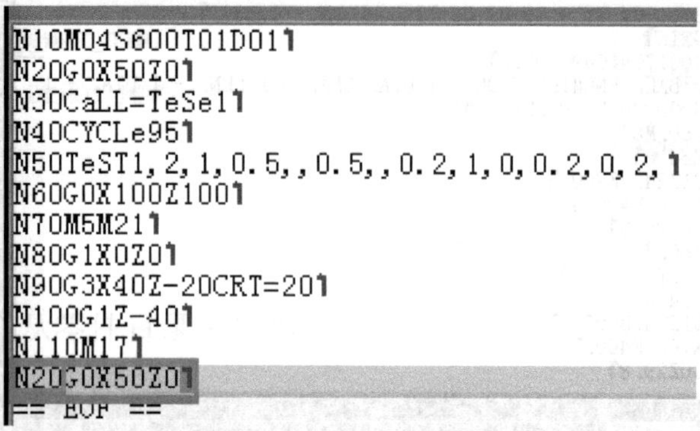

```
N10M04S600T01D01↑
N20G0X50Z0↑
N30CaLL=TeSe1↑
N40CYCLe95↑
N50TeST1,2,1,0.5,,0.5,,0.2,1,0,0.2,0,2,↑
N60G0X100Z100↑
N70M5M21↑
N80G1X0Z0↑
N90G3X40Z-20CRT=20↑
N100G1Z-40↑
N110M17↑
N20G0X50Z0↑
== EOF ==
```

图 3-41 程序复制与粘贴

7）按 删除程序段 可以删除当前选择的程序段；按 重编号 将重新编排行号，如图 3-42 所示。

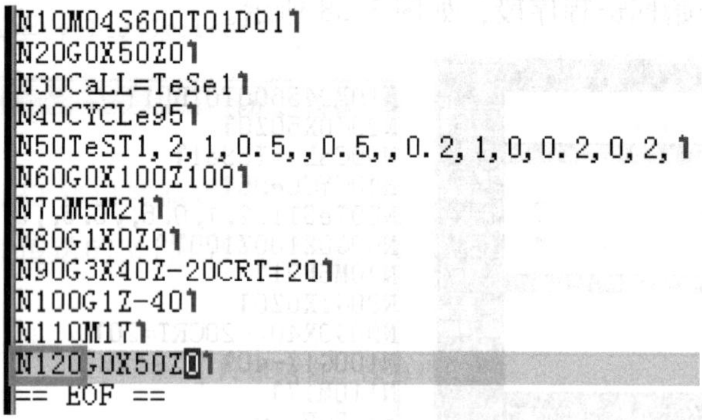

```
N10M04S600T01D01↑
N20G0X50Z0↑
N30CaLL=TeSe1↑
N40CYCLe95↑
N50TeST1,2,1,0.5,,0.5,,0.2,1,0,0.2,0,2,↑
N60G0X100Z100↑
N70M5M21↑
N80G1X0Z0↑
N90G3X40Z-20CRT=20↑
N100G1Z-40↑
N110M17↑
N120G0X50Z0↑
== EOF ==
```

图 3-42 程序段删除与重新排号

4. 程序的搜索

1）在系统面板上按 PROGRAM MANAGER ，进入到程序管理界面。

2）按软件 搜索 ，系统弹出搜索文本对话框，如图 3-43 所示。若需按行号搜索，则应按 行号 ，则出现如图 3-44 所示的对话框。

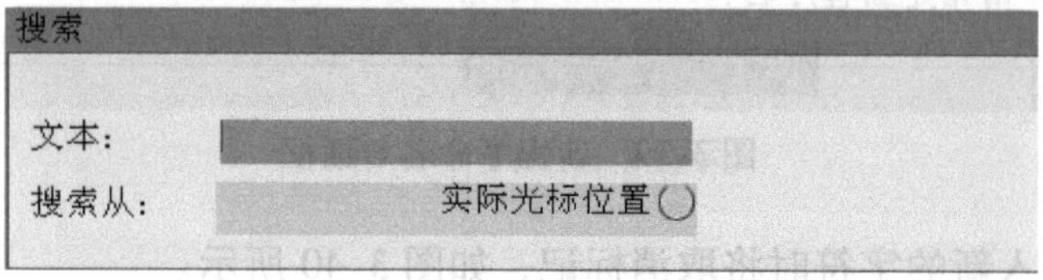

搜索

文本：

搜索从：   实际光标位置(○)

图 3-43 搜索文本对话框

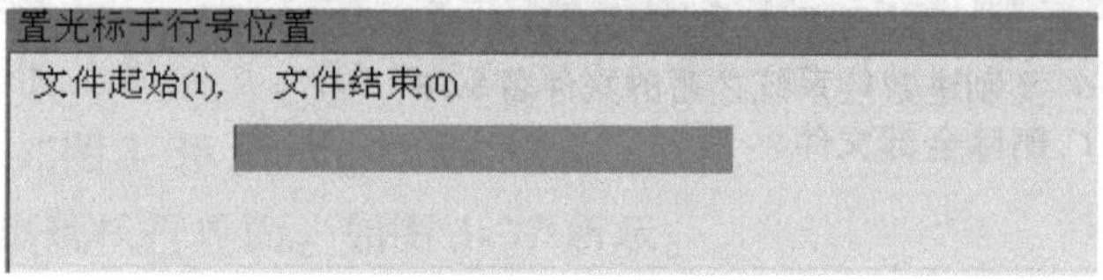

置光标于行号位置

文件起始(1)， 文件结束(0)

图 3-44 行号搜索对话框

3）按 确认 ，若找到了要搜索的字符串或行号，将光标停到此字符串的前面或对应行的行首。搜索文本时，若搜索不到，主界面无变化，在底部显示"未搜索到字符串"，如图3-45所示。搜索行号时，若搜索不到，光标停到程序尾或是在底部显示"错误字符"，如图3-46 所示。

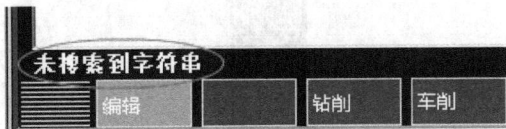

图 3-45　文本搜索不到时界面

图 3-46　行搜索不到时界面

4）按下控制面板上的 → 切换到自动加工主界面，如图 3-47 所示。按 程序段搜索 切换到程序段搜索窗口，若不满足前置条件，此软键按下无效。

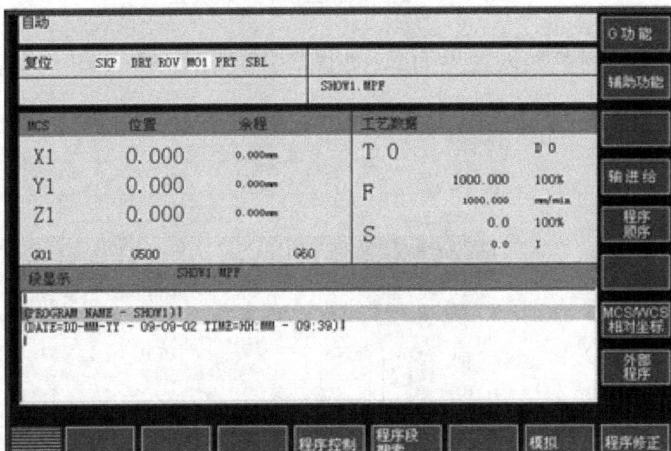

图 3-47　自动加工主界面

5）按 搜索断点 ，光标移动到上次执行程序中止时的行上。

6）按 搜索 ，弹出搜索对话框，可从当前光标位置开始搜索或从程序头开始，输入数据后，按 确认 ，则跳到搜索到的位置。

7）按 启动搜索 ，界面回到自动加工主界面下，并把搜索到的行设置为运行。

8）按 计算轮廓 可使机床返回到中断点，并返回到自动加工主界面。

若已使用过一次 启动搜索 ，则按 启动搜索 时，会弹出对话框，警告不能启动搜索，需按RESET键后才可再次使用 启动搜索 。

5. 固定循环的插入

1）在系统面板上按下 PROGRAM MANAGER ，则进入到程序管理界面。

2）按 打 开 ，则进入参数栏界面（在界面中可看到 钻削 、 车削 ），如图 3-48 所示。

3）根据加工需要，选择相应的模式，即可进入相应的固定循环程序参数设置界面（如

图 3-48　进入固定循环参数设置

按钻削，则出现钻削类型参数设置界面），如图 3-49 所示。

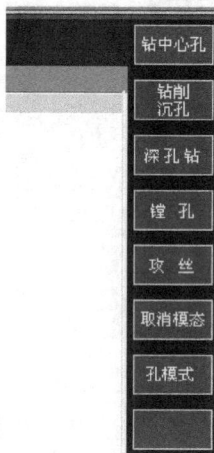

图 3-49　选择模式

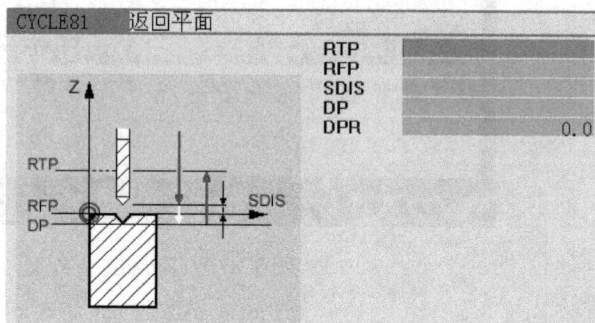

图 3-50　参数输入

4）选择相应的加工模式，则出现参数设置对话界面，系统自动进入相应加工状态（如按钻中心孔，系统自动调用程序"CYCLE81"），如图 3-50 所示。

5）在参数栏用↑和↓使光标在各参数栏中移动，如图 3-51 所示，输入参数后，按确认，即可调用该程序。

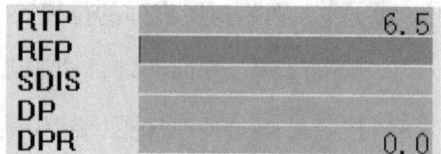

图 3-51　设置参数

技能二　数控车床的手动与自动操作

1. 开机回参考点

SIEMENS 802D 数控车床系统通电后，必须参照车床说明做回参考点操作，否则车床无法进行自动运行。开机回参考点的操作方法如下。

1）检查急停按钮是否松开至 ⊙ 状态，若未松开，按急停按钮 ⊙ ，将其松开。系统启动之后，机床将自动处于"回参考点"模式。在其他模式下，依次按 ⚙ 和 ↦ 进入"回参考点"模式，如图 3-52 所示。

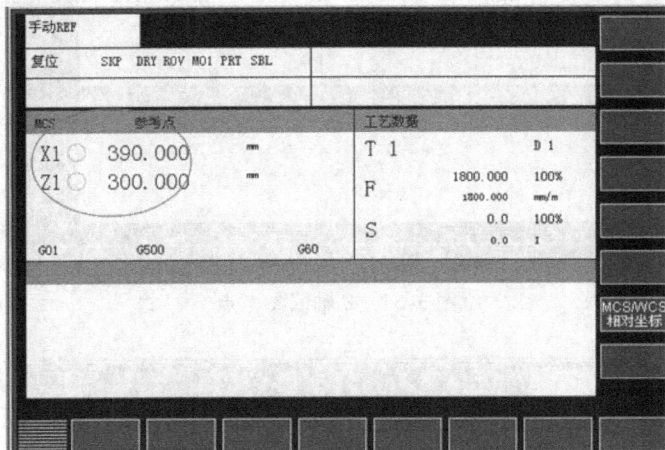

图 3-52　车床回零模式状态时 CRT 界面

2）按 +X ，X 轴将回到参考点，回到参考点之后，X 轴的回零灯将从 ○ 变为 ◉ ，如图 3-53 所示。

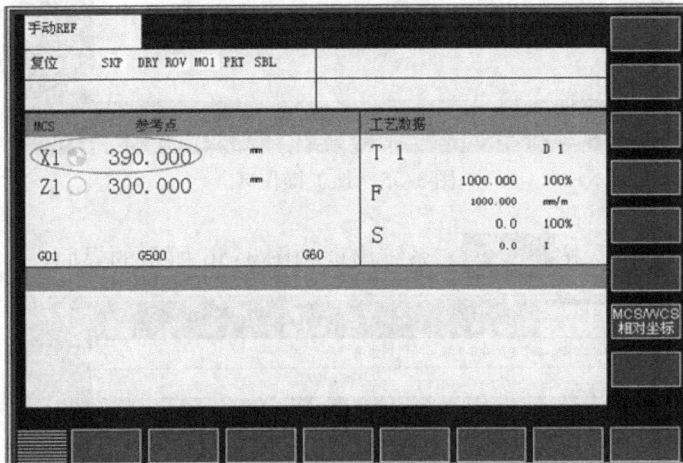

图 3-53　X 轴回参考点

3）按 +Z ，Z 轴将回到参考点，回到参考点之后，Z 轴的回零灯将从 ○ 变为 ◉ ，如图 3-54所示。

2. 坐标系切换

1）按 M ，切换到如图 3-55 所示加工操作区。

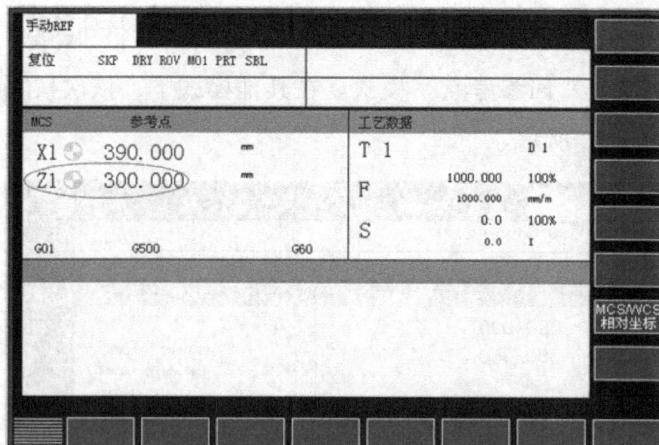

图 3-54   Z 轴回参考点

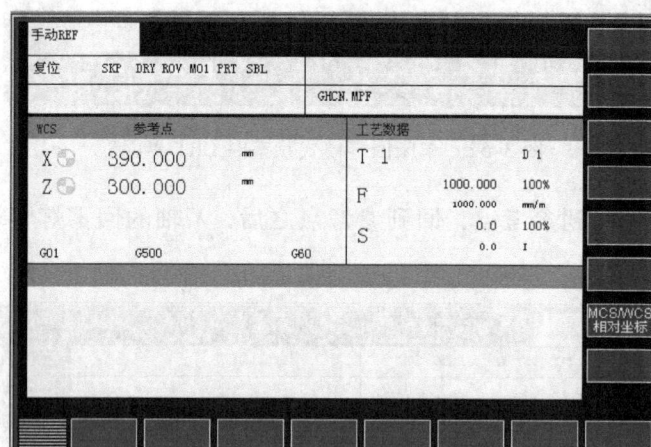

图 3-55   加工操作区

2）切换机床坐标系，按 [MCS/WCS 相对坐标]，系统出现如图 3-56 所示的界面。

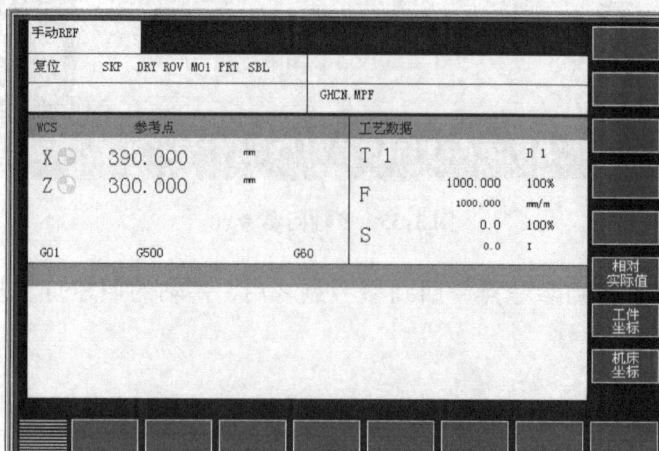

图 3-56   坐标系切换界面

3）按 相对实际值，可切换到如图 3-57 所示相对坐标系（REL）界面。

4）按 工件坐标，可切换到如图 3-58 所示工件坐标系（WCS）界面。

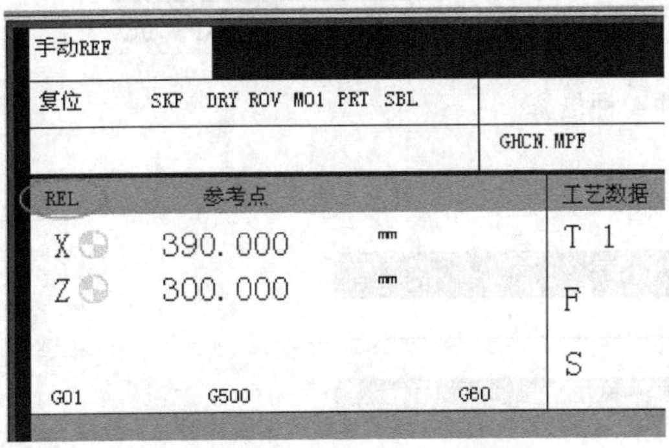

图 3-57　相对坐标系界面

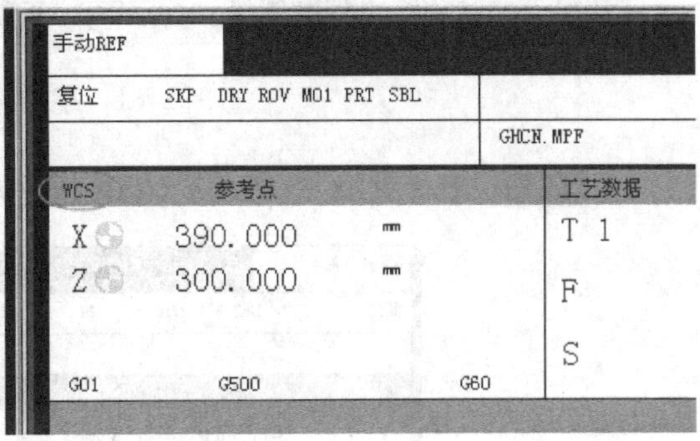

图 3-58　工件坐标系界面

5）按 机床坐标，可切换到如图 3-59 所示机床坐标系（MCS）界面。

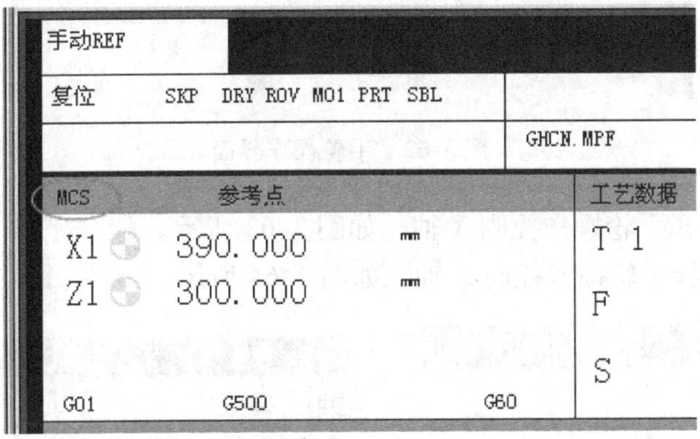

图 3-59　机床坐标系界面

3. 手动脉冲方式

1）按 M，切换至加工操作区，按 ，进入手动方式，如图 3-60 所示。

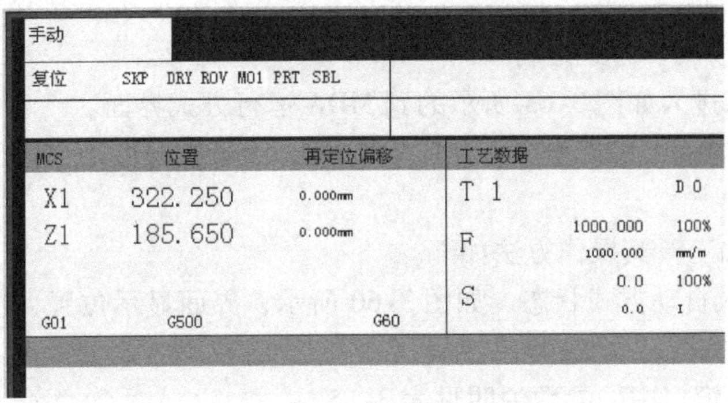

图 3-60　手动操作界面

2）按 ![图标]，设置手动脉冲发生器进给倍率，如图 3-61 所示为 4 种倍率设置。

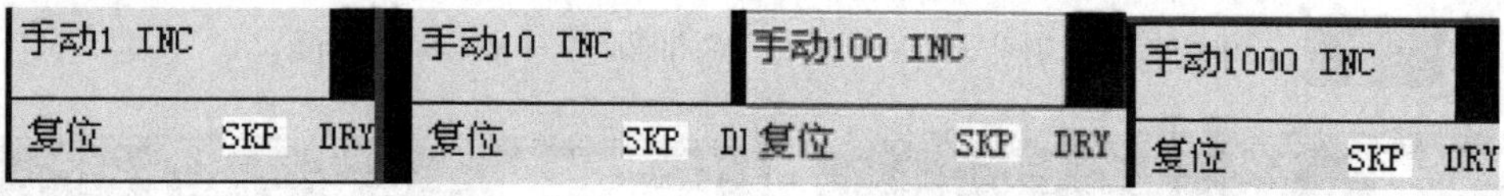

手动1 INC	手动10 INC	手动100 INC	手动1000 INC
复位　　SKP DRY	复位　　SKP DI复位　　SKP DRY		复位　　SKP DRY

图 3-61　手动脉冲 4 种倍率

3）按 手轮方式，弹出如图 3-62 所示手轮操作界面。

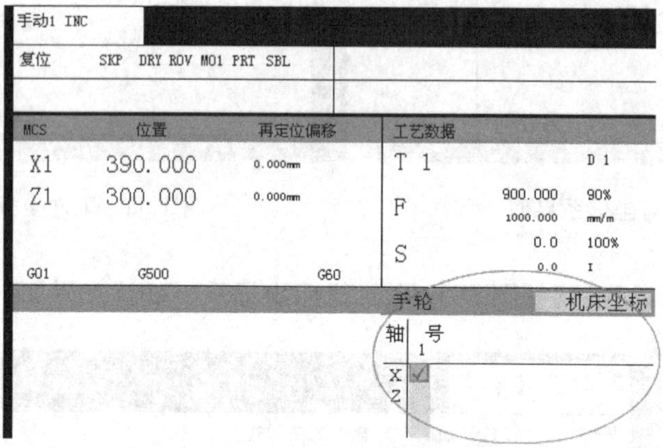

图 3-62　手轮操作界面

4）按 ![X]，选择手轮操作控制 X 轴，如图 3-63 所示。

5）按 ![Z]，选择手轮操作控制 Z 轴，如图 3-64 所示。

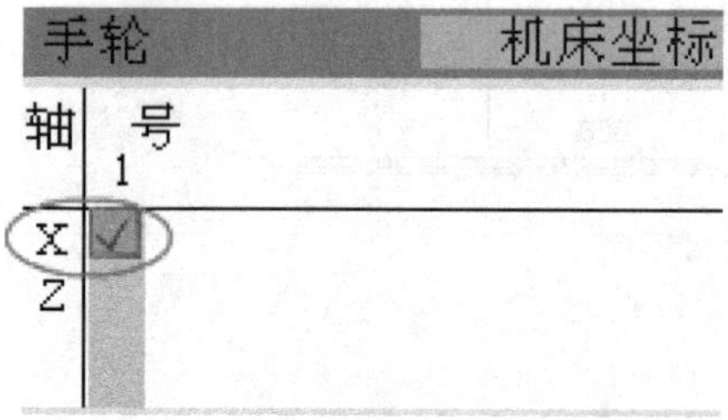

图 3-63　手轮控制 X 轴 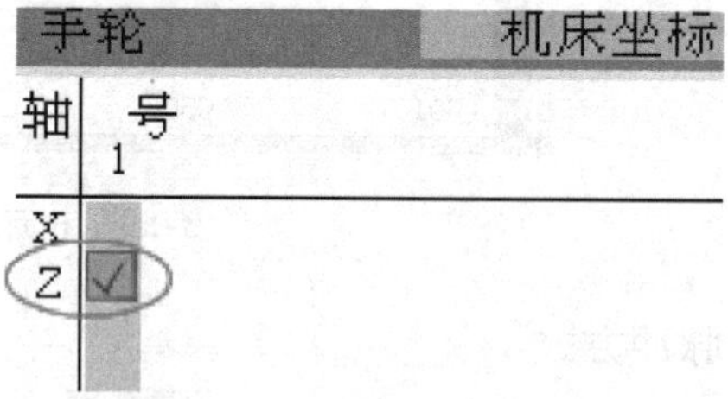　　　　　图 3-64　手轮控制 Z 轴

4. MDA（手动输入）方式运行

1）按 ![图标]，车床进入如图 3-65 所示的到 MDA 运行方式界面。

2）在输入区域内输入所需指令，完成后按 ![图标]，则可执行该指令。

5. 自动加工

（1）自动连续加工　其操作方法如下。

1）按 ![图标]，进入自动方式状态，如图 3-66 所示，界面显示位置、主轴值、刀具值以及当前的程序段。

在自动方式状态窗口中的参数说明见表 3-15。

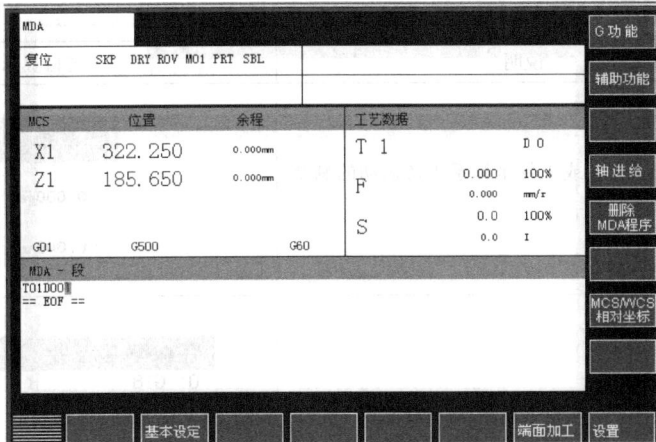

图 3-65　MDA 运行方式界面

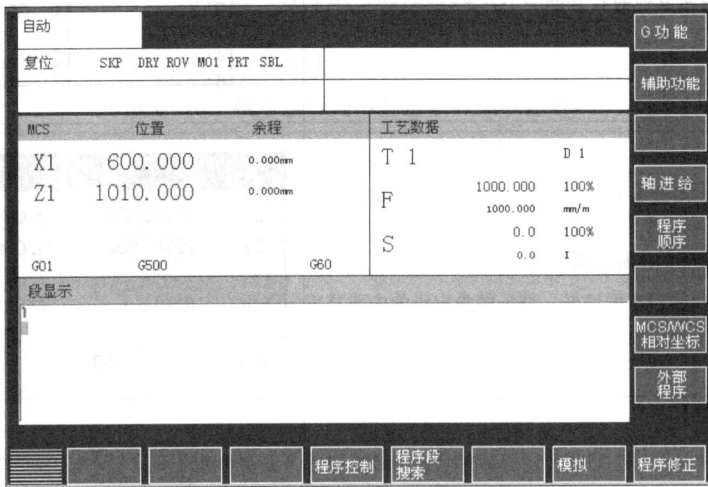

图 3-66　自动方式状态界面

表 3-15　数控系统自动方式状态窗口中的参数说明

参数	说明	窗口显示示例
MCS X Z	显示机床坐标系中或工件坐标系中当前的坐标轴	
+ X − Z	坐标轴在正方向或负方向运动时，相应地在 X、Z 之前显示正负符号。坐标轴到达位置后不再显示正负符号	MCS　　　位置　　　再定位偏移 X1　531.250　0.000mm Z1　970.950　0.000mm
实际位置/mm	在该区域显示机床坐标系或工件坐标系中坐标轴的当前位置	MCS　　　位置 X1　600.000 Z1　1010.000

R 参数从 R0 ~ R299 共有 300 个，输入数据范围在 ±（0.0000001 ~ 99999999）之间，若输入数据超过范围后，自动设置为允许的最大值。

技能四　数控车削加工技术的应用

1. 轴类零件的数控车削加工

（1）零件图样　轴类零件图样如图 3-81 所示。

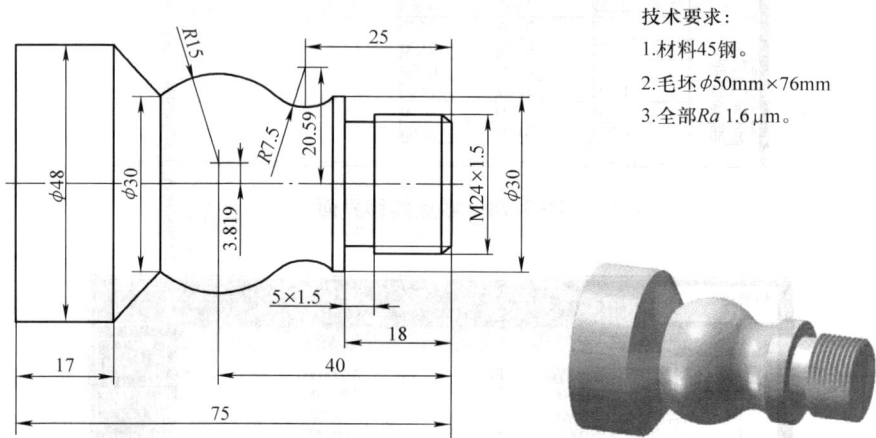

图 3-81　轴类零件图样

（2）数控车削加工工序卡　数控车削加工工序卡见表 3-17。

表 3-17　数控车削加工工序卡

数控加工工序卡片	产品名称	零件图号		程序号	夹具名称
					自定心卡盘
毛坯	$\phi50$mm×110mm	设备与系统		SIEMENS 802D	
工步号	内容	刀号	主轴转速/（r/min）	进给速度/（mm/r）	背吃刀量/mm	备注
1	车端面	T01	800	0.15	0.5 ~ 1	手动或 MDI 方式
2	循环加工外形轮廓	T01	800	0.1	2	
3	切槽	T01	500	0.1	5	
4	加工螺纹	T03	500	1.5		
编制		审核		日期	年　月　日

（3）零件数控车削加工程序　零件数控车削加工程序见表 3-18。

表 3-18 零件数控车削加工程序

加工程序	说明
AA1. MPF	主程序名
G54 M03 S800 T1 D1 F0.1	用 G 指令建立工件坐标系，主轴以 800r/min 正转
G00 X52. Z0.	快速定位
G01X0. Z－1. F 0.15	车端面
G00X52. Z2.	
CYCLE95（"test3" 3, 0.5, 0.25, 0.3, 0.3, 0.2, 0.1, 9, 0, 0, 2)	循环车削左侧外表轮廓表面
G0X100. Z100.	至换刀点
M5	主轴停
M00	暂停
G00X52. Z2. M3S800T1D1	调头车削
CYCLE95（"test4" 3, 0.25, 0.2, 0.3, 0.3, 0.2, 0.1, 9, 0, 0, 2)	循环车削右侧外形轮廓表面
G00X100. Z100.	至换刀点
T2D2 S400	选用 2 号刀，主轴以 400r/min 正转
G00 X32. Z－18	快速定位 T 点
G01 X21. F0.1	切槽
X32.	退刀
G00 X100. Z100.	至换刀点
T3D3	选用 3 号刀
G00 X26. Z2.	快速定位 R 点
CYCLE97 (1.5, 1, 0, －13, 24, 24, 3, 3, 0.81, 0.02, 0, 0, 1, 1)	车削螺纹
G00X100. Z100.	至换刀点
M5	主轴停
M2	主程序结束
PROC test3	轮廓子程序
G00X28. Z0. F0.1	快速进刀
G01X30. Z－1.	倒角 $C1$
Z－10.	车 $\phi30$ 外圆
X36.	车台阶面到倒角延长线处
X38. Z－12.	倒角 $C1$
Z－20.	车 $\phi38$ 外圆
G02X48. Z－25. CR＝5. ;	车 $R5$ 凹圆弧
G01Z－47.	车 $\phi48$ 外圆

加工程序	说明
X52.	X 向退刀
G00X1000. Z100.	至换刀点
M2	程序结束
PROC test4	轮廓子程序
G00X21. Z0. F0. 1	快速进刀
G01X24. Z - 1. 5	倒角 C1. 5
Z - 18.	车螺纹大径
X30.	车台阶面
Z - 20.	车 φ30 外圆
G02X30. Z - 29. 97 CR = 7. 5	车 R7. 5 凹圆弧
G03 X30. Z - 50. CR = 15.	车 R15 凸圆弧
G01 X48. Z - 58.	车斜面
G00X100. Z100.	退刀
M2	程序结束

2. 套类零件的数控车削加工

（1）零件图样　套类零件图样如图 3-82 所示。

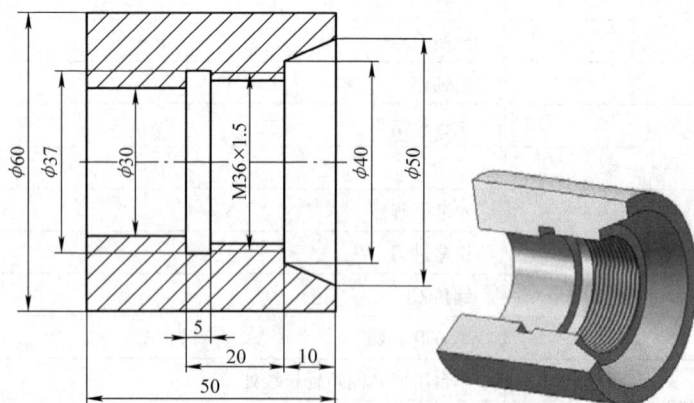

技术要求：
1. 材料45钢。
2. 毛坯φ60mm×50mm，孔径28mm。
3. 全部Ra 3.2μm。

图 3-82　套类零件图样

（2）数控加工工序卡　数控车削加工工序卡见表 3-19。

表 3-19 数控车削加工工序卡

数控加工工序卡片		产品名称	零件图号		程序号		夹具名称	
							自定心卡盘	
毛坯	ϕ60mm×50mm，孔径28mm		设备与系统		SIEMENS 802D			
工步号	内容		刀号	主轴转速/ (r/min)	进给速度/ (mm/r)	背吃刀量/ mm	备注	
1	车内形轮廓表面		T01	450	0.1	1.5	手动或 MDI 方式	
2	切内沟槽		T02	450	0.05	5		
3	车内螺纹		T03	400	1.5			
编制		审核			日期		年 月 日	

（3）零件数控车削加工程序 零件数控车削加工程序见表 3-20。

表 3-20 零件数控车削加工程序

加工程序	说　明
AA2. MPF	主程序名
M03S450T1D1	用 G 指令建立坐标系，主轴以 700r/min 正转
G00X25. Z2.	快速点定位
CYCLE95（"test6"，1.5，0.2，1，1，0.5，0.5，0.2，11，0，0，2）	循环车内形轮廓表面
G00Z100.	返回换刀点
X100.	
T2D2	
G00X28. Z2	
Z－30.	
G01X37. F0. 05	切内沟槽
X28.	
G00Z2.	
G00X100. Z100.	
T3D3S400	
G00X28. Z3.	
CYCLE97（1.5，0，－10，－25，36，36，2，2，1，0.02，0，0，10，0，2，1）	车螺纹
G00X100. Z100.	
M5	主轴停
M2	主程序结束
PROC test6	工件轮廓子程序
G00X50. Z0. F0. 1	

（续）

加工程序	说　明
G01X40. Z－10.	
X34. 5	
Z－30.	
X30.	
Z－50.	
G00X28. Z4.	
M2	程序结束

【项目评价】

一、思考题

1. 数控车床由哪几部分组成？
2. 数控车床床身和导轨的布局有哪几种形式？
3. 影响数控车床的布局的因素是哪几个方面？
4. 简述数控车床的工作原理。
5. 数控车床的功用特点有哪些？
6. SIEMENS 802D 数控系统显示界面分为几个区域？各区域有什么功能？
7. 如何判别 G2、G3 指令方向？
8. 毛坯切削循环指令 CYCLE95 的执行过程是怎样的？
9. 恒螺距螺纹切削 G33 指令的编程加工有哪几种类型？
10. 什么是子程序的嵌套？SIEMENS 数控系统的子程序嵌套深度可以为多少层？
11. 怎样新建一个数控程序？
12. 如何进行数控程序的传送？
13. 怎样编辑一个数控加工程序？
14. 怎样插入一个固定循环？
15. 数控机床开机后为什么首先要回参考点？
16. 怎样进行坐标系的切换？
17. 数控车床如何对刀？
18. 怎样对 R 参数进行设定？

二、技能训练

车削如图 3-83 所示的螺纹定位轴。

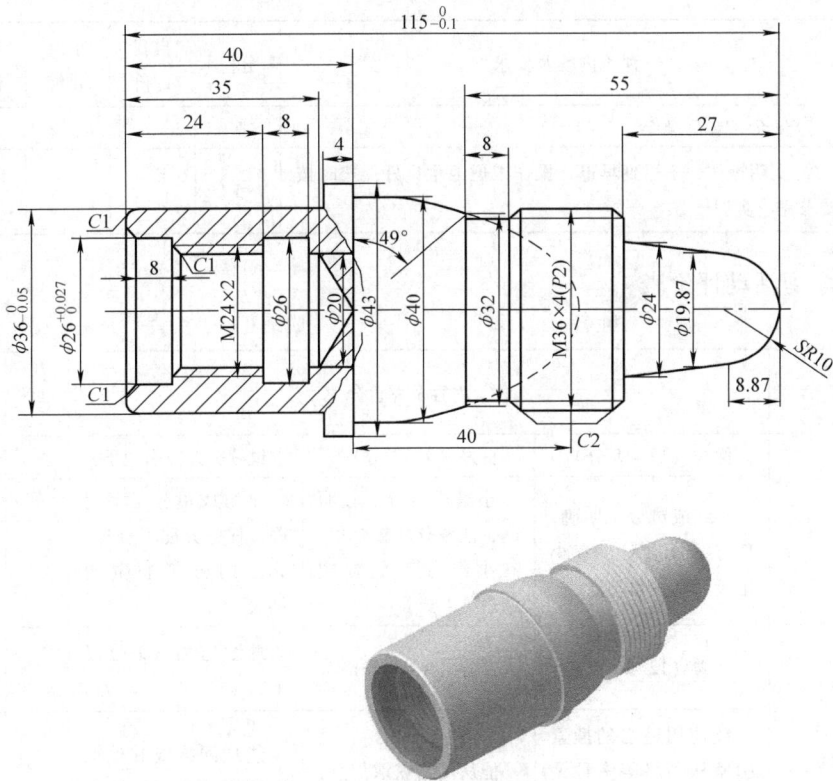

图 3-83 螺纹定位轴零件

三、项目评价评分表

1. 个人知识和技能评价表

班级： 姓名： 成绩：

评价方面	评价内容及要求	分值	自我评价	小组评价	教师评价	得分
项目知识内容	① 掌握数车床的组成	4				
	② 理解数控车床各部分结构特点与功能	5				
	③ 理解数车床编程指令的使用	10				
	④ 掌握模具车削类零件的编程方法	8				
项目技能内容	① 认识数控系统控制面板按钮与功能	10				
	② 学会分析加工信息，正确选择适合加工要求的数控车床	15				
	③ 掌握数控车床控制面板的操作	10				
	④ 掌握数控车床程序的输入、修改	10				
	⑤ 掌握数车床对刀操作	10				
	⑥ 学会运用编程指令，灵活处理加工工艺来编制较复杂零件的加工程序	8				

（续）

评价方面	评价内容及要求	分值	自我评价	小组评价	教师评价	得分
安全文明生产和职业素质培养	① 安全、规范操作	5				
	② 文明操作，不迟到早退，操作工位卫生良好，按时按要求完成实训任务	5				

2. 小组学习活动评价表

班级：　　　　　　姓名：　　　　　　成绩：

评价项目	评价内容及评价分值			自评	互评	教师评分
分工合作	优秀（12~15分）	良好（9~11分）	继续努力（9分以下）			
	小组成员分工明确，任务分配合理，有小组分工职责明细表	小组成员分工较明确，任务分配较合理，有小组分工职责明细表	小组成员分工不明确，任务分配不合理，无小组分工职责明细表			
获取与项目有关质量、市场、环保等内容的信息	优秀（12~15分）	良好（9~11分）	继续努力（9分以下）			
	能使用适当的搜索引擎从网络等多种渠道获取信息，并合理地选择信息、使用信息	能从网络获取信息，并较合理地选择信息、使用信息	能从网络或其他渠道获取信息，但信息选择不正确，信息使用不恰当			
实操技能操作	优秀（16~20分）	良好（12~15分）	继续努力（12分以下）			
	能按技能目标要求规范完成每项实操任务	能按技能目标要求规范基本完成每项实操任务	能按技能目标要求基本完成每项实操任务，但规范性不够			
基本知识分析讨论	优秀（16~20分）	良好（12~15分）	继续努力（12分以下）			
	讨论热烈、各抒己见，概念准确、理解透彻，逻辑性强，并有自己的见解	讨论没有间断、各抒己见，分析有理有据，思路基本清晰	讨论能够展开，分析有间断，思路不清晰，理解不透彻			
成果展示	优秀（24~30分）	良好（18~23分）	继续努力（18分以下）			
	能很好地理解项目的任务要求，熟练运用多媒体进行成果展示	能较好地理解项目的任务要求，较熟练运用多媒体进行成果展示	基本理解项目的任务要求，不能熟练运用多媒体进行成果展示			
总分						

项 目 小 结

本项目我们学习了如下内容。

❶ 数控车床及其数控车床操作面板。

❷ 数控车床编程与加工程序的处理。

❸ 数控车床的基本操作。

❹ 数控车削加工技术应用。

项目四　模具数控铣削（加工中心）加工技术

【项目情境】

数控铣床和加工中心一样，在制造业中得到了广泛的应用。二者的区别在于加工中心带有刀库和自动换刀装置，是将数控铣床、数控镗床、数控钻床的功能组合在一起的机床。数控铣床是主要采用铣削方式加工零件的数控机床，能完成各种平面、沟槽、螺旋槽、成形表面、平面曲线、空间曲线的加工，如图 4-1a 所示；加工中心主要用于箱体类和复杂曲面零件的加工，如图 4-1b 所示。

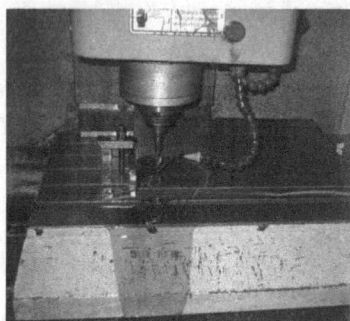

a) 数控铣削加工　　　　　　　　　　b) 加工中心加工

图 4-1　数控铣削与加工中心加工

【项目学习目标】

学习目标		学习方式	学时
知识目标	① 掌握数控铣床的组成 ② 理解数控铣床各部分结构特点与功能 ③ 理解数控铣床编程指令的使用 ④ 掌握模具铣削类零件的编程方法	教师讲授、启发、引导、互动式教学	20 课时
技能目标	① 认识数控系统控制面板按钮与功能 ② 学会分析加工信息，正确选择适合加工要求的数控铣床 ③ 掌握数控铣床控制面板的操作 ④ 掌握数控铣床程序的输入、修改 ⑤ 掌握数控铣床对刀操作 ⑥ 学会运用编程指令，灵活处理加工工艺来编制零件的加工程序	学习重点：数控系统控制面板按钮与功能	50 课时
情感目标	① 激励对自我价值的认同感，培养遇到困难决不放弃的韧性 ② 培养使用信息资源和信息技术手段去获取知识的能力 ③ 树立团队意识和协作精神	网络查询、小组讨论、取长补短、相互协作	

4.1　项目基市知识

知识点一　认识数控铣床（加工中心）

1. 数控铣床（加工中心）的组成

数控铣床（加工中心）由控制介质、人机交互设备、计算机数控（CNC）装置、进给伺服系统、主轴驱动系统、辅助控制装置、可编程序控制器（PLC）、反馈系统、自适应控制和机床本体等部分组成，如图 4-2 所示。

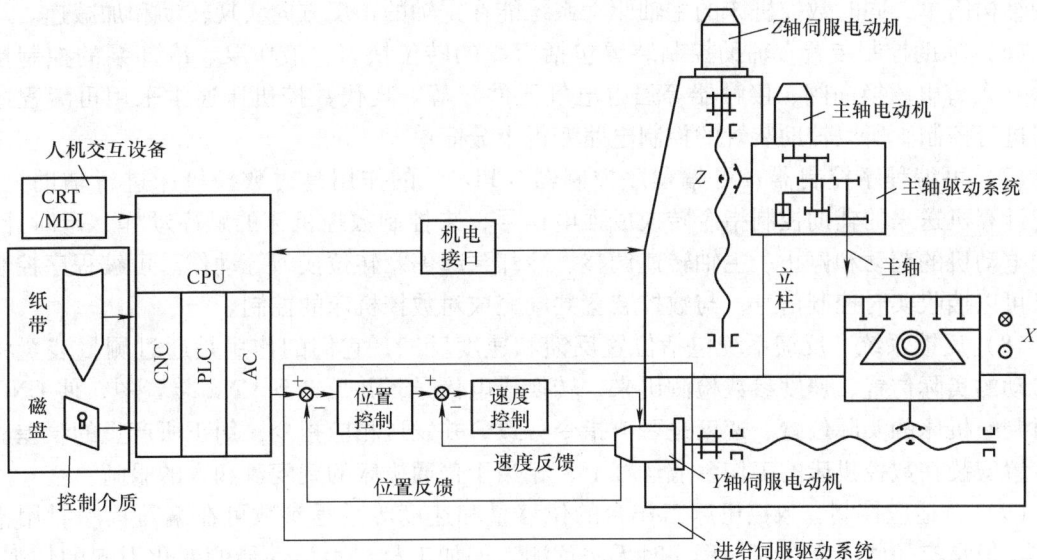

图 4-2　数控铣床的组成

（1）控制介质　要对数控机床进行控制，就必须在人与数控机床之间建立某种联系，这种联系的中间媒介物质就是控制介质，又称为信息载体。在使用数控机床前，先要根据零件图样规定的尺寸、形状和技术要求，编制出零件的加工程序，将刀具相对于零件的位置和机床全部动作顺序，按照规定的格式和代码记录在信息载体上。当需要在数控机床上加工该零件时，把信息载体上存放的信息（即零件的加工程序）读入计算机控制装置。

（2）人机交互设备　数控机床在加工运行时，通常需要操作人员对数控系统进行状态干预及对输入的加工程序进行编辑、修改和调试，数控系统也要显示数控机床运行状态等，这就要求数控机床要具有人机联系的功能。具有人机联系功能的设备统称为人机交互设备，如键盘和显示器是数控系统不可缺少的人机交互设备。

（3）计算机数控（CNC）装置　数控装置是数控机床的中枢，目前，绝大部分数控机床采用微型计算机控制。数控装置由运算器、控制器（运算器和控制器构成 CPU）、存储器、输入/输出接口等组成。

输入接口接收由控制介质输入设备输入的代码信息，经过识别和译码之后送到指定存储区，作为控制与运算的原始数据。简单的加工程序可用手动数据输入方式（MDI）输入，即在键盘控制程序的控制下，操作人员直接用键盘把零件加工程序输入存储器。

（4）进给伺服系统　进给伺服系统的作用是把来自数控装置的位置控制移动指令转变成机床工作部件的运动，使工作台按规定轨迹移动或精确定位，加工出符合图样要求的零件。因为进给伺服系统是数控装置和机床主体之间的联系环节，所以它必须把数控装置送来的微弱指令信号放大成能驱动伺服电动机的大功率信号。

（5）主轴驱动系统　机床的主轴驱动系统和进给伺服驱动系统差别很大，机床主轴的运动是旋转运动，而进给运动主要是直线运动。早期的数控机床一般采用三相感应式同步电动机配上多级变速箱作为主轴驱动的主要方式。现代数控机床对主轴驱动提出了更高要求，要求主轴具有很高的转速和很宽的无级调速范围；主传动电动机既能输出大的功率，又要求主轴结构简单，同时数控机床的主轴驱动系统能在主轴的正反方向实现转动和加减速。

（6）辅助控制装置　辅助控制装置包括刀库的转位换刀，液压泵、冷却泵的控制接口电路（含有电磁换向阀、接触器等强电电气元件）等。现代数控机床通常采用可编程序控制器进行控制，所以辅助装置的控制电路变得十分简单。

（7）可编程序控制器　可编程序控制器（PLC）的作用是对数控机床进行辅助控制，即把计算机送来的辅助控制指令转换成强电信号，来控制数控机床的顺序动作、定时计数、主轴电动机的起动和停止、主轴转速调整、冷却泵起停及转位换刀等动作。可编程序控制器本身可以接收实时控制信息，与数控装置共同完成对数控机床的控制。

（8）反馈系统　反馈系统包括位置反馈和速度反馈，它们的作用是通过测量装置将机床移动的实际位置、速度参数检测出来，转换成电信号，并反馈到 CNC 装置中，使 CNC 能随时判断机床的实际位置、速度是否与指令一致，并发送相应指令，纠正所产生的误差。测量装置安装在数控机床的工作台或丝杠上，相当于普通机床的刻度盘和人的眼睛。

（9）自适应控制　数控机床工作台的位移量和速度等过程参数可在编写程序时用指令确定，但是有一些因素在编写程序时无法预测，如加工材料力学性能的变化引起的切削力、加工温度的变化等，这些随机变化的因素也会影响数控机床的加工精度和生产效率。自适应控制（AC）的目的就是把加工过程中的温度、转矩、振动、摩擦、切削力等因素的变化，与最佳参数比较，若有误差则及时补偿，以提高加工精度及生产率。目前自适应控制仅用于高效率和加工精度高的数控机床，一般数控机床很少采用。

（10）机床主体　数控机床主体由床身、立柱和工作台等组成，是数控机床的机床本体。由于数控机床是高精度和高生产率的自动化加工机床，与普通机床相比，应具有更好的抗震性和刚度，要求相对运动面的摩擦因数小，进给传动部分之间的间隙小，所以其设计要求比通用机床更严格，加工制造要求更精密，并要采用加强刚性、减小热变形、提高精度的设计措施。

2．刀库与自动换刀装置

（1）刀库　刀库是储存一定数量的加工刀具与辅助工具，通过机械手或相对运动实现与主轴上刀具的交换。目前多数加工中心取送刀具的位置是在刀库中某一固定刀位，所以刀库还需要有使刀具准确运动的机构来保证换刀的可靠性。刀库中刀具的定位机构是用来保证要更换的每一把刀具或刀套都能准确地停在换刀位置上。通常采用电动机或液压系统为刀库转动提供动力。

1）刀库容量和换刀时间。刀库容量和换刀时间对加工中心的生产率有直接影响。刀库容量是指刀库能存放加工所需要的刀具数量。事实上刀库中的刀具并不是越多越好，太大的容量会增加刀库的尺寸和占地面积，使选刀过程时间增长。因此刀库的容量要根据加工工艺的需要选择。目前常见的中小型加工中心多为 16～60 把，大型加工中心达 100 把以上。换刀时间是指带有自动交换刀具系统的数控机床，将主轴上使用的刀具与装在刀库上的下一工序需要的刀具进行交换所需要的时间。

2）刀库的类型。根据刀库的容量和取刀方式，可以将刀库设计成各种形式。常见的形式如下。

① 盘式刀库。盘式刀库应用较多，如图 4-3 所示。盘式刀库优点是结构简单，成本较低，换刀可靠性较好，缺点是换刀时间长，在刀库容量较小的加工中心上采用。

② 链式刀库。链式刀库如图 4-4 所示。链式刀库结构紧凑，刀库容量较大，链环形状可以根据机床的布局制成各种形状，也可将换刀位突出以便于换刀。当需要增加刀具数量时，只需增加链条的长度即可，给刀库设计与制造带来了方便。一般当刀具数量在 30～120 把时，多采用链式刀库。

图 4-3　盘式刀库

图 4-4　链式刀库

3）刀具的选择方式。常见的刀具选择方式有顺序选刀和任意选刀两种。顺序选刀是在加工之前，将加工零件所需刀具按照工艺要求依次插入刀库的刀套中，顺序不能有差错，加工时按顺序调刀。加工不同的工件时必须重新调整刀库中的刀具顺序，因而操作十分繁琐，而且加工同一工件中各工序的刀具不能重复使用。这样就会增加刀具的数量，而且由于刀具的尺寸误差也容易造成加工精度的不稳定。这种方式的优点是刀库的驱动和控制都比较简单，因此适合加工批量较大、工件品种数量较少的中、小型自动换刀数控机床。

随着数控系统的发展，目前绝大多数的数控系统都采用任选功能，任选刀具的换刀方式分为刀套编码、刀具编码和记忆式等。刀具编码或刀套编码需要在刀具或刀套上安装用于识别的编码环，如图 4-5 所示，一般都是根据二进制编码的原理进行编码的。刀具编码选刀方式采用了一种特殊的刀柄结构，并对每把刀具编码。每把刀具都具有自己的代码，因而刀具可以在不同的工序中多次重复使用，换下的刀具不用放回原刀座，有利于选刀和装刀，刀库的容量也相应减少，而且可避免由于刀具顺序的差错所发生的事故。但每把刀具上都带有专用的编码系统，刀具长度加长，制造困难，刚度降低，刀库和机械手的结构复杂。

刀套编码的方式是，一把刀具只对应一个刀套，从一个刀套中取出的刀具必须放回同一刀套中，取送刀具十分麻烦，换刀时间长。目前在加工中心上大量使用记忆式的任选方式。这种方式能将刀具号和刀库中的刀套位置对应地记忆在数控系统中，无论刀具放在哪个刀套内部都始终记忆着。刀库上装有位置检测装置，可以检测出每个刀套的位置。这样刀具就可以任意取出并送回。刀库上还设有机械原点，使每次选刀时就近选取。

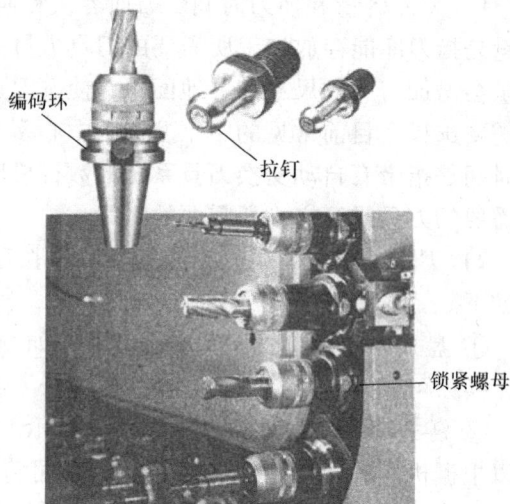

图 4-5 刀具刀柄尾部编码环编码

（2）自动换刀装置 加工中心为了能在工件一次装夹中完成多种甚至所有加工工序，缩短辅助时间，减少多次安装工件所引起的误差，必须带有自动换刀装置。因此自动换刀装置应当满足如下基本要求。

① 刀具换刀时间短。
② 刀具重复定位精度高。
③ 足够的刀具储存量。
④ 刀库占地面积小。
⑤ 安全可靠性高。

1）自动换刀装置的形式。加工中心自动换刀装置的主要类型、特点与适应范围见表4-1。

表 4-1 自动动换刀装置的主要类型、特点与适应范围

类型		特点	适用范围
转塔刀库式	刀库与主轴之间直接换刀	换刀集中，运动部件少，但刀库运动多，布局不灵活，适应性差	适用回转类刀具的数控镗铣，钻镗类立式、卧式加工中心机床，根据工艺范围和机床特点，确定刀库容量和自动换刀装置类型，用于加工工艺范围广的立、卧式车削中心机床
	用机械手配合刀库进行换刀	刀库只有选刀运动，机械手执行换刀运动，比刀库做换刀运动惯性小，速度快	
	用机械手、运输装置配合刀库换刀	换刀运动分散，由多个部件实现，运动部件多，但布局灵活，适应性好	
有刀库的转塔头换刀装置		弥补转塔换刀装置数量不足的缺点，换刀时间短	扩大工艺范围的各类转塔数控机床

① 更换主轴头换刀。在带有旋转刀具的数控机床中，更换主轴头换刀是一种简单的换刀方式，主轴头通常有卧式和立式两种，而且常用转塔的转位来更换主轴头以实现自动换

刀。各个主轴头上预先装有各工序加工所需要的旋转刀具。当收到换刀指令时，各主轴头依次转到加工位置，并接通主运动使相应的主轴带动刀具旋转，而其他处于不加工位置上的主轴头都与主运动脱开。更换主轴头换刀方式的主要优点是省去了自动松夹、卸刀装刀、夹紧以及刀具搬运等一系列复杂的操作，从而显著减少了换刀时间，提高了换刀的可靠性。但是由于结构上的原因和空间位置的限制，主轴头的数目不可能很多，因此更换主轴头换刀通常只适应于工序较少、精度要求不高的数控机床。

② 带刀库的自动换刀系统。带刀库的自动换刀系统由刀库和刀具变换机构组成，换刀过程较为复杂。首先要把加工过程中使用的全部刀具分别安装在标准刀柄上，在机外进行尺寸预调整后，按一定的方式放入刀库。换刀时，先在刀库中选刀，再由刀具交换装置从刀具或主轴取出刀具进行交换，将新刀装入，并由搬运装置运送刀具。由于带刀库的自动换刀装置的数控机床的主轴箱内只有一根主轴，设计主轴部件时能充分增强它的刚度，可满足精密加工要求。另外，刀库可以存放数量很大的刀具，因而能够进行复杂零件多工序加工，大大提高机床适应性和加工效率。这种换刀系统的缺点是整个换刀过程动作较多、换刀时间较长、系统复杂、可靠性较差。

2) 刀具交换装置。在数控机床的自动换刀装置中，实现刀库与机床主轴之间传递和装卸刀具的装置称为刀具的交换装置。刀具的交换方式有两种：由刀库与机床主轴的相对运动实现刀具交换和采用机械手交换刀具。刀具交换方式与它们的具体结构对机床的工作效率和工作可靠性有直接的影响。无机械手的换刀系统一般是不把刀库放在主轴箱可以运动到的位置，或整个刀库或某一刀位能移动到主轴箱可以到达的位置。同时，刀库中刀具的存放方向一般与主轴上的装刀方向一致。换刀时由主轴运动到刀库上的换刀位置，利用主轴直接取走或放回刀具。

3) 刀库自动换刀的动作过程。图4-6所示为VMC-15加工中心刀库结构示意图。它具有安装21把刀具的刀库，其换刀过程靠刀库的移动、转位以及主轴箱的上、下移动来完成，无需机械手交换刀具，结构简单，可提供可靠、快速的刀具交换方式，目前刀具数目在30把以下的应用较普遍。

该加工中心刀具在主轴上夹紧与放松的基本原理是以碟形弹簧的弹性力拉紧，气缸的气压力松开。刀杆采用7:24的大锥度锥柄，其尾部固定一拉钉，只要拉紧拉钉就可以把刀杆的锥面定位于主轴端部的锥孔中。换刀前必须先将刀柄松开，为此发出换刀信息后，其压缩空气进入拉杆尾部的气缸，活塞受到的气压力克服碟形弹簧的弹性力，从而压缩碟形弹簧，拉杆下移使钢球能从径向孔中划出，解除了刀杆的拉力。

① 刀具自动换刀的动作过程。如果把主轴上的6号刀换成8号刀，其过程如下：

a. 主轴上的6号刀装入刀库中的6号刀位。首先使主轴箱回零（Z轴），即位于换刀位置，然后主轴停止转动，且周向定位停止。接着数控系统发出换刀信号，电动机转动，通过槽轮套带动马氏槽轮间歇转位，直至6号空刀位对准主轴方向，接近开关发出到位信号，电动机停止转动。在得到接近开关的信号同时，电动机启动，通过带轮及传动带，带动杠杆转动。由于杠杆前的销子插入支架的长槽中，而支架又与电动机的支架由螺钉固定为一体，为此杠杆的转动使刀库沿滑移导轨移至主轴下端，同时刀库周向的防护门打开，主轴上的6号刀插入刀盘的6号刀位装刀槽中，此时接近开关发出信号，表示装刀完毕。接着主轴气缸放松6号刀具，主轴箱上移至特定位置。这样完成了主轴上的6号刀装入刀库的全部动作。

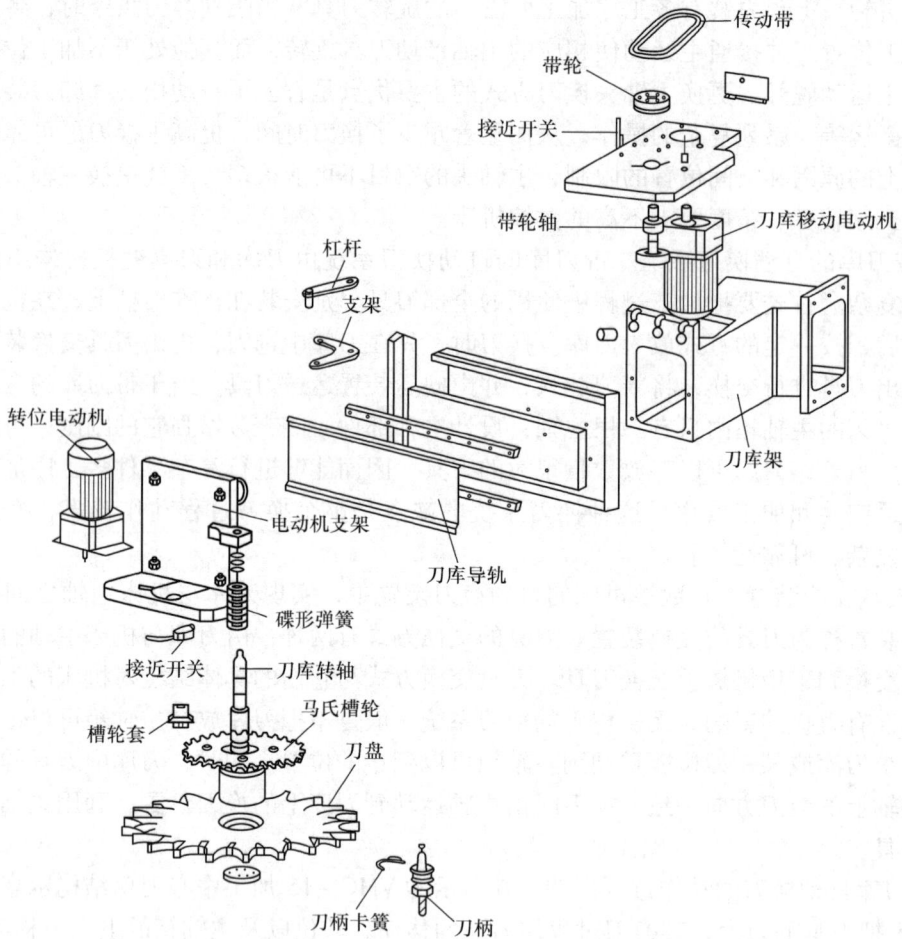

图 4-6　VMC – 15 加工中心刀库结构示意图

b. 刀库中的 8 号刀具装入主轴。主轴箱上移后发出信号，电动机转动，马氏槽轮转位，由于数控系统设置刀号为顺时针排序，因此这时马氏槽轮逆时针转至 8 号刀位，接近开关发出到位信号，电动机停止转动。此时主轴箱下移，使 8 号刀具的刀柄插入主轴孔内，放松气缸，则刀具靠碟形弹簧的恢复力夹紧于主轴中。由气缸的放松发出信号，使电动机反向转动，刀库移至原位，同时刀库周向防护门关闭，接近开关发出刀库归位信号，整个换刀过程结束。

② 刀库自动换刀系统的特点。

a. 刀库中刀盘的转位采用马氏槽轮结构，使其转位呈现每一刀位的间歇转位，结构简单，定位准确。

b. 换刀时刀盘可实现双向任意转位，以最短的路径双向转位选刀，缩短换刀的辅助时间。

c. 利用可编程序控制器（PLC）实现随机换刀，即由 PLC 对刀库中的刀座进行编码，一旦设定好刀号，其刀库中刀位的排序存入数控系统的存储器，关机也不会丢失，只有重新设定刀号才能更改前一次设定的刀号。换刀时根据刀座的编号来选取刀座中相应的刀具。

d. 具有刀库的超重保护，为保证刀具的可靠夹持，对刀具的质量做了规定，当刀库携带刀具的质量超过给定量时，则碟形弹簧往下压缩，接近开关发出刀库超重信号，从而使系统停止工作。

3. 数控铣床的布局

数控铣床加工工件时和普通铣床一样，由刀具做主运动，刀具与工件进行相对的进给运动，以加工一定形状的工件表面。加工工件所需要的运动是相对的，因此，数控铣床对其结构部件的运动分配可有多种方案。根据工件的重量和尺寸的不同，可以有 4 种不同的布局方案，见表 4-2。

表 4-2　数控铣床的 4 种布局形式

布局图示	运动分配说明	加工适应
	由工件完成 3 个方向的进给，分别由工作台、滑鞍、升降台来实现	一般加工较轻的工件
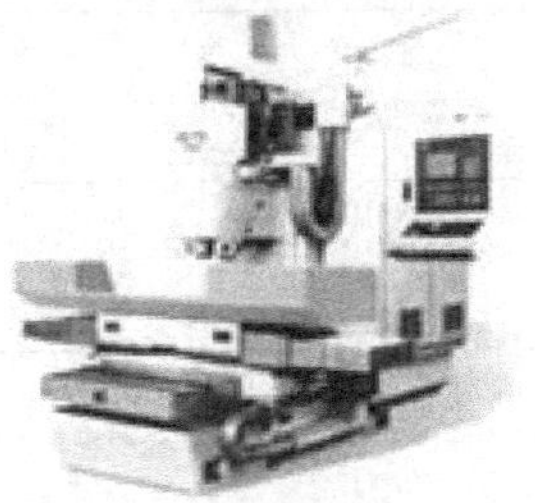	工件不进行垂直方向的进给运动，而是由铣头带着刀具来完成垂直进给运动	加工较重或者尺寸较高的工件
	工作台载着工件直行一个方向上的进给运动，其他两个方向的进给运动由多个刀架来完成（即铣头部件在立柱与横梁上移动）	适于加工重量大的工件
	其进给运动均由铣头来完成	减小了铣床的结构尺寸和重量，适于加工更大、更重的工件

近些年来，由于大规模集成电路、微处理机和微型计算机技术的发展，使数控装置和强电控制电路日趋小型化，不少数控装置将控制计算机、按键、开关、显示器等集中装在吊挂按钮站上，其他的电器部分则集中或分散与主机的机械部件装成一体，有的还采用气、液传动装置，省去了液压油泵站，从而实现了机、电、液一体化结构，减少了数控铣床的占地面

积，又便于操作管理。

知识点二　认识数控铣床（加工中心）操作面板

1. 系统编辑面板

SIEMENS 802D 数控系统编辑面板如图 4-7 所示。该面板各按键功能见表 4-3。

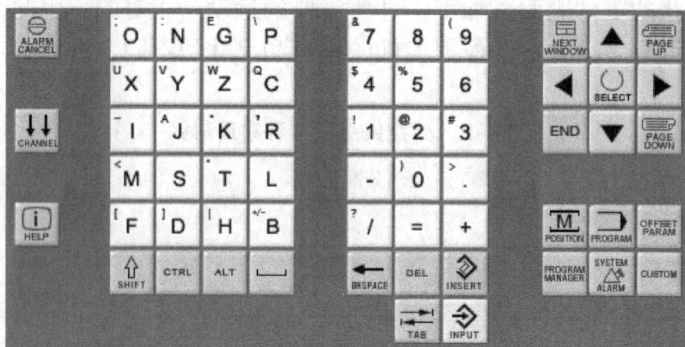

图 4-7　SIEMENS 802D 数控系统编辑面板

表 4-3　SIEMENS 802D 数控系统编辑面板按键功能表

按钮名称	图示	功能说明
报警答应键	ALARM CANCEL	用于报警后数控系统的复位
通道转换键	CHANNEL	用于转换数控系统数据传输的通道
信息键	HELP	用于显示数控系统的特定信息
上档键	SHIFT	对键上的两种功能进行转换。用了上档键，当按下字符键时，该键上部的字符（除了光标键）就被输出
空格键	␣	按下此键，光标向后移动，并空一格
删除键	BKSPACE / DEL	用于删除程序字、程序段及整个程序。← 自右向左删除字符；DEL 自左向右删除字符
取消键	INSERT	取消键，用于删除最后一个进入输入缓存区的字符或符号
制表键	TAB	用于输入制表符
回车/输入键	INPUT	① 接受一个编辑值 ② 打开、关闭一个文件目录 ③ 打开文件

（续）

按钮名称	图示	功能说明
翻页键	PAGE UP	该键用于将屏幕显示的页面向前翻页
	PAGE DOWN	该键用于将屏幕显示的页面向后翻页
加工操作区域键	M POSITION	按此键，进入机床操作区域
程序操作区域键	PROGRAM	生成零件程序
参数操作区域键	OFFSET PARAM	按此键，进入参数操作区域
程序管理操作区域键	PROGRAM WANAGER	按此键，进入程序管理操作区域
报警/系统 操作区域键	SYSTEM ALARM	报警信息和信息表（诊断和调试）
选择转换键	SELECT	一般用于单选、多选框

2. 控制面板

SIEMENS 802D 数控系统控制面板如图 4-8 所示。该面板各按键功能见表 4-4。

图 4-8　SIEMENS 802D 数控系统控制面板

表 4-4　SIEMENS 802D 数控系统控制面板按键功能表

按键名称	图示	功能说明
急停		按下急停按键，数控车床立即停止一切动作
点动距离选择		在单步或手轮方式下来选择移动距离

（续）

按键名称	图示	功能说明
手动方式		手动方式，连续移动
回零方式	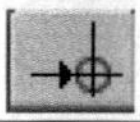	车床通电开机后，必须先执行回零的操作，然后才能进行其他操作
自动方式		在该方式下，可自动运行加工程序
单段方式		在该方式下，程序的运行每次只执行一条数控加工指令
手动数据输入		手动数据输入也叫 MDA 方式，它是单程序执行模式
主轴控制		按下此键，车床主轴正转
		按下此键，车床主轴停止转动
		按下此键，车床主轴反转
快进		按下该按键，机床处于手动快速状态
移动	 +X	手动状态下，点击该按键系统将沿 X 轴正向移动。在回零状态时，点击该按键 X 轴回零
	 -X	手动状态下，点击该按键系统将沿 X 轴反向移动
	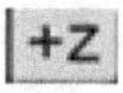 +Z	手动状态下，点击该按键系统将沿 Z 轴正向移动。在回零状态时，点击该按键 Z 轴回零
	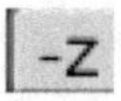 -Z	手动状态下，点击该按键系统将沿 Z 轴反向移动
复位	 //	按下此键，复位 CNC 系统，包括取消报警、主轴故障复位、中途退出自动操作循环和输入/输出过程等
循环保持		程序运行暂停，在程序运行过程中，按下此按钮运行暂停。按 恢复运行
运行开始		按下此键，程序运行开始
主轴倍率修调		将开关置于相应位置来调节主轴转速倍率
进给倍率修调		调节数控程序自动运行时的进给速度倍率，调节范围为 0 ~ 120%

知识点三 数控铣床编程体系

1. 绝对坐标输入方式 G90 和增量坐标输入方式 G91

指令编程格式为：

    G90

    G91

1) G90 指令建立绝对坐标输入方式，移动指令目标点的坐标值 X、Y、Z 表示刀具离开工件坐标系原点的距离。

2) G91 指令建立增量坐标输入方式，移动指令目标点的坐标值 X、Y、Z 表示刀具离开当前点的坐标增量。

2. 快速定位 G00

G00 指令编程格式为：

        G00X __ Y __ Z __

1) X、Y、Z 是快速定位终点坐标，在 G90 时为终点在工件坐标系中的坐标；在 G91 时为终点在工件坐标系中相对于起点的坐标。

2) G00 指令中的快速移动由机床参数"快速进给速度"对各轴分别设定，不能用 F 规定。

3) 如图 4-9 所示，当 X 轴和 Y 轴的快进速度相同时，从 A 点到 B 点的快速定位路线为 $A \rightarrow C \rightarrow B$，即以折线的方式到达 B 点，而不是以直线方式从 $A \rightarrow B$。

4) G00 一般用于加工前快速定位或加工后快速退刀。快移速度由面板上的快速修调按钮修正。G00 为模态功能指令代码，可由 G01、G02、G03 功能指令注销。

5) 向下运动时，不能以 G00 速度运动切入工件，一般应离工件有 5~10mm 的安全距离，不能在移动过程中碰到机床、夹具等，如图 4-10 所示。

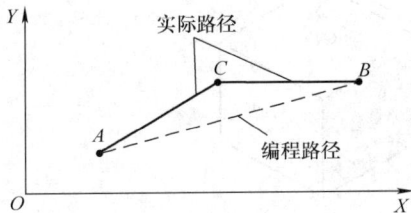

图 4-9 G00 运动路线

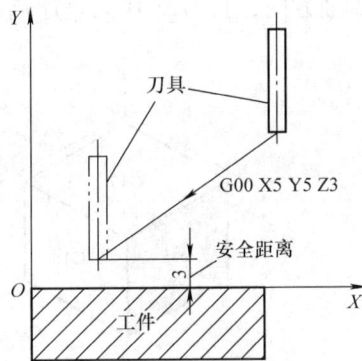

图 4-10 安全距离

3. 直线插补指令 G01

G01 指令编程格式为：

        G1X __ Y __ Z __ F __

1) X、Y、Z 是线性进给终点，在 G90 绝对编程时为终点在工件坐标系中的坐标；在

G91 时为终点相对于起点的增量坐标。

2）F 为合成进给速度。

3）G01 指令刀具以联动的方式，按 F 规定的合成速度，从当前位置按线性路线（联动直线轴的合成轨迹为直线）移动到程序段指定的终点，如图 4-11 所示。

4）G01 是模态功能指令代码，可由 G00、G02、G03 功能指令注销。

5）刀具空间运行或退刀时用此指令则运动时间长、效率低。

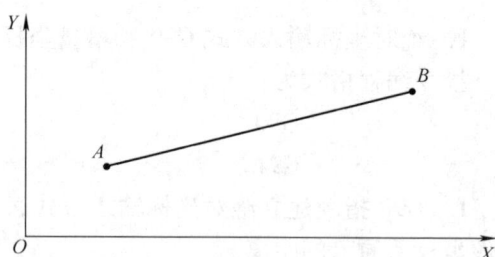

图 4-11　G1 运动路线

4．圆弧插补 G02/G03

指令编程格式为：

G17G02/G03X ＿ Y ＿ R ＿ F ＿或 G17G02/G03X ＿ Y ＿ I ＿J ＿ F ＿

G18G02/G03X ＿ Z ＿ R ＿ F ＿或 G18G02/G03X ＿ Z ＿ I ＿ K ＿ F ＿

G19G02/G03Y ＿ Z ＿ R ＿ F ＿或 G19G02/G03Y ＿ Z ＿ J ＿ K ＿ F ＿

1）G17、G18、G19 为平面选择指令。铣床 3 个坐标轴构成 3 个平面，见表 4-5 和图 4-12。

表 4-5　坐标平面指令代码

G 代码	平面	垂直坐标轴（在钻、铣削时的长度补偿）
G17	X/Y	Z
G18	Z/X	Y
G19	Y/Z	X

立式铣床和加工中心上加工圆弧与刀具半径补偿平面为 XOY 平面，即 G17 平面，长度补偿方向为 Z 轴方向，且 G17 代码程序启动时生效。

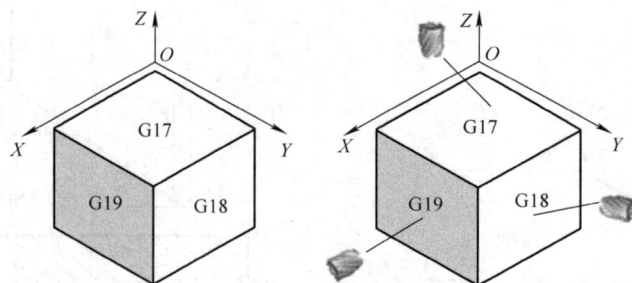

图 4-12　平面与对应 G 代码

2）G02/G03 指令刀具按顺时针/逆时针进行圆弧加工。圆弧插补 G02/G03 的判断，是在加工平面内根据其插补时的旋转方向来区分的。顺时针和逆时针的判断方法是：观察者垂直于插补平面的第 3 轴、向着该轴的负方向观看圆弧的运动轨迹，是顺时针转动的为顺时针插补，是逆时针转动的为逆时针插补，如图 4-13 所示。

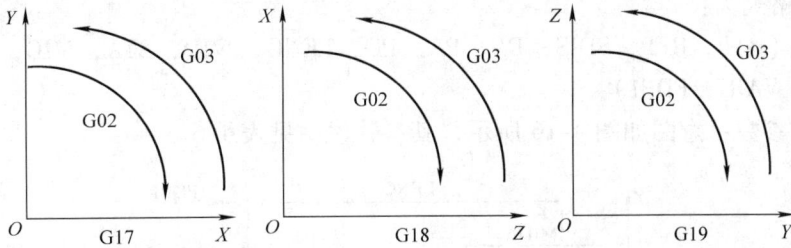

图 4-13 不同平面的 G2 和 G3 选择

3）I、J、K 为圆心相对于圆弧的增量（等于圆心坐标减去圆弧起点的坐标），在绝对、增量编程时是以增量方式指定，如图 4-14 所示。

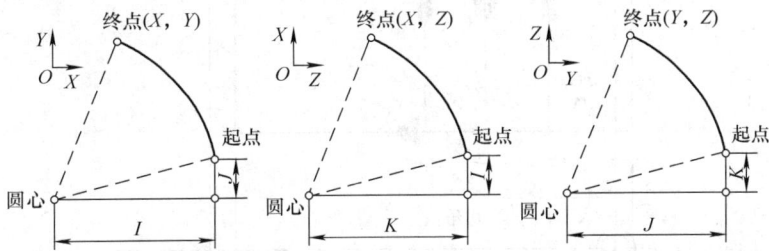

图 4-14 I、J、K 的选择

4）F 为被编程两个轴的合成进给速度。

5. 平面铣削指令 CYCLE71

使用 CYCLE71 可以切削任何矩形平面。循环识别粗加工（分步连续加工平面直到精加工）和精加工（平面的一次彻底加工），可以定义最大宽度和背吃刀量（深度进给量）。循环运行时不带刀具半径补偿，深度进给在工件外面进行，如图 4-15 所示。

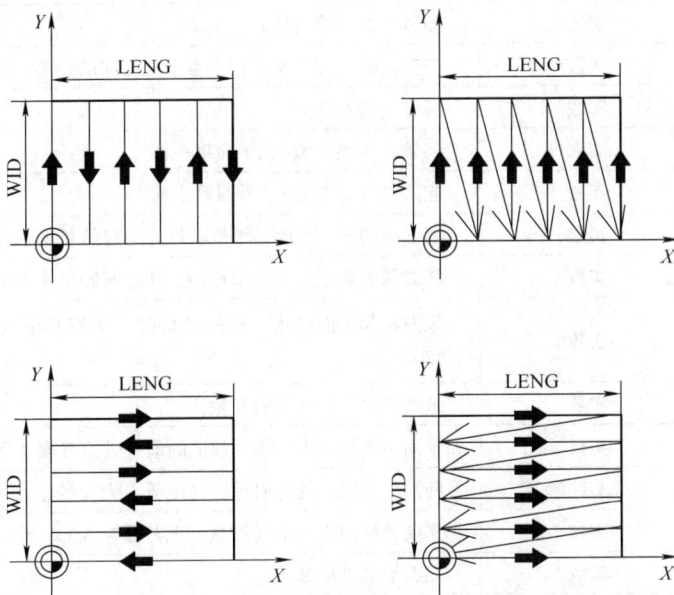

图 4-15 CYCEL71 的连续加工方式

指令编程格式为：

CYCLE71（RTP，RFP，SDIS，DP，PA，PO，LENG，WID，STA，MID，MIDA，FDP，FALD，FFP1，VARI，FDP1）

CYCLE71 参数示意图如图 4-16 所示，其参数说明见表 4-6。

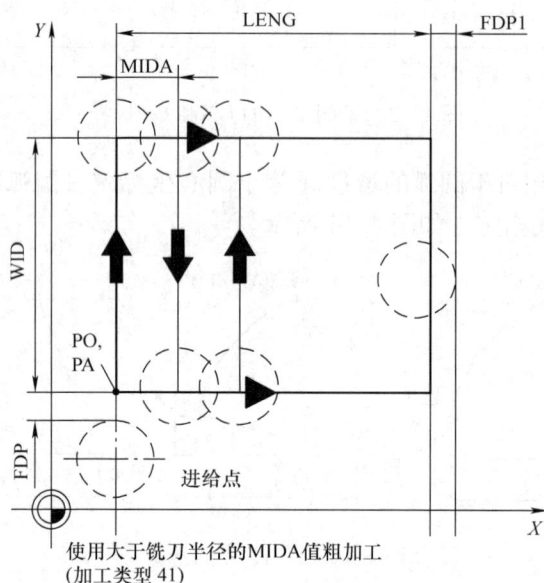

图 4-16　CYCLE71 参数示意图

表 4-6　**CYCLE71 的参数说明**

参数	数型（值）	说　明
RTP	实数	返回平面（绝对值）
RFP	实数	参考平面（绝对值）
SDIS	实数	安全间隙（加工平面到参考平面之间的距离，无符号输入）
DP	实数	深度（绝对值）
PA	实数	起始点（绝对值），平面第一轴
PO	实数	起始点（绝对值），平面第二轴
LENG	实数	第一轴的矩形长度，增量。尺寸的起始角度由符号产生
WID	实数	第二轴的矩形长度，增量。尺寸的起始角度由符号产生
STA	实数	纵向轴和平面的第一轴间的角度（无符号输入），值范围：0°≤STA<180°
MID	实数	最大进给深度（无符号输入）
MIDA	实数	平面中连续加工时作为数值的最大进给宽度（无符号输入）
FDP	实数	精加工方向上的返回行程（增量，无符号输入）
FALD	实数	深度的精加工大小（增量，无符号输入）
FFP1	实数	端面加工进给量

（续）

参数	数型（值）	说　　明
VARI	整数	加工类型（无符号输入） 个位数（值）：1—粗加工；2—精加工 十位数（值）：1—在一个方向平行于平面的第一轴；2—在一个方向平行于平面的第二轴；3—平行于平面的第一轴；4—平行于平面的第二轴，方向可交替
FDP1	实数	在平面的进给方向上越程（增量，方向可交替）

CYCLE71 指令刀具动作顺序如下。

1）使用 G00 指令回到当前位置高度的进给点，然后从该位置仍然使用 G00 指令回到安全间隙前的参考平面。因为在工件外面进给，可以使用 G00 指令，当然，也可以采用不同的连续加工方式（在轴的一个方向或反复摆动）。

2）粗加工时的动作顺序：根据参数 DP、MID 和 FALD 的定义值，可以在不同的平面中进行平面切削，从上而下进行加工，即每次铣削一个平面后，在工件外面进给下一个铣削深度（参数 FDP）。平面中连续加工的进给路径取决于参数 LENG、WID、MIDA、FDP、FDPI 的值和有效刀具的半径。加工最初路径时，应始终保证进给深度和 MIDA 的值完全一致，以便进给宽度不大于最大允许值，这样刀具中心点不会始终在边缘上进给（仅当 MIDA = 刀具半径时）。刀具进给时超出边缘的尺寸始终等于刀具直径减 MIDA 的值，即使只进行一次端面切削，也就是平面宽度 + 越程 – MIDA。在数控系统内部计算宽度进给的其他路径，以便获得统一的铣削宽度（≤MIDA）

3）精加工时的动作顺序：精加工时，刀具只在平面中切削一次，这表示在粗加工时必须选择精加工余量，以便剩余深度可以使用精加工刀具一次加工完成。

每次平面精加工后，刀具将退回，返回行程定义在参数 FDP 中。在一个方向加工时，刀具在一个方向的返回行程为精加工余量 + 安全间隙，并快速回到下一起始点。在一个方向粗加工时，刀具将返回到计算的进给 + 安全间隙位置。深度进给也在粗加工中相同的位置进行。精加工结束后，刀具将返回到上次到达位置的返回平面 RTP，如图 4-17 所示。

6. 轮廓铣削指令 CYCLE72

指令编程格式为：

CYCLE72（KNAME，RTP，RFP，SDIS，DP，MID，FAL，FALD，FFP1，FFD，VARI，RL，AS1，LP1，FF3，AS2，LP2）

CYCLE72 有关参数示意图如图 4-18 所示，其参数说明见表 4-7。

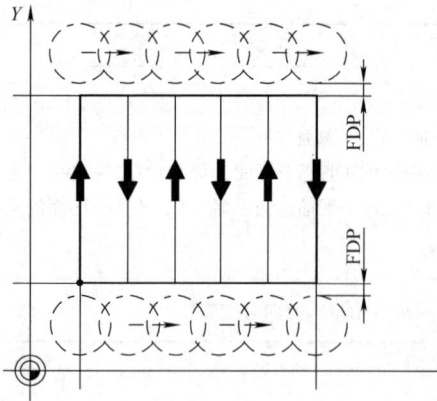

图 4-17　一个方向精加工时铣削动作　　　　　图 4-18　CYCLE72 有关参数示意图

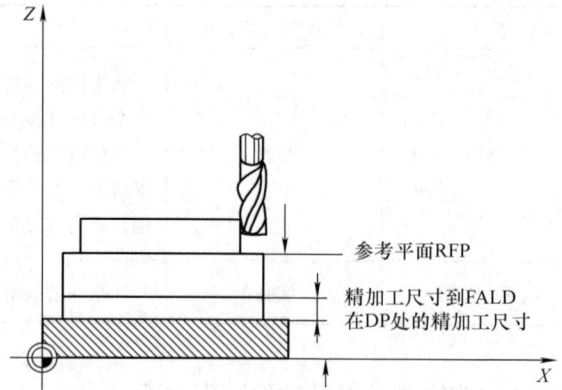

表 4-7　CYCLE72 的参数说明

参数	数型（值）	说　　　明
KNAME	字符串	轮廓子程序名
RTP	实数	返回平面（绝对值）
RFP	实数	参考平面（绝对值）
SDIS	实数	安全间隙（加工平面到参考平面之间的距离，无符号输入）
DP	实数	深度（绝对值）
MID	实数	最大进给深度（增量，无符号输入）
FAL	实数	边缘轮廓的精加工余量（增量，无符号输入）
FALD	实数	槽底的精加工余量（增量，无符号输入）
FFP1	实数	端面加工进给量
FFD	实数	深度加工进给量（无符号输入）
VARI	整数	加工类型（无符号输入） 个位数（值）：1—粗加工；2—精加工 十位数（值）：0—使用 G00 的中间路径；1—使用 G01 的中间路径 百位数（值）：0—在轮廓末端返回 RTP；1—在轮廓末端返回 RFP + SDIS； 2—在轮廓末端返回 SDIS；3—在轮廓末端不返回
RL	整数	沿轮廓中心，向右或左进给（使用 G40、G41 或 G42；无符号输入）值： 40：G40（接近和返回，只有一条线）；41：G41；42：G42
AS1	整数	接近方向/接近路径的定义（无符号输入） 个位数（值）：1—直线切线；2—四分之一圆；3—半圆 十位数（值）：0—接近平面中的轮廓；1—接近沿空间路径的轮廓
LP1	实数	接近路径长度（使用直线）或接近圆弧的半径（使用圆）（无符号输入）
FF3	实数	返回进给量和平面中中间位置的进给量（在开口处）

（续）

参数	数型（值）	说　明
AS2	整数	返回方向/返回路径的定义（无符号输入） 个位数（值）：1—直线切线；2—四分之一圆；3—半圆 十位数（值）：0—从平面中的轮廓返回；2—沿空间路径的轮廓返回
LP2	实数	返回路径的长度（使用直线）或返回圆弧的半径（使用圆）（无符号输入）

AS1 用于定义接近路径；AS2 用于定义返回路径，如图 4-19 所示。如果 AS2 未定义，返回路径的方式类似于接近路径的方式。如果刀具不适合该接近方式，只能沿空间路径（螺旋或直线）平稳接近轮廓。如果是沿轮廓中心（G40）接近或返回，只允许沿直线接近或返回。

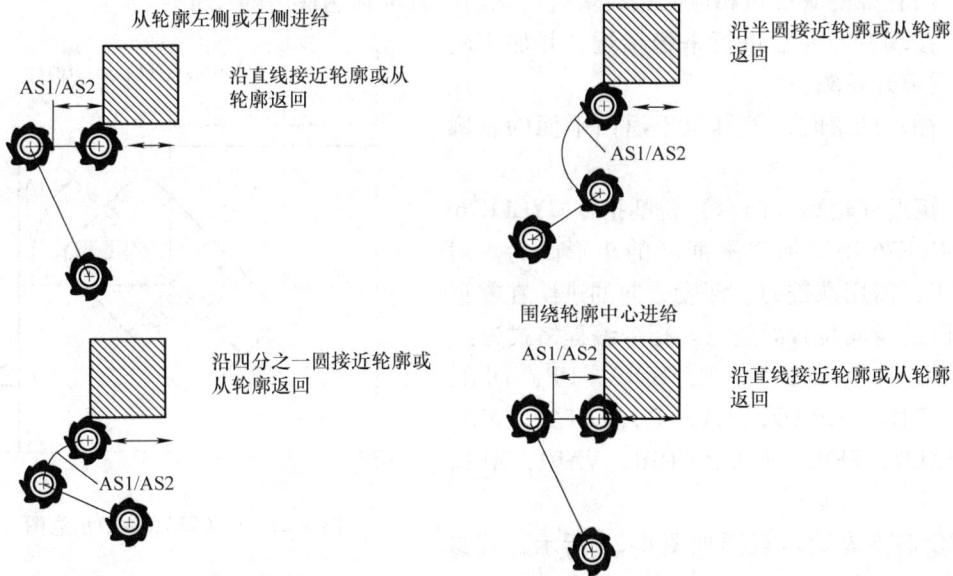

图 4-19　CYCLE72 进/退刀方式示意图

CYCLE72 指令可以铣削由子程序定义的任何轮廓。循环运行时可以有或没有刀具半径补偿，不要求轮廓一定是封闭的，通过刀具半径补偿的位置（轮廓中央、左或右）来定义内部或外部加工。轮廓的编程方向必须是它的加工方向而且必须包含至少两个轮廓程序块（起始点和终点），因为轮廓子程序直接在循环内部调用。

选择粗加工（平行于轮廓的进给，考虑精加工余量，必要时，分几步进给直至到达精加工余量）与精加工（沿最后的轮廓单通道进给，必要时，分几步进给）。在切线方向或半径方向（四分之一圆或半圆）平滑返回轮廓或从轮廓出发，如图 4-20 所示。可编程

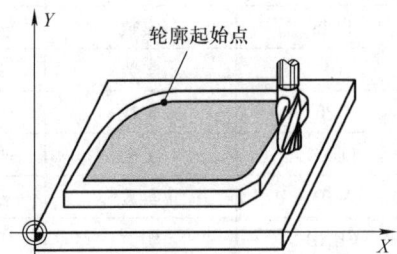

图 4-20　铣削循环对轮廓的定义

的深度进给。按快速进给量或进给量执行中间动作。

粗加工时循环形成以下动作顺序（使用参数定义的最大允许值平均划分进给深度）。

1）首次铣削时使用 G00/G01 指令（和 FF3 参数）移动到起始点，该起始点在系统内部计算，并取决于轮廓起始点（子程序中的第一点）、起始点的轮廓方向、接近方式和参数以及刀具半径。

2）使用 G00/G01 指令进行深度进给至首次或第二次加工深度 + 安全间隙的位置。

3）使用深度进给垂直接近轮廓，然后在平面中以定义的进给量平稳进给。

4）使用 G40/G41/G42 指令刀具半径补偿沿轮廓铣削。

5）使用 G01 指令从轮廓以端面加工的进给量返回深度进给点。

6）在下一个加工平面中重复此动作顺序，直至到达深度方向的精加工余量。

粗加工结束时，刀具位于返回平面的轮廓返回点（系统内部计算得出）的上方。精加工时循环形成以下动作顺序。

1）沿轮廓的底部按相应的进给量进行铣削，直至到达最后的尺寸。

2）按现有的参数进行平稳接近，并加工轮廓，然后离开轮廓。

3）循环结束时，刀具位于返回平面的轮廓返回点。

7. 矩形外轮廓（凸台）铣削指令 CYCLE76

CYCLE76 用于加工平面上的矩形凸台。对于精加工，需用端铣刀。深度方向的进给在靠近轮廓半圆的逆向位置处进行。指令编程格式为：

CYCLE76（RTP, RFP, SDIS, DP, DPR, LENG, WID, CRAD, PA, PO, STA, MID, FAL, FALD, FFP1, FFD, CDIR, VARI, AP1, AP2）

CYCLE76 参数示意图如图 4-21 所示，其参数说明见表 4-8。

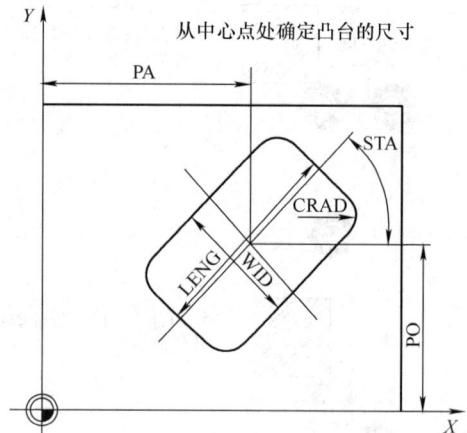

图 4-21　CYCLE76 参数示意图

表 4-8　CYCLE76 的参数说明

参数	数型（值）	说　　明
RTP	实数	返回平面（绝对值）
RFP	实数	参考平面（绝对值）
SDIS	实数	安全间隙（加工平面到参考平面之间的距离，无符号输入）
DP	实数	深度（绝对值）
DPR	实数	相对于参考平面的最后加工深度（无符号输入）
LENG	实数	凸台长度（无符号输入）
WID	实数	凸台宽度（无符号输入）
CRAD	实数	凸台边角半径（无符号输入）
PA	实数	凸台参考点，横坐标（绝对）

（续）

参数	数型（值）	说　　明
PO	实数	凸台参考点，纵坐标（绝对）
STA	实数	纵轴和平面第一轴的角度
MID	实数	最大进给深度（增量，无符号输入）
FAL	实数	轮廓精加工余量（增量）
FALD	实数	底部精加工余量（增量，无符号输入）
FFP1	实数	轮廓进给量
FFD	实数	深度加工进给量（无符号输入）
CDIR	整数	整数铣削方向（无符号输入） 值：0—顺铣；1—逆铣；2—G02 铣削（与主轴转向无关）；3—G02 铣削（与主轴转向无关）
VARI	整数	加工方式 值：1—粗加工到精加工余量；2—精加工（余量 X/Y/X＝0）
AP1	实数	凸台的毛坯长度
AP2	实数	凸台的毛坯宽度

在某一深度平面内，为了接近凸台轮廓，刀具沿着半圆路径移动，如图 4-22 所示。轮廓切削时，以主轴方向为参考，铣削方向可以是顺铣或是逆铣。从轮廓退出，刀具进到下一个加工深度。接着沿半圆再一次切向接近轮廓，然后加工轮廓，这一过程将不断地重复直到达到定义的凸台深度，随后，快速移动到退刀平面（RTP）。

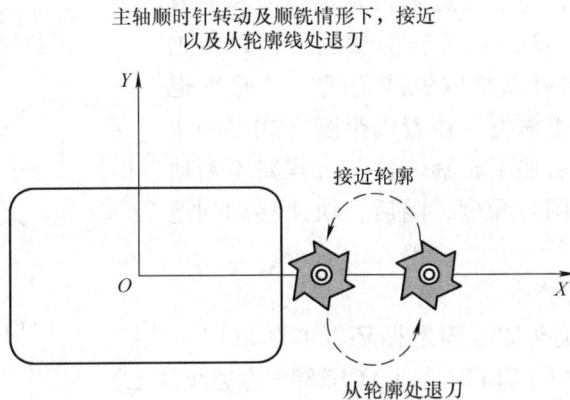

图 4-22　刀具进退刀路径

8．圆形凸台铣削指令 CYCLE77

该循环加工平面中的圆形凸台，对于精加工，需要用键槽铣刀。指令编程格式为：

CYCLE77（RTP，RFP，SDIS，DP，DPR，PRAD，PA，PO，MID，FAL，FALD，FFP1，FFD，CDIR，VARI，AP1）

CYCLE77 的参数说明见表 4-9。

表 4-9　CYCLE77 的参数说明

参数	数型（值）	说　　明
RTP	实数	返回平面（绝对值）
RFP	实数	参考平面（绝对值）
SDIS	实数	安全间隙（加工平面到参考平面之间的距离，无符号输入）
DP	实数	深度（绝对值）
DPR	实数	相对于参考平面的最后加工深度（无符号输入）
PRAD	实数	凸台直径（无符号输入）
PA	实数	凸台圆心点，横坐标（绝对）
PO	实数	凸台圆心点，纵坐标（绝对）
MID	实数	最大进给深度（增量，无符号输入）
FAL	实数	轮廓精加工余量（增量）
FALD	实数	底部精加工余量（增量，无符号输入）
FFP1	实数	轮廓进给量
FFD	实数	深度加工进给量（无符号输入）
CDIR	整数	整数铣削方向（无符号输入） 值：0—顺铣；1—逆铣；2—G02 铣削（与主轴转向无关）；3—G03 铣削
VARI	整数	加工方式 值：1—粗加工到精加工余量；2—精加工（余量 X/Y/X = 0）
AP1	实数	凸台的毛坯直径

在某一深度平面内，为了接近圆台轮廓，刀具沿着半圆路径移动，如图 4-23 所示。轮廓切削时，以主轴方向为参考，铣削方向可以是顺铣或逆铣。从轮廓退出，刀具进到下一个加工深度。接着以半圆方式再一次地以切向接近轮廓，然后加工轮廓。这一过程将不断地重复，直到达到定义的圆台深度，随后，快速移动到退刀平面（RTP）。

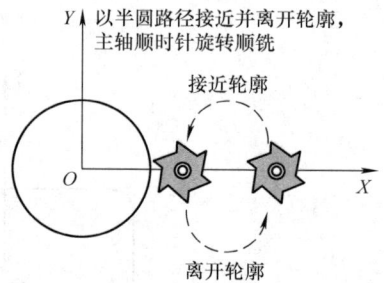

图 4-23　CYCLE77 指令刀具进退刀路径

9. 孔加工固定循环指令

SIEMENS 802D 系统孔加工固定循环以 CYCLE81 ~ CYCLE89 来调用（其中 CYCLE84 与 CYCLE840 为螺纹加工）。

孔加工固定循环主要用于钻孔、镗孔等。使用一个程序可以完成一个孔加工的全部动作（钻孔进给、退刀、孔底暂停等），从而达到简化程序、减少编程工作量的目的。常用孔加工固定循环指令见表 4-10。

表 4-10　SIEMENS 802D 系统常用孔加工固定循环指令

指令	加工动作（-Z 方向）	孔底部动作	退刀动作（-Z 方向）	用途
CYCLE81	切削进给	—	快速进给	钻孔循环
CYCLE82	切削进给	暂停	快速进给	钻、镗孔循环

（续）

指令	加工动作（−Z 方向）	孔底部动作	退刀动作（−Z 方向）	用途
CYCLE83	间歇进给	—	快速进给	深孔加工循环
CYCLE85	切削进给	—	切削进给	镗孔循环
CYCLE86	切削进给	准停	快速进给	精镗孔循环
CYCLE87	切削进给	M0、M5	手动	镗孔循环
CYCLE88	切削进给	暂停、M0、M5	手动	镗孔循环
CYCLE89	切削进给	暂停	切削进给	镗孔循环
HOLES1	—	—	—	加工一排孔
HOLES2	—	—	—	加工一圈孔

（1）CYCLE81 指令编程格式为：

CYCLE81（RTP，RFP，SDIS，DP，DPR）

CYCLE81 的参数说明见表 4-11。

表 4-11 CYCLE81 的参数说明

参数	数型（值）	说 明
RTP	实数	返回平面（绝对值）
RFP	实数	参考平面（绝对值）
SDIS	实数	安全间隙（输入时不带正负号）
DP	实数	最后钻孔深度（绝对值）
DPR	实数	相对于参考平面的最后钻孔深度（输入时不带正负号）

CYCLE81 指令动作如图 4-24 所示。刀具动作顺序如下。

1）在循环执行前，刀具到达钻孔位置。

2）使用 G00 指令回到安全间隙前的参考平面。

3）按循环调用前段编程设置的进给量（G01）移动到最后的钻孔深度。

4）使用 G00 指令回到返回平面。

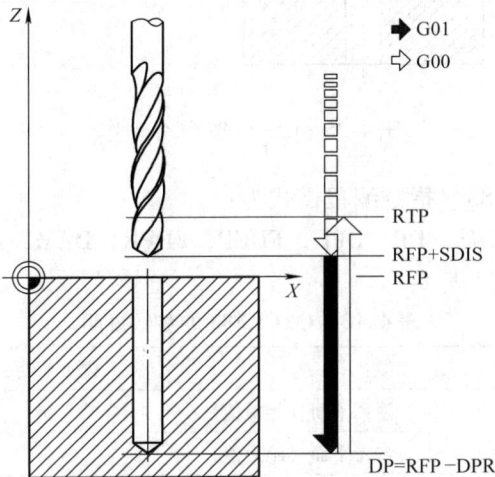

图 4-24 CYCLE81 指令动作

（2）钻孔、锪平面 CYCLE82　指令编程格式为：

CYCLE82（RTP，RFP，SDIS，DP，DPR，DTB）

CYCLE82 的参数说明见表 4-12。

表 4-12　CYCLE82 的参数说明

参数	数型（值）	说　　明
RTP	实数	返回平面（绝对值）
RFP	实数	参考平面（绝对值）
SDIS	实数	安全间隙（输入时不带正负号）
DP	实数	最后钻孔深度（绝对值）
DPR	实数	相对于参考平面的最后钻孔深度（输入时不带正负号）
DTB	实数	最后钻孔深度时的停留时间（断屑）

CYCLE82 指令动作如图 4-25 所示。循环启动前到达位置，钻孔位置在所选平面中；使用 G00 回到安全间隙之前的参考平面；按循环调用前所编程的进给量（G01）移动到最后的钻孔深度；在最后钻孔深度处停顿指定时间；使用 G00 返回到返回平面。

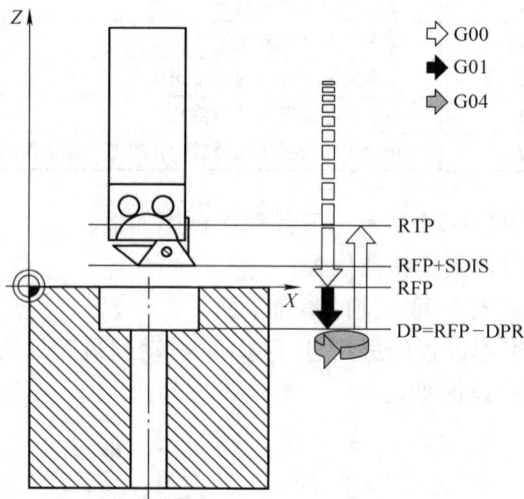

图 4-25　CYCLE82 指令动作

（3）深孔钻削 CYCLE83　指令编程格式为：

CYCLE83（RTP，RFP，SDIS，DP，DPR，FDEP，FDPR，DAM，DTB，DTS，FRF，VARI）

CYCLE83 的参数说明见表 4-13。

表 4-13　CYCLE83 的参数说明

参数	数型（值）	说　　明
RTP	实数	返回平面（绝对值）
RFP	实数	参考平面（绝对值）
SDIS	实数	安全间隙（输入时不带正负号）

（续）

参数	数型（值）	说　明
DP	实数	最后钻孔深度（绝对值）
DPR	实数	相对于参考平面的最后钻孔深度（输入时不带正负号）
FDEP	实数	起始钻孔深度（绝对值）
FDPR	实数	相对于参考平面的起始钻孔深度（输入时不带正负号）
DAM	实数	递减量（输入时不带正负号）
DTB	实数	最后钻孔深度时的停留时间（断屑）
DTS	实数	起始处和用于排屑的停留时间
FRF	实数	起始钻孔深度的进给系数（输入时不带正负号），值域：0.001~1
VARI	整数	加工方式：0—断屑；1—排屑

刀具以编程的主轴速度和进给量开始钻孔直至定义的最后钻孔深度。深孔钻削是通过多次执行最大可定义的深度并逐步增加直至到达最后钻孔深度来实现的，钻头可以在每次进给深度完后退回到参考平面 + 安全间隙用于排屑，或者每次退回 1mm 用于断屑。

循环启动前到达位置。钻孔位置在所选择的平面中。深孔钻排屑时（VARI = 1）如图 4-26 所示；深孔钻断屑时如图 4-27 所示。

（4）铰孔 1（镗孔 1）CYCLE85　指令编写格式为：

CYCLE85（RTP，RFP，SDIS，DP，DPR，DTB，FFR，RFF）

CYCLE85 的参数说明见表 4-14。

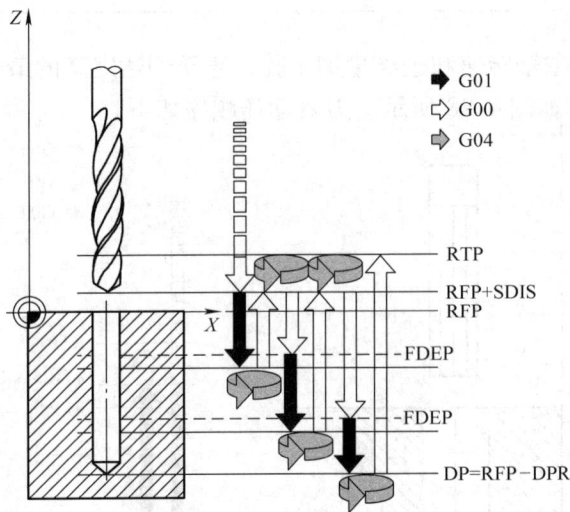

图 4-26　深孔钻排屑（VARI = 1）

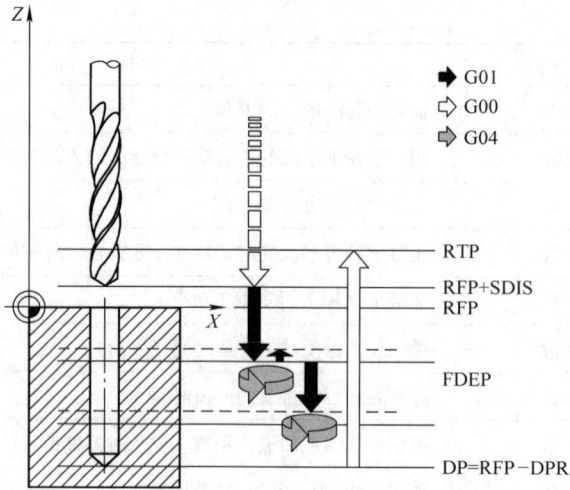

图 4-27 深孔钻断屑 （VARI = 0）

表 4-14 CYCLE85 的参数说明

参数	数型（值）	说 明
RTP	实数	返回平面（绝对值）
RFP	实数	参考平面（绝对值）
SDIS	实数	安全间隙（输入时不带正负号）
DP	实数	最后铰孔坐标（绝对值）
DPR	实数	相对于参考平面的最后铰孔坐标（输入时不带正负号）
DTB	实数	铰孔到孔底时的停留时间（断屑）
FFR	实数	进给量
RFF	实数	退回进给量

刀具按编程定义的主轴转速和进给量加工孔，直至到达定义的最后钻孔深度。

CYCLE85 指令动作如图 4-28 所示。刀具动作顺序如下。

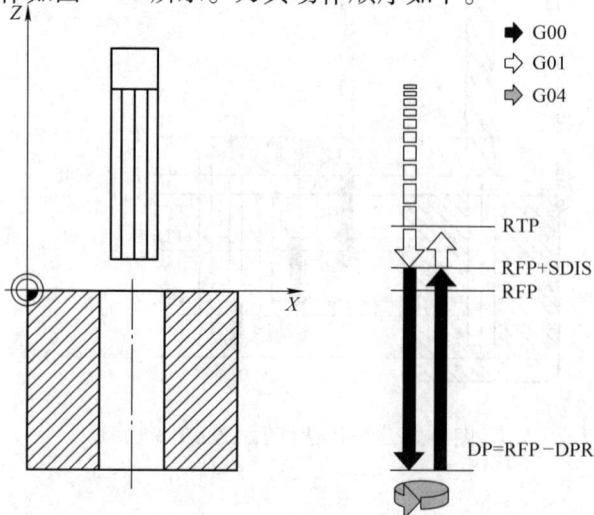

图 4-28 CYCLE85 指令动作

1）使用 G00 指令回到安全间隙前的参考平面。

2）使用 G01 指令并且按参数 FFR 所定义的进给量钻削到最终钻孔深度。

3）在钻孔深度停顿指定的时间。

4）使用 G01 指令返回到安全间隙前的参考平面，进给量是参数 RFF 的定义值。

5）使用 G00 指令回到返回平面。

（5）镗孔2 CYCLE86 指令编程格式为：

　　CYCLE86（RTP，RFP，SDIS，DP，DPR，DTB，SDIR，RPA，RPO，RPAP，POSS）

CYCLE86 的参数说明见表4-15。

表4-15 **CYCLE86 的参数说明**

参数	数型（值）	说　　明
RTP	实数	返回平面（绝对值）
RFP	实数	参考平面（绝对值）
SDIS	实数	安全间隙（输入时不带正负号）
DP	实数	最后镗孔坐标（绝对值）
DPR	实数	相对于参考平面的最后镗孔坐标（输入时不带正负号）
DTB	实数	镗孔到孔底时的停留时间（断屑）
SDIR	整数	旋转方向 值：3—用于 M3；4—用于 M4
RPA	实数	平面中第一轴上的返回路径（增量，带符号输入）
RPO	实数	平面中第二轴上的返回路径（增量，带符号输入）
RPAP	实数	镗孔轴上的返回路径（增量，带符号输入）
POSS	实数	循环中定位主轴准停的位置（以度为单位）

CYCLE86 指令动作如图4-29所示。镗孔时，一旦到达镗孔深度，便激活了主轴准停功能。然后，主轴从返回平面快速回到编程的返回位置。

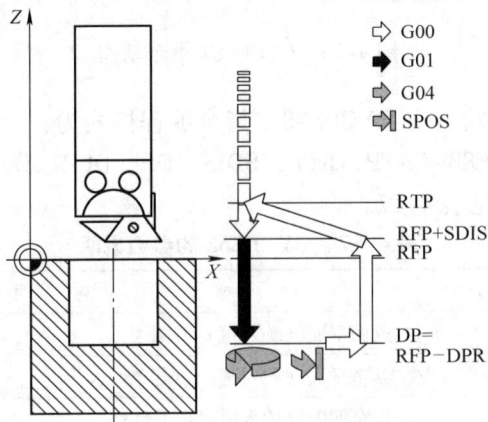

图4-29 CYCLE86 指令动作

（6）带停止钻孔 1（镗孔 3）CYCLE87　指令编程格式为：

CYCLE87（RTP，RFP，SDIS，DP，DPR，SDIR）

CYCLE87 的参数说明见表 4-16。

表 4-16　CYCLE87 的参数说明

参数	数型（值）	说　明
RTP	实数	返回平面（绝对值）
RFP	实数	参考平面（绝对值）
SDIS	实数	安全间隙（输入时不带正负号）
DP	实数	最后钻孔深度（绝对值）
DPR	实数	相对于参考平面的最后钻孔深度（输入时不带正负号）
SDIR	整数	旋转方向 值：3—用于 M3；4—用于 M4

CYCLE87 指令动作如图 4-30 所示。镗孔时，一旦到达镗孔深度，便激活了主轴停止功能 M5，并生成编程暂停 M0。按 NC 启动键继续快速返回直至到达返回平面。

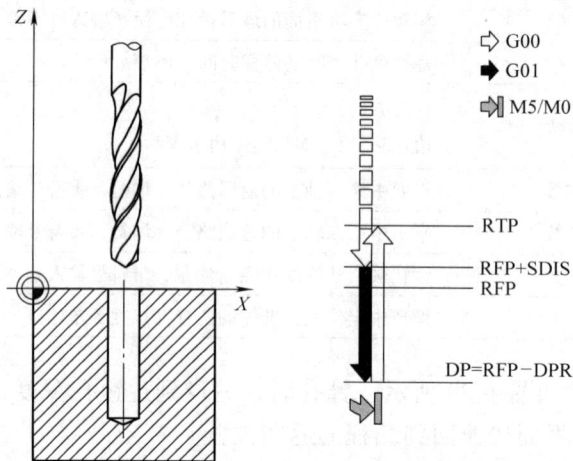

图 4-30　CYCLE87 指令动作

（7）带停止钻孔 2（镗孔 4）CYCLE88　指令编程格式为：

CYCLE88（RTP，RFP，SDIS，DP，DPR，DTB，SDIR）

CYCLE88 的参数说明见表 4-17。

表 4-17　CYCLE88 的参数说明

参数	数型（值）	说　明
RTP	实数	返回平面（绝对值）
RFP	实数	参考平面（绝对值）
SDIS	实数	安全间隙（输入时不带正负号）
DP	实数	最后钻孔深度（绝对值）

（续）

参数	数型（值）	说　　明
DPR	实数	相对于参考平面的最后钻孔深度（输入时不带正负号）
DTB	实数	最后钻孔深度时的停留时间（断屑）
SDIR	整数	旋转方向 值：3—用于 M3；4—用于 M4

CYCLE88 指令动作如图 4-31 所示。刀具按编程的主轴速度和进给量钻孔直至到达定义的最后钻孔深度，到达最后的钻孔深度时会产生无定向 M5 的主轴停止和已编程的停止 M0。按 NC—START 键在快速移动时持续动作。

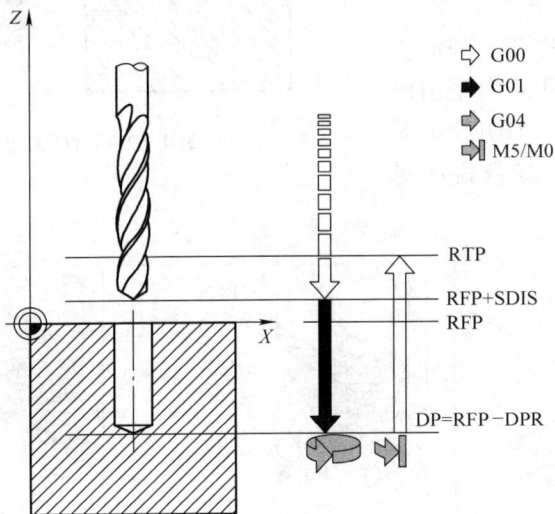

图 4-31　CYCLE88 指令动作

（8）铰孔 2（镗孔 5）CYCLE89　　指令编程格式为：

CYCLE89（RTP，RFP，SDIS，DP，DPR，DTB）

CYCLE89 的参数说明见表 4-18。

表 4-18　CYCLE89 的参数说明

参数	数型（值）	说　　明
RTP	实数	返回平面（绝对值）
RFP	实数	参考平面（绝对值）
SDIS	实数	安全间隙（输入时不带正负号）
DP	实数	最后钻孔深度（绝对值）
DPR	实数	相对于参考平面的最后钻孔深度（输入时不带正负号）
DTB	实数	最后钻孔深度时的停留时间（断屑）

CYCLE89 指令动作如图 4-32 所示。刀具按编程的主轴速度和进给量进行钻孔，直至到达最后钻孔深度，如果到达了最后的钻孔深度，编程停留时间有效。

其动作顺序为：使用 G00 指令回到安全间隙之前的参考平面；使用 G01 和循环调用前编程的进给量移动到最终钻孔深度；执行最后钻孔深度处的停留时间；使用 G01 指令和相同的进给量返回安全间隙前的参考平面；使用 G00 指令返回到退回平面。

（9）排孔系循环 HOLES1 指令编程格式为：

HOLES1（SPCA，SPCO，STA1，FDIS，DBH，NUM）

此循环用来钻削一排孔，即沿直线分布的孔或网格孔。孔的类型由已被调用的钻孔循环决定。HOLES1 参数示意如图 4-33 所示，参数说明见表 4-19。

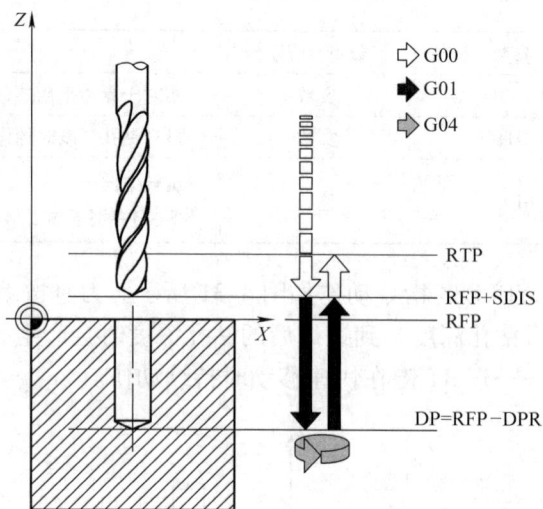

图 4-32　CYCLE89 指令动作

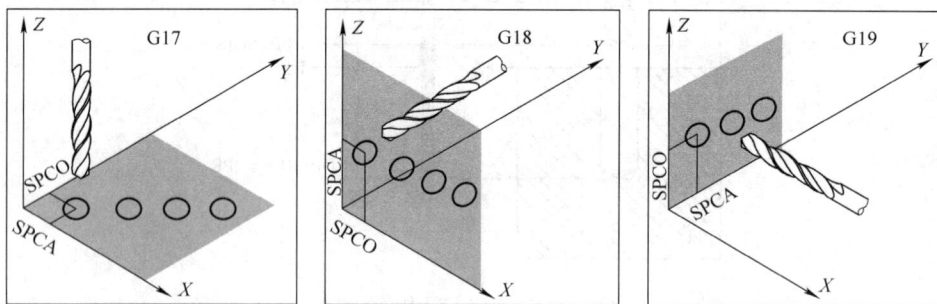

图 4-33　HOLES1 参数示意

表 4-19　HOLES1 的参数说明

参数	数型（值）	说　　明
SPCA	实数	直线（绝对值）上一基准点的平面的第一坐标轴（横坐标）坐标
SPCO	实数	此基准点（绝对值）平面的第二坐标轴（纵坐标）坐标
STA1	实数	与平面第一坐标轴（横坐标）的角度，值域：$-180° < STA1 \leqslant 180°$
FDIS	实数	第一孔到基准点的距离（输入时不带正负号）
DBH	实数	孔间距（输入时不带正负号）
NUM	整数	孔的数量

为了避免不必要的空行程，通过平面轴的实际位置和此排孔的几何分布，循环计算出是从第一孔或是最后一孔开始加工，随后依次快速到达钻孔位置。

平面的第一坐标轴和第二坐标轴的基准点如图 4-34 所示。排孔形成的直线上的某一点定义成基准点，用于计算孔之间的距离。SPCA 和 SPCO 定义了从这一点到第一个孔 FDIS 的距离。

（10）圆周孔 HOLES2　指令编程格式为：

HOLES2（CPA，CPO，RAD，STA1，INDA，NUM）

HOLES2 指令参数示意如图 4-35 所示，其参数说明见表 4-20。

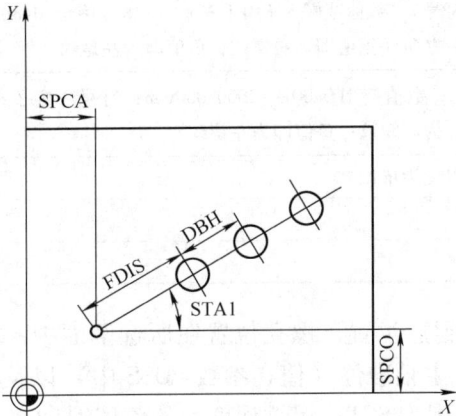

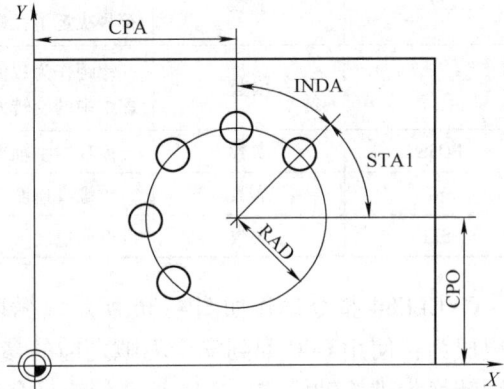

图 4-34　基准点　　　　　　　图 4-35　HOLE S2 指令参数示意

表 4-20　HOLES2 的参数说明

参数	数型（值）	说　　明
CPA	实数	圆周孔的圆心（绝对值），平面的第一坐标轴
CPO	实数	圆周孔的圆心（绝对值），平面的第二坐标轴
RAD	实数	圆周孔的半径（输入时不带正负号）
STA1	实数	起始角，值域 −180° < STA1 ≤ 180°
INDA	实数	增量角度
NUM	整数	孔的数量

10. 螺纹循环加工

（1）刚性攻螺纹 CYCLE84　指令编程格式为：

CYCLE84（RTP，RFP，SDIS，DP，DPR，DTB，SDAC，MPIT，PIT，POSS，SST，SST1）

CYCLE84 参数说明见表 4-21。

表 4-21　CYCLE84 的参数说明

参数	数型（值）	说　　明
RTP	实数	返回平面（绝对值）
RFP	实数	参考平面（绝对值）
SDIS	实数	安全间隙（输入时不带正负号）
DP	实数	最后钻孔深度（绝对值）
DPR	实数	相对于参考平面的最后钻孔深度（输入时不带正负号）
DTB	实数	螺纹到达深度时的停留时间（断屑）

（续）

参数	数型（值）	说　明
SDAC	整数	循环结束后的旋转方向；值：3、4 或 5（用于 M3、M4 或 M5） （在循环内部自动执行攻螺纹时的反方向）
MPIT	实数	螺距作为螺纹尺寸（有符号），数值范围 3（用于 M3）～48（用于 M48）； 符号决定了在螺纹中的旋转方向（正值即为右螺纹；负值即为左螺纹）
PIT	实数	螺距作为数值（有符号），数值范围 0.001～2000.000mm；符号决定了在 螺纹中的旋转方向（正值即为右螺纹；负值即为左螺纹）
POSS	实数	循环中主轴准停位置（以度为单位）
SST	实数	攻螺纹速度
SST1	实数	退回速度

CYCLE84 指令动作如图 4-36 所示。循环启动前到达位置，螺孔位置在所选平面中。动作组成为：使用 G00 回到安全间隙之前的参考平面；主轴准停（值在参数 POSS 中）以及将主轴转换为进给轴模式；攻螺纹至最终钻孔深度，速度为 SST；螺纹深度处的停留时间（参数 DTB）；退回到安全间隙前的参考平面，速度为 SST1 且方向相反；使用 G00 退回到返回平面；通过在循环调用前重新编程有效的主轴以及 SDAC 下编程的旋转方向，从而改变主轴模式。

（2）带补偿夹具攻螺纹 CYCLE840　指令编程格式为：

CYCLE840（RTP，RFP，SDIS，DP，DPR，DTB，SDR，SDAC，ENC，MPIT，PIT）

CYCLE840 指令动作如图 4-37 所示，其参数说明见表 4-22。

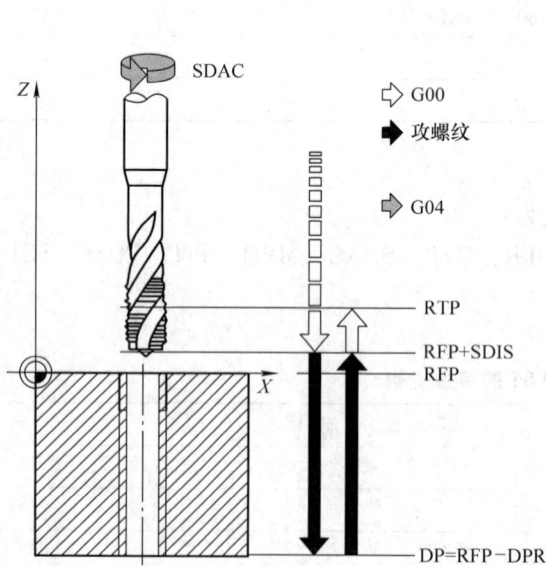

图 4-36　CYCLE84 指令动作

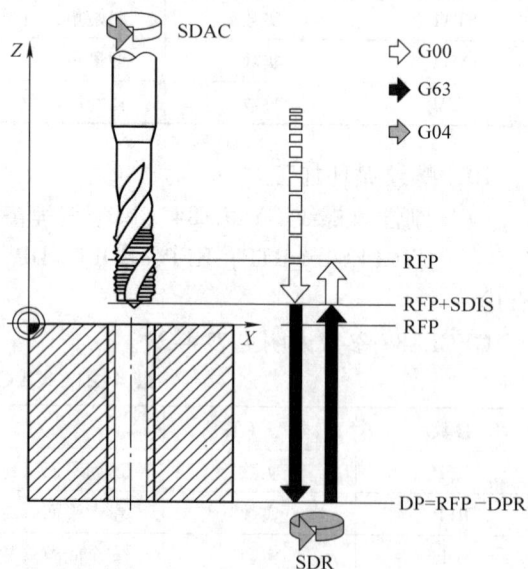

图 4-37　CYCLE840 指令动作

表 4-22　CYCLE840 的参数说明

参数	数型（值）	说　　明
RTP	实数	返回平面（绝对值）
RFP	实数	参考平面（绝对值）
SDIS	实数	安全间隙（输入时不带正负号）
DP	实数	最后钻孔深度（绝对值）
DPR	实数	相对于参考平面的最后钻孔深度（输入时不带正负号）
DTB	实数	螺纹到达深度时的停留时间（断屑）
SDR	整数	退回时的旋转方向；值：0—旋转方向自动颠倒；3、4—用于 M3、M4
SDAC	整数	循环结束后的旋转方向；值：3、4 或 5（用于 M3、M4 或 M5）
ENC	整数	带/不带编码器；值：0—带编码器；1—不带编码器
MPIT	实数	螺距作为螺纹尺寸（有符号），数值范围 3（用于 M3）~48（用于 M48）；（正值即为右螺纹；负值即为左螺纹）
PIT	实数	螺距作为数值（有符号），数值范围 0.001~2000.000mm

（3）螺纹铣削 CYCLE90　指令编程格式为：

　　　CYCLE90（RTP，RFP，SDIS，DP，DPR，DIATH，KDIAM，PIT，FFR，CDIR，TYPTH，CPA，CPO）

CYCLE90 的参数说明见表 4-23。

表 4-23　CYCLE90 的参数说明

参数	数型（值）	说　　明
RTP	实数	返回平面（绝对值）
RFP	实数	参考平面（绝对值）
SDIS	实数	安全间隙（无符号输入）
DP	实数	最后钻孔深度（绝对值）
DPR	实数	相对于参考平面的最后钻孔深度（无符号输入）
DIATH	实数	额定直径，螺纹外直径
KDIAM	实数	中心直径，螺纹内直径
PIT	实数	螺纹螺距，范围值：0.001~2000.000mm
FFR	实数	螺纹铣削进给量（无符号输入）
CDIR	整数	螺纹铣削时的旋转方向 值：2—使用 G02 铣削螺纹；3—使用 G03 铣削螺纹
TYPTH	整数	螺纹类型：0—内螺纹；1—外螺纹
CPA	实数	圆心，平面有第一轴（绝对）
CPO	实数	圆心，平面有第二轴（绝对）

　　使用 CYCLE90 可以加工内螺纹或外螺纹。铣削螺纹的路径需要螺旋插补。加工时，需使用循环调用前定义的当前平面中的 3 个几何轴。

加工外螺纹时，循环启动前到达位置：起始点位置可以是任何位置，只要该起始点位于高度为返回平面的螺纹的直径上，并且能无碰撞地到达。螺距螺纹直径的位移取决于螺纹的大小与使用刀具的半径。使用 G02 铣削螺纹时，起始位置位于当前平面中正的横坐标和正的纵坐标内（即在坐标系的第一象限中）；使用 G03 铣削螺纹时，起始位置位于正的横位标和负的纵坐标内（即在坐标系的第四象限中），如图 4-38 所示。使用 G00 将起始位置定位在当前平面中的返回平面的顶点；使用 G00 进给到安全间隙前的参考平面；按照 CDIR 下定义的 G02/G03 的反方向，沿圆弧路径移动到螺纹直径；使用 G02/G03 以及 FFR 的进给量沿螺旋路径铣削螺纹；按照 G02/G03 的反方向以及降低的 FFR 进给量沿圆弧路径返回；使用 G00 退回到返回平面。

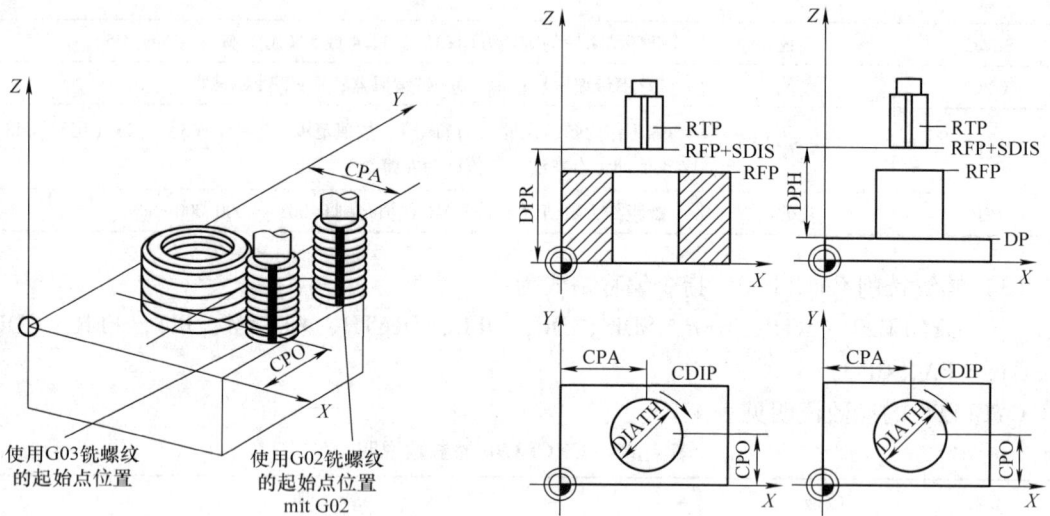

图 4-38　CYCLE90 螺纹铣削示意

加工内螺纹时循环启动前到达位置：起始位置可以是任何位置，只要能够无碰撞地到达在返回平面顶点的螺纹的中心上。使用 G00 定位在当前平面中位于返回平面顶点的中心点；使用 G00 进给到安全间隙前的参考平面；使用 G01 和降低的进给量 FFR 移动到循环内部计算的圆弧；按照 CDIR 下定义的 G02/G03 方向，沿圆弧路径移动到螺纹直径；使用 G02/G03 以及 FFR 的进给量沿螺旋路径铣削螺纹；按照相同的旋转方向以及降低的 FFR 进给量沿圆弧路径返回；使用 G00 退回到螺纹的中心点；使用 G00 退回到返回平面。

铣螺纹时，钻进/钻出动作在 3 轴上完成。这会在钻出时导致沿垂直轴方向的附加行程，因此超出了编程的螺纹深度。

$$\Delta Z = \frac{P}{4} \times \frac{2 \times WR + RDIFF}{DIATH}$$

式中　ΔZ——超出行程；

　　　　P——螺纹螺距；

　　　WR——刀具半径；

　　DIATH——螺纹外直径；

　　RDIFF——返回圆的半径差。

对于内螺纹：$\text{RDIFF} = \dfrac{\text{DIATH}}{2} - \text{WR}$

对于外螺纹：$\text{RDIFF} = \dfrac{\text{DIATH}}{2} + \text{WR}$

11．槽类零件加工的循环指令

（1）圆弧形排列键槽铣削 LONGHOLE　指令编程格式为：

　　　　LONGHOLE（RTP，RFP，SDIS，DP，DPR，NUM，LENG，CPA，CPO，RAD，STA1，INDA，FFD，FFP1，MID）

使用此循环可以加工按圆弧排列的槽。槽的纵向轴通过圆心。槽的宽度由刀具直径确定。在循环内部，会计算出最优化的刀具的进给路径，排除不必要的空行程。如果加工一个槽需要几次深度切削，则在终点交替进行切削。沿槽纵向轴的进给路径在每次切削后改变方向。如图 4-39 所示，进行下一个槽的切削时，循环会搜索最短的路径。

LONGHOLE 参数示意如图 4-40，其参数说明见表 4-24。

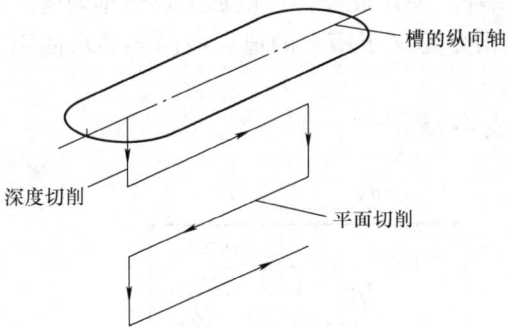

图 4-39　圆弧形排列键槽铣削中的深度切削与平面切削

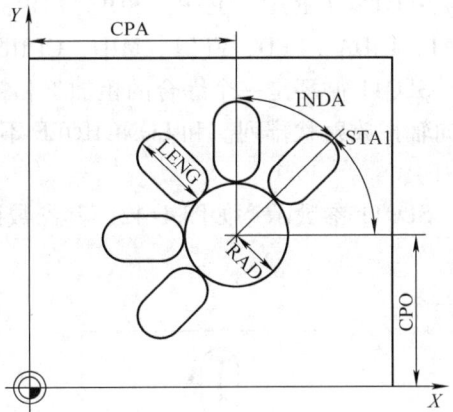

图 4-40　LONGHOLE 参数示意

表 4-24　**LONGHOLE** 的参数说明

参数	数型（值）	说　　明
RTP	实数	返回平面（绝对值）
RFP	实数	参考平面（绝对值）
SDIS	实数	安全间隙（无符号输入）
DP	实数	槽深（绝对值）
DPR	实数	相对于参考平面的槽深（无符号输入）
NUM	整数	槽的数量
LENG	实数	槽长（无符号输入）
CPA	实数	圆弧中心点（绝对值），平面的第一轴
CPO	实数	圆弧中心点（绝对值），平面的第二轴
RAD	实数	圆弧半径（无符号输入）
STA1	实数	起始角

（续）

参数	数型（值）	说　　明
INDA	实数	增量角
FFD	实数	深度加工进给量
FFP1	实数	平面加工进给量
MID	实数	一次进给最大深度（无符号输入）

LONGHOLE 刀具动作顺序为：使用 G00 到达循环中的起始点位置，即高度为返回平面内第一个槽的加工起点，然后移动到安全间隙前的参考平面；每个槽以来回动作铣削，使用 G01 和 FFP1 下编程的进给量在平面中加工，在每个反向点，使用 G01 和进给量 FED 切削到下一个加工深度，直到到达最后的加工深度，如图 4-39 所示；使用 G00 退回到返回平面，然后按最短的路径移动到下一个槽的位置，如图 4-41 所示。

（2）圆弧槽铣削 SLOT1　指令编程格式为：

SLOT1（RTP，RFP，SDIS，DP，DPR，NUM，LENG，WID，CPA，CPO，RAD，STA1，INDA，FFD，FFP1，MID，CDIR，FAL，VARI，MIDF，FFP2，SSF）

SLOT1 循环是一个综合的粗加工和精加工循环。使用此循环可以加工环形排列槽。槽的纵向轴按放射状排列。和 LONGHOLE 不同，本指令定义了槽宽的值。该循环要求使用键槽铣刀。

SLOT1 参数示意如图 4-42，其参数说明见表 4-25。

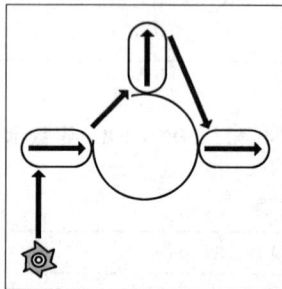

图 4-41　相邻槽间最短路径进刀　　　　　图 4-42　SLOT1 参数示意

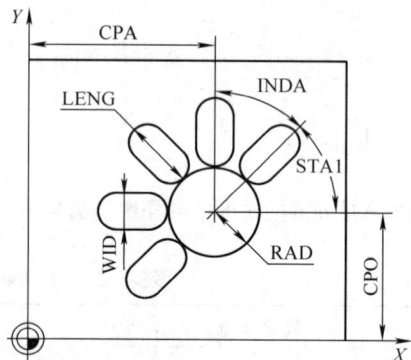

表 4-25　SLOT1 的参数说明

参数	数型（值）	说　　明
RTP	实数	返回平面（绝对值）
RFP	实数	参考平面（绝对值）
SDIS	实数	安全间隙（无符号输入）
DP	实数	槽深（绝对值）
DPR	实数	相对于参考平面的槽深（无符号输入）
NUM	整数	槽的数量

（续）

参数	数型（值）	说 明
LENG	实数	槽长（无符号输入）
WID	实数	槽宽（无符号输入）
CPA	实数	圆弧中心点（绝对值），平面的第一轴
CPO	实数	圆弧中心点（绝对值），平面的第二轴
RAD	实数	圆弧半径（无符号输入）
STA1	实数	起始角
INDA	实数	增量角
FFD	实数	深度加工进给量
FFP1	实数	端面（平面）加工进给量
MID	实数	一次进给最大深度（无符号输入）
CDIR	整数	加工槽的铣削方向 值：2—用于 G02；3—用于 G03
FAL	实数	槽边缘的精加工余量（无符号输入）
VARI	整数	加工类型 值：0—完整加工；1—粗加工；2—精加工
MIDF	实数	精加工时的最大进给深度
FFP2	实数	精加工进给量
SSF	实数	精加工速度

SLOT1 刀具动作顺序为：起始位置可以是任何位置，只要刀具能够到达每个槽而不发生碰撞即可；使用 G00 回到安全间隙之前的参考平面；使用 G01 以及 FFD 中定义的进给量进给至下一加工深度；使用 FFP1 中定义的进给量在槽边缘上进行连续加工，直到精加工余量，然后使用 FFP2 定义的进给量和主轴速度 SSF，按 CDIR 定义的加工方向沿轮廓进行精加工；始终在加工平面中的相同位置进行深度进给，直至到达槽的底部；将刀具退回到返回平面并使用 G00 移到下一个槽；加工完所有的槽后，刀具使用 G00 移至加工平面中的终点位置，如图 4-43 所示，循环结束。

循环调用前必须编程刀具补偿，否则，循环终止并产生报警 61000 "无有效的刀具补偿"。如果给决定槽分布和大小的参数定义了不正确的值，并因此而导致槽之间的轮廓干涉，如图 4-44 所示，循环不会启动。在产生错误信息 61104 "槽/键槽的轮廓碰撞" 后循环终止。循环运行过程中，工件坐标系偏置并旋转。显示在实际值区域的工件坐标系的值，表示已加工的槽的纵向轴和当前加工平面的第一轴相符。循环结束后，工件坐标系又重新位于循环调用前的相同位置。

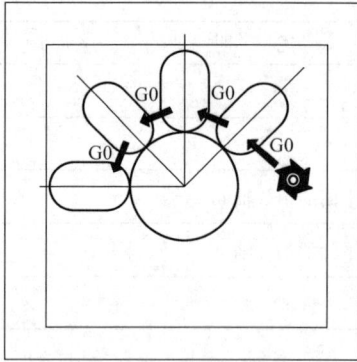

图 4-43　SLOT1 刀具动作顺序

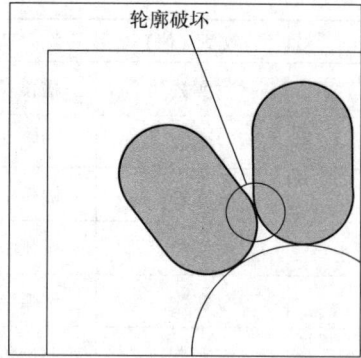

图 4-44　槽之间的轮廓干涉

（3）铣圆周槽 SLOT2　指令编程格式为：

SLOT2（RTP, RFP, SDIS, DP, DPR, NUM, AFSL, WID, CPA, CPO, RAD, STA1, INDA, FFD, FFP1, MID, CDIR, FAL, VARI, MIDF, FFP2, SSF）

SLOT2 循环是一个综合的粗加工和精加工循环。使用此循环可以加工分布在圆上的圆周槽。

SLOT2 参数示意如图 4-45，其参数说明见表 4-26。

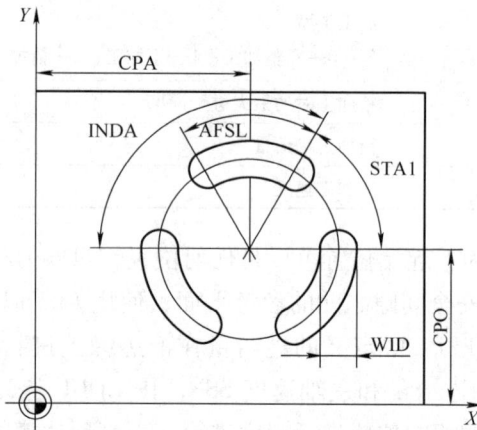

图 4-45　SLOT2 参数示意

表 4-26　SLOT2 的参数说明

参数	数型（值）	说　明
RTP	实数	返回平面（绝对值）
RFP	实数	参考平面（绝对值）
SDIS	实数	安全间隙（无符号输入）
DP	实数	槽深（绝对值）
DPR	实数	相对于参考平面的槽深（无符号输入）
NUM	整数	槽的数量

（续）

参数	数型（值）	说　　　明
AFSL	实数	槽长的角度（无符号输入）
WID	实数	圆周槽宽（无符号输入）
CPA	实数	圆中心点（绝对值），平面的第一轴
CPO	实数	圆中心点（绝对值），平面的第二轴
RAD	实数	圆半径（无符号输入）
STA1	实数	起始角
INDA	实数	增量角
FFD	实数	深度进给加工量
FFP1	实数	端面加工进给量
MID	实数	最大进给深度（无符号输入）
CDIR	整数	加工圆周槽的铣削方向 值：2—用于 G02；3—用于 G03
FAL	实数	槽边缘的精加工余量（无符号输入）
VARI	整数	加工类型 值：0—完整加工；1—粗加工；2—精加工
MIDF	实数	精加工时的最大进给深度
FFP2	实数	精加工进给量
SSF	实数	精加工速度

SLOT2 刀具动作顺序为：刀具快速移至安全间隙前的参考平面内的第一槽的加工起点；完整加工一个圆槽后，刀具退回到返回平面并使用 G00 接着加工下一个槽；加工完所有的槽后，刀具使用 G00 移至加工平面的终点位置，然后循环结束，如图 4-46 所示。

12. 型腔铣削循环指令

（1）矩形型腔铣削循环 POCKET3　指令编程格式为：

POCKET3（RTP，RFP，SDIS，DP，LENG，WID，CRAD，PA，PO，STA，MID，FAL，FALD，FFP1，FFD，CDIR，VARI，MIDA，AP1，AP2，AD，RAD1，DP1）

POCKET3 参数示意如图 4-47，其参数说明见表 4-27。

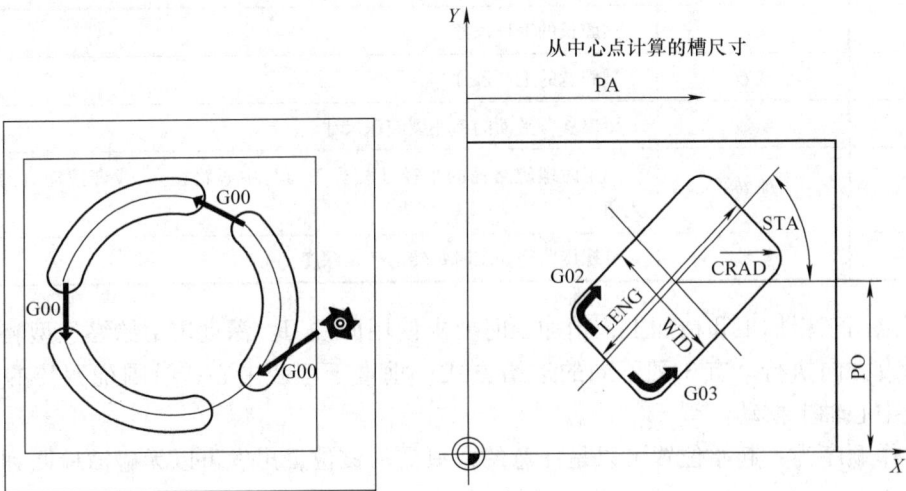

图 4-46　SLOT2 刀具动作顺序

图 4-47　POCKET3 参数示意

表 4-27　POCKET3 的参数说明

参数	数型（值）	说　　明
RTP	实数	返回平面（绝对值）
RFP	实数	参考平面（绝对值）
SDIS	实数	安全间隙（无符号输入）
DP	实数	型腔深（绝对值）
LENG	实数	型腔长，符号从拐角测量
WID	整数	型腔宽，符号从拐角测量
CRAD	实数	型腔拐角半径（无符号输入）
PA	实数	型腔参考点（绝对值），平面的第一轴
PO	实数	型腔参考点（绝对值），平面的第二轴
STA	实数	型腔纵向轴和平面第一轴间的角度（无符号输入），值范围：$-0° \leqslant STA1 < 180°$
MID	实数	最大进给深度（无符号输入）
FAL	实数	型腔边缘的精加工余量（无符号输入）
FALD	实数	型腔底的精加工余量（无符号输入）
FFP1	实数	端面加工进给量
FFD	实数	深度加工进给量
CDIR	整数	铣削方向（无符号输入）值：0—顺铣；1—逆铣；2—用于 G02（独立于主轴方向）；3—用于 G03
VARI	整数	加工类型 个位数（值）：1—粗加工；2—精加工 十位数（值）：0—使用 G00 垂直于型腔中心；1—使用 G01 垂直于型腔中心；2—螺旋状；3—沿型腔纵向轴摆动
MIDA	实数	在平面的连续加工中作为数值的最大进给宽度
AP1	实数	型腔长的毛坯尺寸
AP2	实数	型腔宽的毛坯尺寸
AD	实数	距离参考平面的毛坯型腔深尺寸
RAD1	实数	加工时螺旋路径的半径（相当于刀具中心路径），或者摆动时的最大插入角
DP1	实数	沿螺旋路径加工时每转的插入深度

循环可以用于粗加工和精加工，精加工时要求使用面铣刀。深度进给始终从型腔中心点开始并在垂直方向执行。有 3 种不同的进给方式：垂直于型腔中心；沿围绕型腔的螺旋路径；在型腔中心轴上摆动。

刀具动作顺序为：起始位置可以是任意的，只需从该位置出发可以无碰撞地回到返回平面的型腔中心点。

1）粗加工时的动作顺序。粗加工时，使用 G00 回到返回平面的型腔中心点，然后以同样的 G00 回到安全间隙前的参考平面。随后根据所选的进给方式并考虑已定义的毛坯尺寸对型腔进行加工，如图 4-48 所示。

2）精加工时的动作顺序。从型腔边缘开始精加工，直到到达型腔底的精加工余量，然后对型腔底进行精加工。如果其中某个精加工余量为零，则跳过此部分的精加工过程。精加工包括型腔边缘精加工和型腔底精加工。

① 型腔边缘精加工：精加工型腔边缘时，刀具只沿型腔轮廓切削一次。路径包括一个到达拐角半径的四分之一圆。此路径的半径通常为 2mm，但如果空间较小，半径等于拐角半径和铣刀半径的差。如果在边缘上的精加工余量大于 2mm，则应相应增加接近半径。使用 G00 在型腔开口处朝型腔中央执行深度进给，同时使用 G00 到达接近路径的起始点。

② 型腔底精加工：精加工型腔底时，机床朝型腔中央执行 G00 功能直至到达距离等于型腔深 + 精加工余量 + 安全间隙处。从该点起，刀具始终垂直进行深度进给。型腔底端面只加工一次。

3）垂直进给方式。

① 垂直于型腔中央进给：表示在循环内部计算出的当前的进给深度（小于等于 MID 下编程的最大进给深度），使用 G00 或 G01 指令沿深度方向单向进给。

② 螺旋状路径进给：表示刀具中心点沿着由半径 RAD1 和每转深度 DP1 确定的螺旋状路径进给。进给量为 FFD 的定义值。此螺旋路径的旋转方向和型腔加工的旋转方向一致。DPI 定义的深度为最大深度并始终作为螺旋路径转数的整数值计算。

如果已到达进给所需的当前深度（可以是螺旋路径上的几转），仍需加工一个完整的圆来消除插入的倾斜路径。然后在此平面上对型腔进行连续加工，直至精加工余量，如图 4-49 所示，螺旋状路径的起始点位于型腔的纵向轴的正方向上，并使用 G01 回到该起始点。

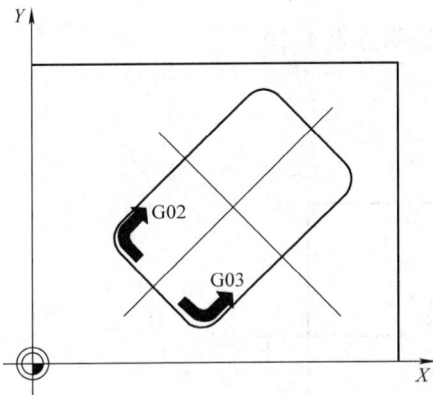

图 4-48 铣削方向示意图   图 4-49 螺旋路径进给示意图

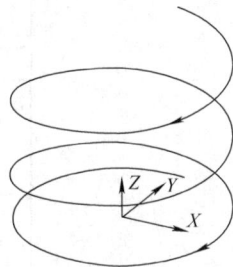

使用型腔中央轴的摆动进给：表示刀具中心点进给一直线来回摆动，直至到达下一当前深度。RAD1 下定义了最大的插入角，在循环中计算出摆动行程的长度。如果到达了当前深度，再一次执行行程而不进行深度进给，以便可以消除倾斜的进给路径。FFD 定义了进

给量。

（2）圆形型腔加工 POCKET4 　指令编程格式为：

POCKET4（RTP，RFP，SDIS，DP，PRAD，PA，PO，MID，FAL，FALD，FFP1，FFD，CDIR，VARI，MIDA，AP1，AD，RAD1，DP1）

此循环用于加工圆形型腔。精加工时要求使用面铣刀。深度进给始终从型腔中心点开始并垂直执行，这样可以在此位置适当地进行预钻削。铣削方向可以通过 G 命令（G02/G03）来定义，顺铣或逆铣方向由主轴方向决定。对于连续加工，可以定义在平面中的最大进给宽度。精加工余量始终用于型腔底。有两种不同的进给方式，分别是垂直于型腔的中心与沿围绕型腔中心的螺旋路径，见表4-28。

表4-28　圆形型腔平面的进给路径

进给路径	图示	说　明
环切法	 刀具中心轨迹　圆形型腔	采用环切法编程简单，只用圆弧插补就可以完成。但其加工是断续的，并且只能采用法向进给，在精加工时易形成接刀痕
阿基米德螺旋切削法		加工进给连续，在精加工时可采用切向进给，但编程较为复杂。对于不具备非圆曲线插补功能的数控系统而言，一般只能采用参数编程来实现

POCKET4 参数示意如图 4-50 所示，其参数说明见表 4-29。

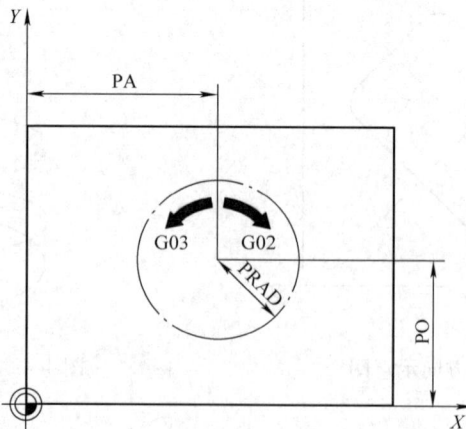

图 4-50　POCKET4 参数示意

表 4-29　POCKET 4 的参数说明

参数	数型（值）	说　明
RTP	实数	返回平面（绝对值）
RFP	实数	参考平面（绝对值）
SDIS	实数	安全间隙（无符号输入）
DP	实数	型腔深（绝对值）
PRAD	实数	型腔半径
PA	整数	型腔中心点（绝对值），平面的第一轴
PO	实数	型腔中心点（绝对值），平面的第二轴
MID	实数	最大进给深度（无符号输入）
FAL	实数	型腔边缘的精加工余量（无符号输入）
FALD	实数	型腔底的精加工余量（无符号输入）
FFP1	实数	端面加工进给量
FFD	实数	深度加工进给量
CDIR	整数	铣削方向（无符号输入） 值：0—顺铣；1—逆铣；2—用于 G02（独立于主轴方向）；3—用于 G03
VARI	整数	加工类型 个位数（值）：1—粗加工；2—精加工 十位数（值）：0—使用 G00 垂直于型腔中心；1—使用 G01 垂直于型腔中心；2—螺旋状进刀
MIDA	实数	在平面的连续加工中作为数值的最大进给宽度
AP1	实数	型腔半径的毛坯尺寸
AD	实数	距离参考平面的毛坯型腔深尺寸
RAD1	实数	按螺旋路径进给时的半径（相当于刀具中心点的路径）
DP1	实数	沿螺旋路径加工时每转（360°）的进给深度

刀具动作顺序如下。

1）循环启动前到达起始位置，起始位置可以是任意位置，只需从该位置出发可以无碰撞地回到返回平面的型腔中心点。

2）粗加工时的动作顺序。使用 G00 回到返回平面的型腔中心点，然后再同样以 G00 回到安全间隙前的参考平面，随后根据所选的进给方式并考虑已定义的毛坯尺寸对型腔进行加工。

3）精加工时的动作顺序。从型腔边缘开始精加工，直至到达型腔底的精加工余量，然后对型腔底进行精加工。如果其中某个精加工余量为零，则跳过此部分的精加工过程。精加工包括型腔边缘精加工和底部精加工。

4.2　项目基本技能

技能一　数控铣床（加工中心）加工程序的处理

1. 新建数控程序

数控程序可用 SIEMENS 802D 系统内部的编辑器直接输入程序或新建一个数控加工程

序。新建成一个数控程序的操作如下。

1）在系统面板上按 ![PROGRAM MANAGER]，进入程序管理界面。

2）按 ![新程序]，则弹出新程序界面，如图4-51所示。

新程序：

请指定新程序名

图4-51　新程序界面

3）在 中输入程序名，若没有扩展名，自动添加".MPF"为扩展名，而子程序扩展名".SPF"需随文件名一起输入。

4）按 ![确认]，生成新程序文件，并进入编辑界面，如图4-52所示。若按 ![中断]，则关闭此编辑界面并返回到程序管理界面。

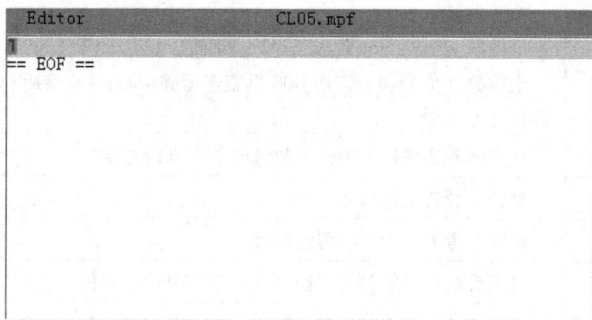

Editor　　　　　　　　CL05.mpf

== EOF ==

图4-52　编辑界面

2. 程序的编辑

1）在程序管理界面中选中一个程序，按 ![打开] 或 ![PROGRAM] 进入到程序编辑界面，编辑程序为选中的程序。在其他主界面下，按下 ![PROGRAM]，也可进入到编辑界面，其中程序为以前载入的程序。

2）在编辑界面中输入程序，程序立即被存储。

3）按 ![执行] 来选择当前编辑程序为运行程序。

4）按 ![标记程序段]，开始标记程序段，按 ![复制]、![删除] 或输入新的字符时取消标记。

5）按 ![复制程序段]，将当前选择中的一段程序复制到剪贴板。

6）按 ![粘贴程序段]，当前剪贴板上的文本粘贴到当前光标位置。

7）按 ![删除程序段]，可删除当前选择的程序段。

8）按 ![重编号] 将重新编排行号。

3. 搜索程序

1）切换到程序编辑界面。

2）按 ![搜索]，系统弹出如图4-53所示的搜索文本对话框。若需按行号搜索，按 ![行号]，对话框变为如图 4-54 所示。

图 4-53 搜索文本对话框

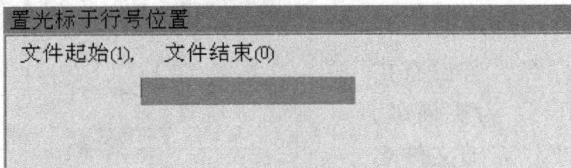

图 4-54 搜索行号对话框

3）按 ![确认] 后，若找到了要搜索的字符或行号，将光标停到此字符的前面或对应行的行首。

4. 程序复制

1）进入到程序管理界面的程序界面。

2）使用光标选择要复制的程序，按 ![复制]，系统打开如图 4-55 所示的"复制"对话框，标题栏上显示正在复制的程序。

图 4-55 "复制"对话框

3）输入程序名，若没有扩展名，自动添加". MPF"为扩展名，而子程序扩展名". SPF"需随文件名一起输入。文件名必须以两个字母开头。

4）按 ![确认]，复制原程序到指定的新程序名，关闭对话框并返回到程序管理界面。

5. 程序的删除

1）进入到程序管理界面的程序界面。

2）按光标选择要删除的程序，按 ![删除]，系统出现如图 4-56 所示的"删除文件"对话框。

3）按光标键选择选项，第一项为刚才选择的程序名，表示删除这一个文件；第二项"删除全部文件"表示删除程序

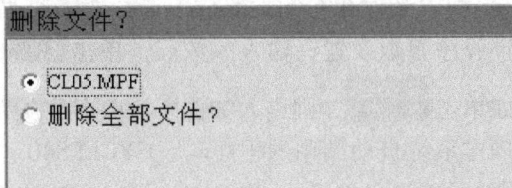

图 4-56 "删除文件"对话框

列表中所有的文件。

4）按 确认 ，将根据选择删除的类型删除文件并返回程序管理界面。按 中断 ，将关闭此对话框并回到程序管理界面。

5）若没有运行机床，可以删除当前选择的程序，但不能删除当前正在运行的程序。

6. 程序的重命名

1）进入到程序管理界面。

2）用光标键选择需重命名的程序。

3）按 重命名 ，系统出现如图 4-57 所示的"改换程序名"对话框。在中输入新的程序名，若没有扩展名，自动添加".MPF"为扩展名，而子程序扩展名".SPF"需随文件名一起输入。

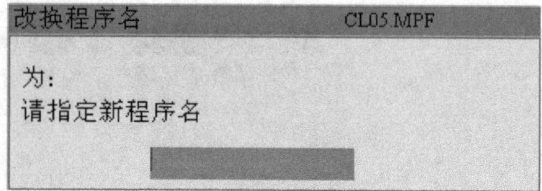

4）按 确认 ，原程序名更改为新的程序名并返回到程序管理界面。

7. 插入固定循环

图 4-57 "改换程序名"对话框

1）进入程序管理界面。按 打开 ，进入编辑界面。单击 钻削 或 铣削 ，进入如图 4-58 所示的钻削程序（或铣削程序）。

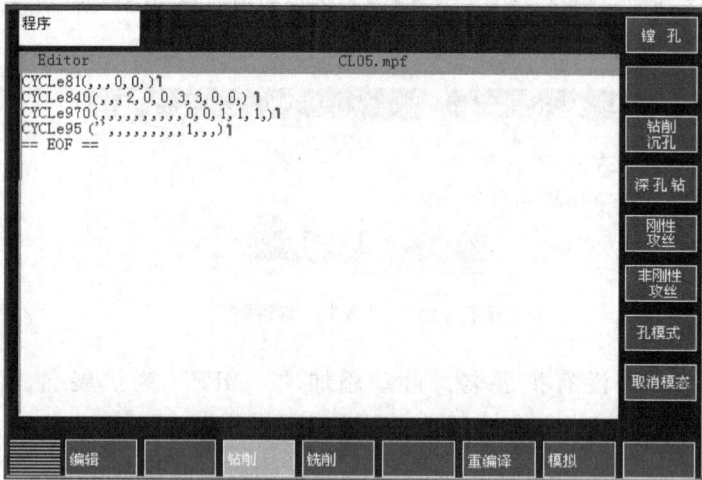

图 4-58 钻削程序

2）利用光标在右侧参数栏中选择所需类型的程序并单击相应软键，即可进入相应的固定循环程序参数设置，输入参数后，单击 确认 ，即可调用该程序。

如单击 非刚性攻丝 ，则进入如图 4-59 所示的界面，在界面的左上角，可看到为实现非刚性攻丝操作系统自动调用的程序名：CYCLE840。

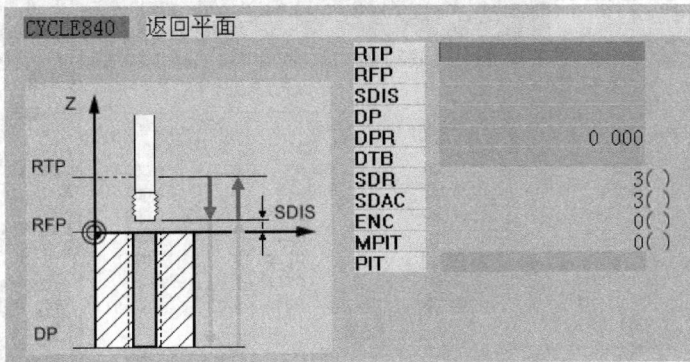

图 4-59　调用程序界面

技能二　数控铣床（加工中心）刀长与工件零位的测量和输入

1. 刀具参数的输入

1）按系统面板上的 OFFSET PARAM ，进入参数操作区。

2）按 刀具表 ，打开刀具补偿参数界面，在该界面中显示如图 4-60 所示已有刀具的清单。

图 4-60　刀具补偿参数界面

3）移动光标至待输入参数的区域，输入数值，并按输入键或移动光标确认。

4）对于一些特殊刀具，可以按 扩展 ，在弹出的如图 4-61 所示的界面中输入全套参数。

2. 创建新刀具

当实际使用的刀具数量比参数表中的数量多时，则需要创建新刀具。其操作方法如下。

1）在图 4-61 所示的界面中按 新刀沿 ，打开如图 4-62 所示的新刀具创建界面。

2）若采用的是铣床刀具，则在所示界面中按软键，弹出如图 4-63 所示的新刀具号输入界面。在 □□□□□□ 输入刀具号后，按 确认 ，则创建新刀具；按 中断 ，则返回一上界面，不创建新刀具。

3. 确定工件坐标系原点

1）设置零点偏置值。按参数操作键进入参数设置窗口，再按 零点偏移 进入如图 4-64 所示的零点偏置界面。按方向键选择编程工件坐标系（G54～G59），在 X、Y、Z 栏目中分别输入通过对刀得到的工件坐标系原点在机床坐标系中的坐标值。

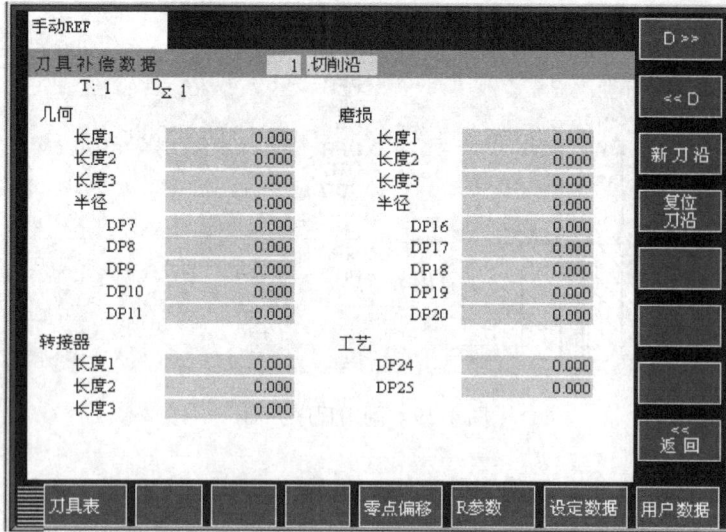

图 4-61　刀具扩展参数

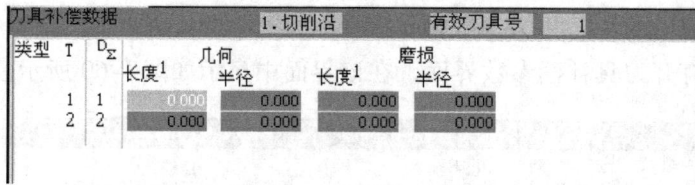

图 4-62　新刀具创建界面

图 4-63　新刀具号输入界面

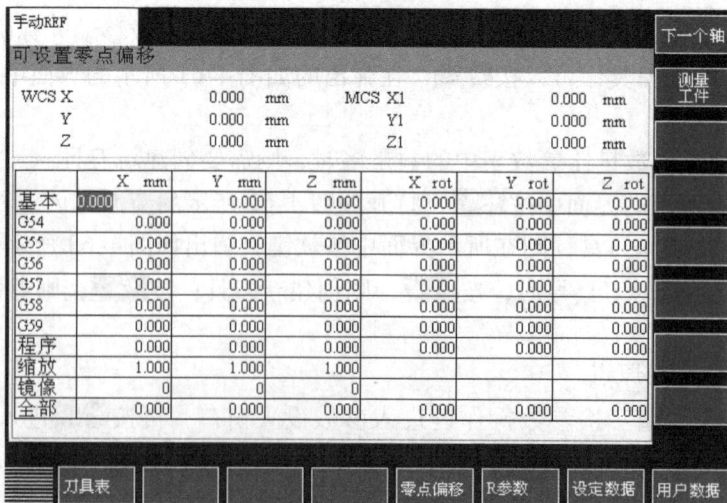

图 4-64　零点偏置界面

2）采用刀具直接对刀。如图 4-65 所示，利用 F 点的实际位置（机床坐标）和参考点，系统可在所预选的坐标轴方向计算出刀具补偿值长度 l 或刀具半径。

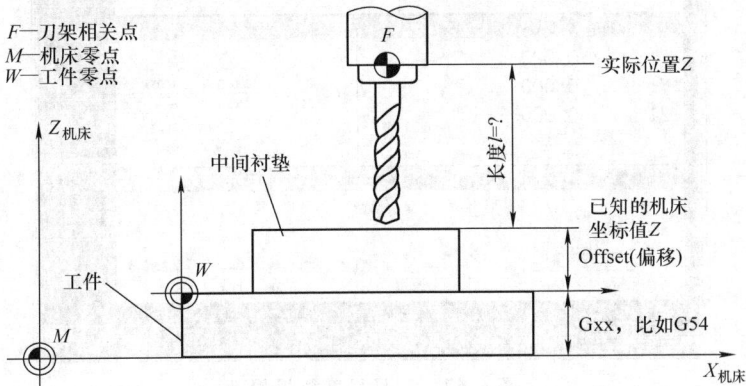

图 4-65　计算刀具（钻头）的长度补偿：长度 l（Z 轴）

Z 方向参数：先移动刀具，使刀具接触工件上表面，在刀具与工件之间可以加衬垫，此时只要使刀具与衬垫接触即可；然后按 测量刀具 ，打开如图 4-66 所示手动测量与自动测量选择界面；按 手动测量 ，打开如图 4-67 所示的刀具长度测量界面；在 Z0 后面输入衬垫的厚度，再按 设置长度 ，即可设置 Z 方向的刀具参数。

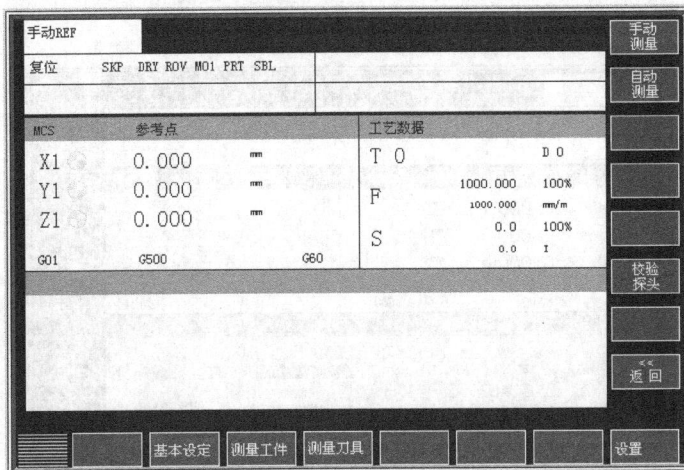

图 4-66　手动测量与自动测量选择界面

X 方向参数：将刀具移至如图 4-68 所示的位置，在图 4-67 所示界面中按 直径 ，打开如图 4-69 所示的刀具直径测量界面。在 X0 后面输入数值（工件长度 + 刀具半径），再按 设置直径 ，即可获得 X 向参数（Y 方向参数可类似 X 方向参数的操作方法进行）。

4. 输入/修改零点偏置

输入/修改零点偏置实际上就是建立机床坐标系和工件坐标系之间的关系。在回参考点

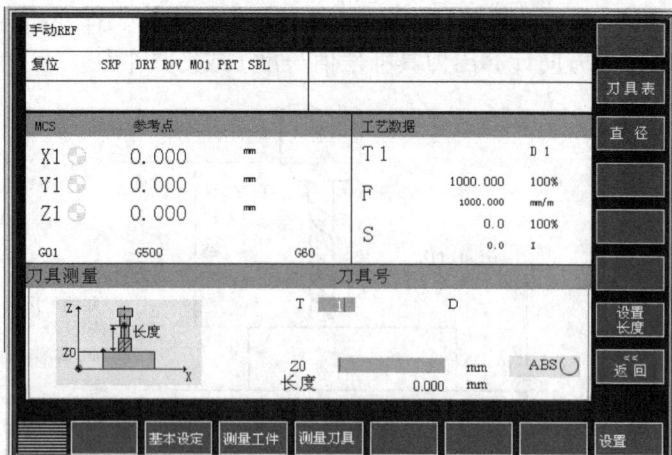

图 4-67　刀具长度测量界面

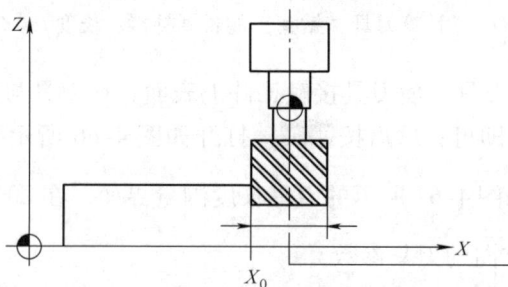

图 4-68　X 轴测量

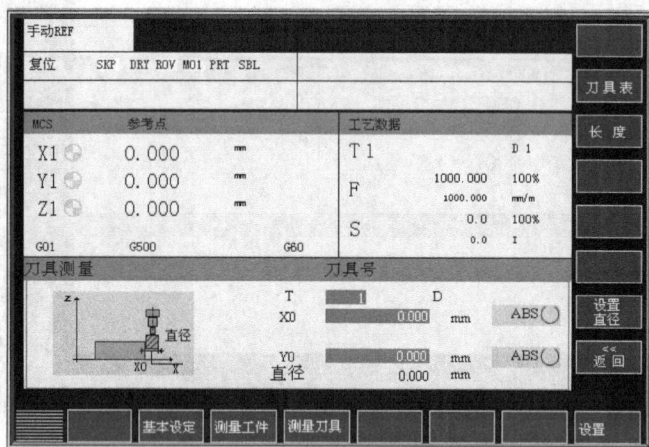

图 4-69　刀具直测径量界面

之后，实际存储器以及实际值的显示均以机床零点为基准，而工件的加工程序则是以工件坐标系零点为基准的，这之间的差值就是零点偏置量。其操作方法如下。

1）按参数操作键进入参数操作区。

2）按 [零点偏移] 打开零点偏置界面。

3）移动光标至待输入零点偏置值的位置上。

4）输入偏置值后，按机床操作面板上的 [INPUT] 或移动光标即可。

5. 启动零件程序

1）按机床控制面板上的 ▭，选择自动工作方式。

2）按系统控制面板上的 [PROGRAM MANAGER]，进入程序管理操作，显示出系统中所有的加工应用程序。

3）按 ▲、▼、◀、▶ 移动光标，选择所需加工应用程序。

4）按 [执行]，打开如图 4-70 所示的自动加工界面。

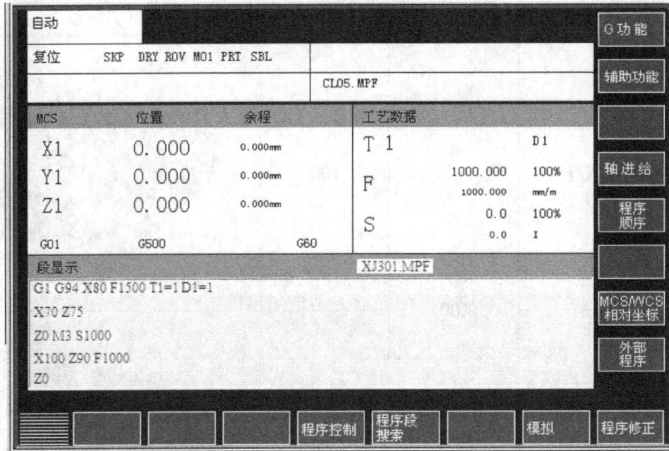

图 4-70　自动加工界面

5）按系统启动键，执行零件程序。

6）按 [◇] 开始加工运行。

技能三　数控铣削加工技术的应用

1. 外轮廓加工

（1）外轮廓零件加工图样　外轮廓零件加工图样如图 4-71 所示。

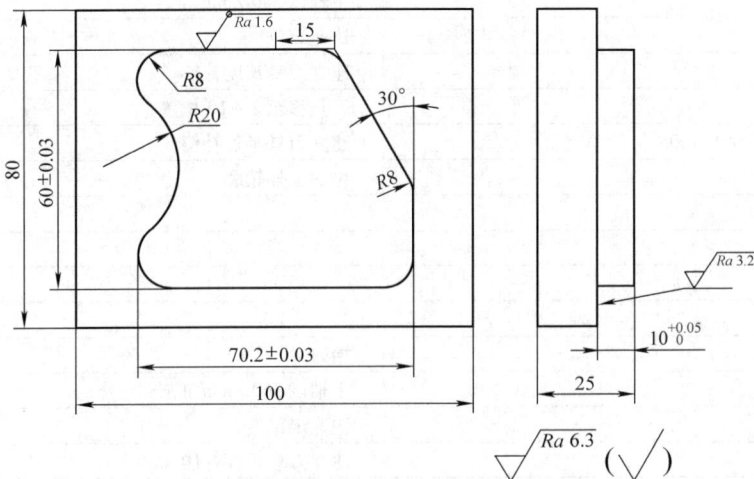

图 4-71　外轮廓零件加工图样

（2）工艺分析　选择工件上表面对称中心作为工件坐标系原点。轮廓选用 φ35mm 的立铣刀进行粗、精加工。加工时，先粗加工成矩形轮廓，再加工成形，其加工工艺过程和加工参数见表4-30。

表4-30　外轮廓零件加工工艺过程和加工参数

工步内容	选用刀具	主轴转速 /(r/min)	进给速度/(mm/min)		工　步　图
			Z 向	周向	
粗加工外形轮廓	φ35mm 立铣刀	300	100	100	
精加工外形轮廓		360		150	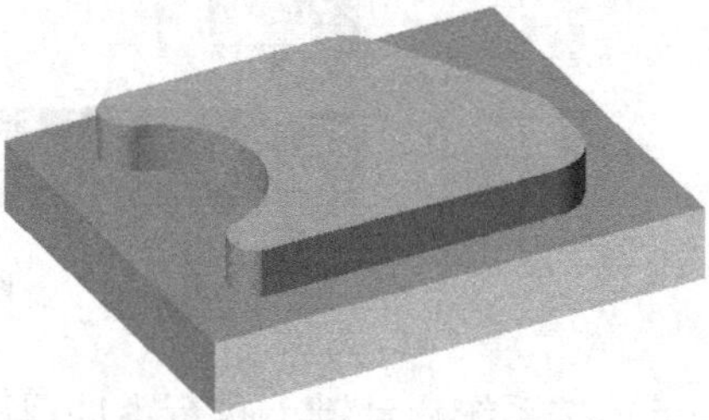

（3）程序编制　零件加工程序见表4-31。

表4-31　外轮廓零件加工程序

加工程序	说　明
XJ402. MPF	主程序名
G17G54G90G40T1D1	设置初始状态
M3S300	主轴以 300r/min 正转
G00X100. Y − 15.	快速定位
Z10.	建立刀具长度补偿
G00Z − 10.	刀具移至 Z−10 位置
G41G1X60. Y − 30D01F100.	建立刀具半径补偿
G01X − 35. 1	粗加工外轮廓
Y30.	
X35. 1	
Y − 50.	
G40X50.	
G00Z150.	抬刀
S360	主轴以 360r/min 正转
G00X100Y − 50.	快速定位
Z10.	建立刀具长度补偿
M08	切削液开
G00Z − 10.	
G41G1D01Y − 30. X60. F150.	精加工外轮廓

（续）

加工程序	说　明
X – 28.	
G02X – 31. 95Y – 15. 71CR = 8.	
G03Y15. 71CR = 20.	
G02X – 28. Y30. CR = 8.	
G01X10. 38	
G02X17. 31Y26R8	
G01X33. 93Y – 2. 78	
G02X35. Y – 6. 78CR = 8.	
G01Y – 22.	
G02X28. Y – 30. CR = 8.	
G01X – 60.	
Y – 50. G40	退刀，取消刀具半径补偿
G49G00Z150. M05M09	抬刀，取消刀具长度补偿
M2	程序结束

2. 腔槽加工

（1）腔槽零件加工图样　腔槽零件加工图样如图 4-72 所示。

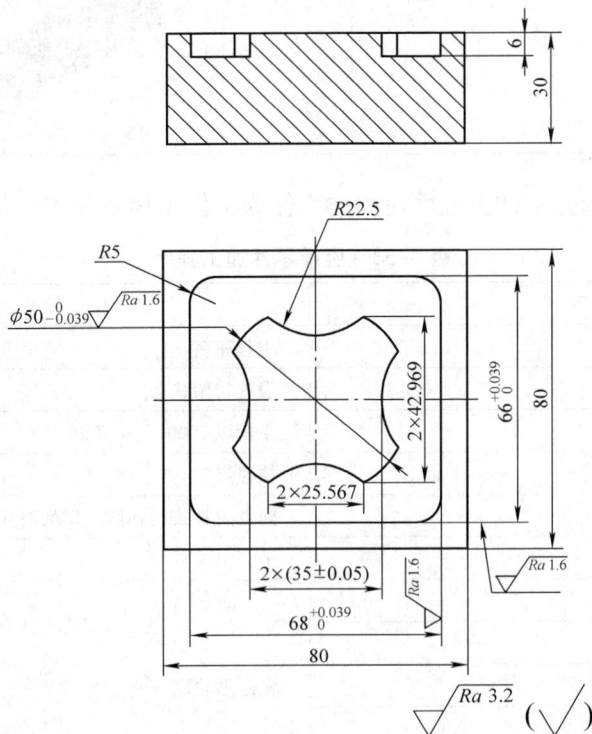

图 4-72　腔槽零件加工图样

（2）工艺分析　型腔轮廓处圆弧半径为 $R5mm$，考虑到刀具运动受型腔轮廓的限制，选用 $\phi10mm$ 的键槽铣刀先加工内矩形型腔，然后选用 $\phi8mm$ 的键槽铣刀粗、精加工岛屿轮廓。零件具体加工工艺过程和加工参数见表4-32。

表4-32　腔槽零件加工工艺过程和加工参数

工步内容	选用刀具	主轴转速 /(r/min)	进给速度/(mm/min)		工 步 图
			Z 向	周向	
铣矩形轮廓	$\phi10mm$ 键槽铣刀	1000	200	300	
铣岛屿轮廓	$\phi8mm$ 键槽铣刀		200	300	

（3）程序编制　选择工件上表面对称中心作为工件坐标系原点，加工程序见表4-33。

表4-33　腔槽零件加工程序

加工程序	说　明
XJ40. MPF	主程序名
G90G54G40T1D1	设置初始状态
M3S1000	主轴以1000r/min 正转
G00X – 29. Y0	快速定位
G00Z5. M8	建立刀具长度补偿，切削液开
G1Z – 6. F200.	下刀
Y29.	
X29.	
Y – 29.	铣矩形轮廓
X – 29.	
Y0	
G00Z200.	抬刀

（续）

加工程序	说　明
M9M5	切削液关，主轴停
M6T2D2	换刀
M3S1000	主轴以 1000r/min 正转
G00Z5.	建立刀具长度补偿
G01Z－6. F200.	下刀
G41G1X－25.48 F300.	建立刀具半径补偿
G02X－25.48Y12.78 CR＝22.5	
G03X－12.78Y25.48 CR＝25.	
G02X12.78Y25.48 CR＝22.5	
G03X25.48Y12.78 CR＝25.	
G02X25.48Y－12.78 CR＝22.5	铣岛屿轮廓
G03X12.78Y－25.48 CR＝25.	
G02X－12.78Y－25.48 CR＝22.5	
G03X－25.48Y－12.78 CR＝25.	
G40G0Z200.	抬刀（取消刀具半径补偿）
G49X0Y0	取消刀具长度补偿
M9M5	切削液关，主轴停
M2	程序结束

3. 攻螺纹

（1）攻螺纹零件加工图样　攻螺纹零件加工图样如图 4-73 所示。

（2）工艺分析　零件只要求加工 4 个 M10 内螺纹。根据加工要求。先选用 A5 中心钻钻出中心孔，再选用 φ8.5mm 麻花钻钻出螺纹底孔，最后用 M10 丝锥攻出 4 个内螺纹。零件具体加工工艺过程和加工参数见表 4-34。

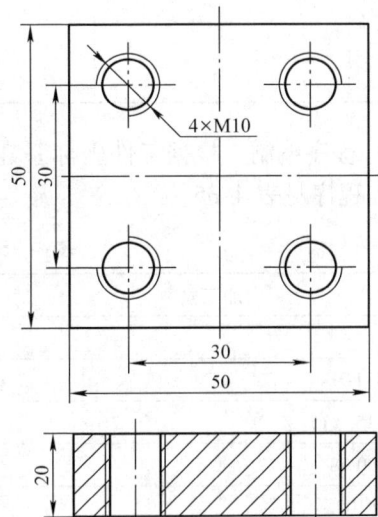

图 4-73　攻螺纹零件加工图样

表 4-34　攻螺纹零件加工工艺过程和加工参数

工步内容	选用刀具	主轴转速/(r/min)	进给速度/(mm/min) Z 向	工 步 图
钻中心孔	A5 中心钻	1000	100	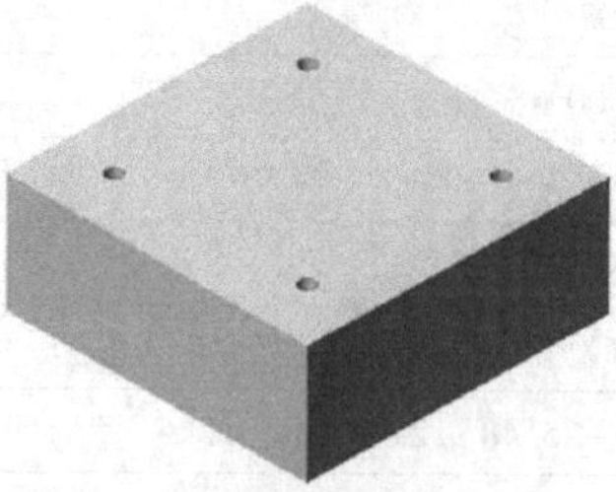
钻 ϕ8.5mm 不通孔	ϕ8.5mm 麻花钻	800		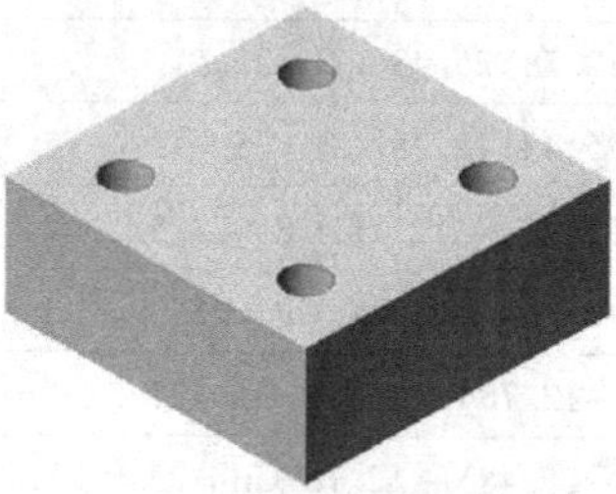
攻 2×M10 螺纹	M10 丝锥	100		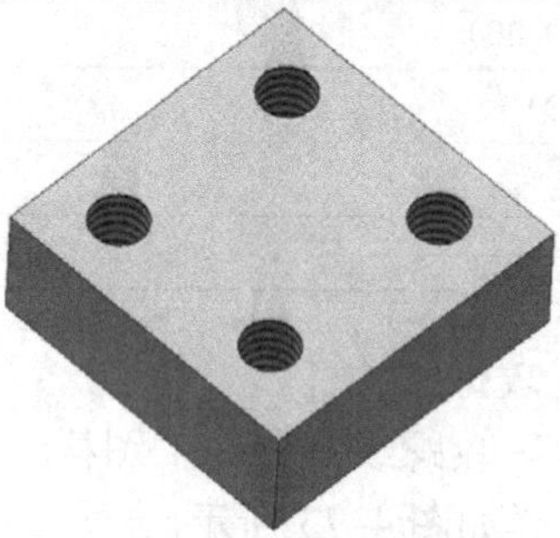

（3）程序编制　根据工件坐标系建立原则，选择零件上表面中心位置为工件坐标系原点。加工程序见表 4-35。

表 4-35　攻螺纹零件加工程序

加工程序	说　明
XJ40	主程序名
G90G54T1D1	设置初始状态
G00X – 15. Y15.	快速定位
M03S1000M8	主轴以 1000r/min 正转，切削液开
G00Z5. F100.	建立刀具长度补偿
CYCLE81 (5, 0, 5, 3)	钻中心孔
G00Y – 15. CYCLE81 (5, 0, 5, 3)	
G00X15. CYCLE81 (5, 0, 5, 3)	
G00Y15. CYCLE81 (5, 0, 5, 3)	

（续）

加工程序	说　明
G00Z200. M9 M5	
M6T2	换刀
G90G54　T2D1G0X – 15. Y15.	
M3S800　M08	
G00Z5. F100.	
CYCLE83（5，0，5，23，5，1，1，1，0.6，1）	起动深孔钻孔循环，设定进给量，钻第 1 个孔，快速降到参考点，钻深为 – 23mm，钻完后返回 R 点，R 点高度为 5mm。每次退刀后再由快速进给转换为切削进给时，距上次加工面的距离为 0.6mm
G00Y – 15 CYCLE83（5，0，5，23，5，1，1，1，0.6，1）	钻第二个孔
G00X15 CYCLE83（5，0，5，23，5，1，1，1，0.6，1）	钻第三个孔
G00Y15. CYCLE83（5，0，5，23，5，1，1，1，0.6，1）	钻第四个孔
G00Z200. M9 M5	
M6T3	换刀
G00　X – 15. Y15.	
M3S100	
G00Z5.	
CYCLE840（10，0，2，10，0，4，4，0，0，1.5）	攻螺纹
G00Y – 15. CYCLE840（10，0，2，10，0，4，4，0，0，1.5）	
G00X15. CYCLE840（10，0，2，10，0，4，4，0，0，1.5）	
G00Y15. CYCLE840（10，0，2，10，0，4，4，0，0，1.5）	
G00Z200.	
M9 M5	
M2	

【项目评价】

一、思考题

1. 数控铣床（加工中心）由哪几部分组成？

2. 根据刀库的容量和取刀方式，刀库有几种类型？

3. 自动换刀装置有什么基本要求？其主要类型、特点与适应范围有哪些？

4. 刀库自动换刀的动作过程是怎样的？

5. 数控铣床的布局有哪几种形式？

6. 简述 CYCLE72 进/退刀方式示意。

7. SIEMENS 802D 系统常用孔加工固定循环指令有哪些？各有什么功能？

8. CYCLE84 和 CYCLE840 指令有何区别？

9. LONGHOLE 刀具动作顺序是怎样进行的？

10. SLOT1 刀具动作顺序是怎样进行的？

11. 圆形型腔平面的进给路径有几种？各有什么特点？

12. 怎样新建一个数控程序？

13. 如何进行程序的编辑？

14. 怎样插入固定循环？

15. 如何输入刀具参数？

16. 怎样确定工件坐标系原点？

17. 怎样实现零点偏置的输入和修改？

二、技能训练

铣削如图 4-74 所示的零件。

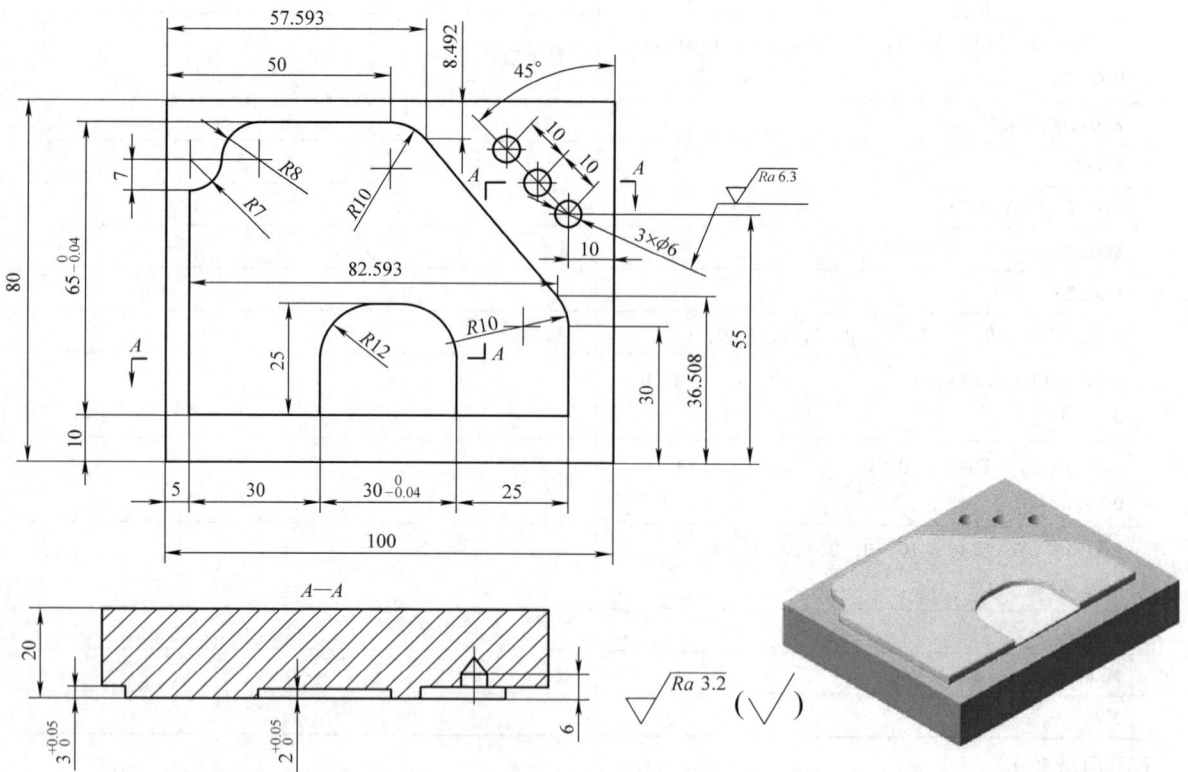

图 4-74 铣削零件图样

三、项目评价评分表

1. 个人知识和技能评价表

班级：　　　　　　姓名：　　　　　　成绩：

评价方面	评价内容及要求	分值	自我评价	小组评价	教师评价	得分
项目知识内容	① 掌握数控铣床的组成	4				
	② 理解数控铣床各部分结构特点与功能	5				
	③ 理解数控铣床编程指令的使用	10				
	④ 掌握模具铣削类零件的编程方法	8				
项目技能内容	① 认识数控系统控制面板按钮与功能	10				
	② 学会分析加工信息，正确选择适合加工要求的数控铣床	15				
	③ 掌握数控铣床控制面板的操作	10				
	④ 掌握数控铣床程序的输入、修改	10				
	⑤ 掌握数铣床对刀操作	10				
	⑥ 学会运用编程指令，灵活处理加工工艺来编制较复杂零件的加工程序	8				
安全文明生产和职业素质培养	① 安全、规范操作	5				
	② 文明操作，不迟到早退，操作工位卫生良好，按时按要求完成实训任务	5				

2. 小组学习活动评价表

班级：　　　　　　小组编号：　　　　　　成绩：

评价项目	评价内容及评价分值			自评	互评	教师评分
分工合作	优秀（12~15分）	良好（9~11分）	继续努力（9分以下）			
	小组成员分工明确，任务分配合理，有小组分工职责明细表	小组成员分工较明确，任务分配较合理，有小组分工职责明细表	小组成员分工不明确，任务分配不合理，无小组分工职责明细表			
获取与项目有关质量、市场、环保等内容的信息	优秀（12~15分）	良好（9~11分）	继续努力（9分以下）			
	能使用适当的搜索引擎从网络等多种渠道获取信息，并合理地选择信息、使用信息	能从网络获取信息，并较合理地选择信息、使用信息	能从网络或其他渠道获取信息，但信息选择不正确，信息使用不恰当			

（续）

评价项目	评价内容及评价分值			自评	互评	教师评分
实操技能操作	优秀（16~20分）	良好（12~15分）	继续努力（12分以下）			
	能按技能目标要求规范完成每项实操任务	能按技能目标要求规范基本完成每项实操任务	能按技能目标要求基本完成每项实操任务，但规范性不够			
基本知识分析讨论	优秀（16~20分）	良好（12~15分）	继续努力（12分以下）			
	讨论热烈、各抒己见，概念准确、理解透彻，逻辑性强，并有自己的见解	讨论没有间断、各抒己见，分析有理有据，思路基本清晰	讨论能够展开，分析有间断，思路不清晰，理解不透彻			
成果展示	优秀（24~30分）	良好（18~23分）	继续努力（18分以下）			
	能很好地理解项目的任务要求，熟练运用多媒体进行成果展示	能较好地理解项目的任务要求，较熟练运用多媒体进行成果展示	基本理解项目的任务要求，不能熟练运用多媒体进行成果展示			
总分						

项 目 小 结

本项目我们学习了如下内容。

❶ 数控铣床（加工中心）及其操作面板。

❷ 数控铣床编程体系。

❸ 数控铣床（加工中心）加工程序的处理。

❹ 数控铣床（加工中心）刀长与工件零位的测量和输入。

❺ 数控铣削加工技术应用。

项目五 模具电加工技术

【项目情境】

电火花加工是一种利用电、热能对金属进行腐蚀加工的方法。在加工过程中，工具电极和工件之间不断产生脉冲的火花放电，靠放电时局部、瞬时产生的高温把金属腐蚀除掉，如图 5-1 所示。

图 5-1 电火花加工

【项目学习目标】

	学习目标	学习方式	学时
知识目标	① 理解电火花加工的基本原理与特点 ② 掌握电火花加工的机理 ③ 了解电火花加工设备 ④ 熟悉电火花加工操作界面的结构与各部分功能 ⑤ 掌握电火花加工工艺与对加工参数的要求以及影响加工精度的因素 ⑥ 掌握电火花穿孔加工、小孔加工和成形加工的相关知识 ⑦ 掌握电火花线切割设备、加工工艺、电参数选择与编程方法	讲授	12 课时
技能目标	① 学会各种电加工设备的基本操作与使用注意事项 ② 学会电火花成形机的电参数选择与操作过程 ③ 学会电火花线切割机床的绕丝方法，熟练编制 G 代码程序 ④ 学会电加工设备的保养方法与简单维护	① 实训（观摩）＋理论 ② 教师讲授、启发、引导、互动式教学	30 课时
情感目标	① 激励对自我价值的认同感，培养遇到困难决不放弃的韧性 ② 培养使用信息资源和信息技术手段去获取知识的能力 ③ 树立团队意识和协作精神	网络查询、小组讨论、取长补短、相互协作	

5.1 项目基本知识

知识点一 了解电火花的加工原理与特点

1. 电火花加工的基本原理

要想利用火花放电产生的电蚀现象对工件进行加工，必须具备下列条件。

1）使火花放电为瞬时脉冲放电，并且脉冲放电的波形是单向的，如图5-2所示。

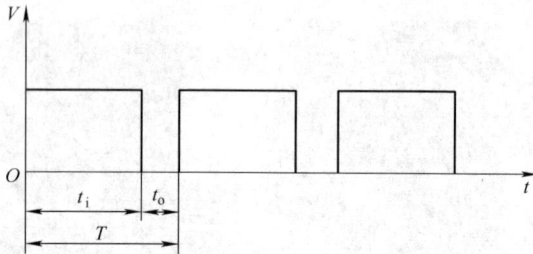

图5-2 脉冲电压波形

电压脉冲的持续时间称为脉冲宽度，用 t_i 表示，单位为 μs。在粗加工时，为保证加工速度，应选用较大的脉冲宽度，但又不能过大，一般不超过 $10 \sim 30 \mu s$；在精加工时为提高加工精度和表面质量，应选用较小的脉冲宽度。为防止因放电产生的热量来不及传导和扩散到加工表面以外的部位而将工件表面烧伤从而造成无法加工的现象，就应使每一个放电点局限在很小的范围内。

两个电压脉冲之间的间隔时间称为脉冲间隙，用 t_o 表示，单位为 μs。脉冲间隙的大小也应合理选用。如果间隔时间过短，会使绝缘介质来不及恢复绝缘状态，容易产生电弧放电而烧坏工件和工具；脉冲间隔时间过长，又会降低加工生产率。一个电压脉冲开始到下一个电压脉冲开始之间的时间称为脉冲周期，用 T 表示，单位为 μs。显然，$T = t_i + t_o$。

2）为保证在火花放电时产生较高的温度将工件表面的金属熔化或汽化，脉冲放电就应有足够的能量，也就是放电通道有很大的电流密度。

3）要保证有合理的放电间隙。放电间隙是指火花放电进行加工时工具表面和工件表面之间的距离，用 S 表示。放电间隙的大小与加工电压、加工介质等因素有关，一般在几微米到几百微米之间合理选用。间隙过大，会使工作电压不能击穿绝缘介质；间隙过小，又易形成短路，将导致电极间电压为零，不能产生火花放电，从而无法对工件进行加工。

4）火花放电必须在具备一定绝缘性能的液态介质中进行。绝缘介质的作用为：

① 在到达要求的击穿电压之前，应保持电学上的非导电性，即起到绝缘的作用；

② 在到达击穿电压后，绝缘介质要尽可能地压缩放电通道的横截面积，以提高单位面积上的电流强度；

③ 在放电完成后，迅速熄灭火花，使火花间隙消除电离从而恢复绝缘；

④ 具有较好的冷却作用，并将电蚀产物从放电间隙中带走。

综合上述基本条件，电火花加工原理图如图 5-3 所示。脉冲电源的两个输出端分别与工件和工具相连。自动进给装置使工件与工具之间经常保持一个很小的放电间隙，当加在两极间的脉冲电压足够大时，两极间隙最小处或绝缘强度最低处被击穿，在该处形成火花放电，瞬时达到的高温使工具和工件表面被蚀掉一部分金属，各自形成一个小凹坑。图 5-4a 所示为单个脉冲放电后的电极表面。脉冲放电结束后，经过一段时间间隔，使工作液恢复绝缘并清除电蚀产物后，第二个脉冲电压又加到两极上，又会使两极间隙最小处或绝缘强度最低处被击穿，从而又形成小凹坑。这样随着相当高的频率连续不断地重复放电，工具电极不断向工件进给，从而保持一定的放电间隙，就可将工具端面和横截面的形状复制在工件上，加工出所需形状的零件，整个加工表面将由无数个小凹坑所组成。图 5-4b 所示为多次脉冲放电后的电极表面。

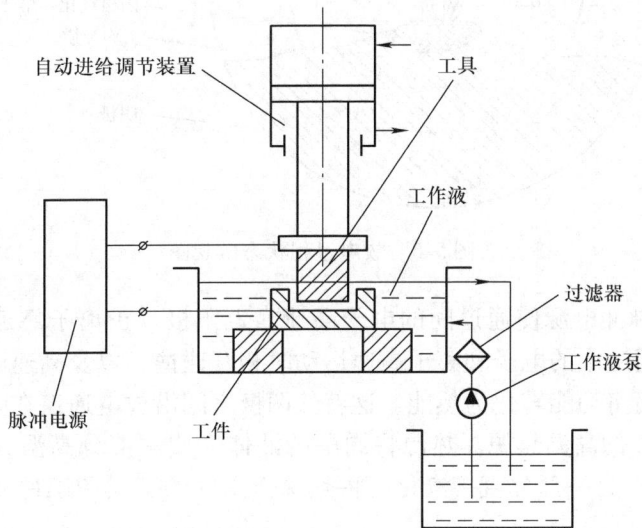

图 5-3　电火花加工原理图

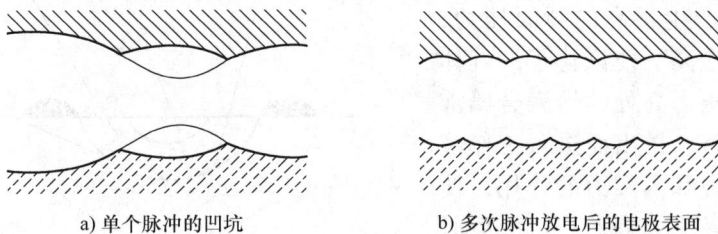

a) 单个脉冲的凹坑　　　　　　b) 多次脉冲放电后的电极表面

图 5-4　电火花加工表面局部放大图

2. 电火花加工的机理

在火花放电过程中，电极表面是怎样被蚀除的呢？这一微观的物理过程就是电火花加工的机理。实验表明：一次脉冲放电的过程可分为极间介质的电离、放电通道的形成、热膨胀、电极材料的抛出和极间介质的消电离等几个连续的阶段。

（1）极间介质的电离　当两极间的电压足够大时，由于工件和电极表面存在着微观的凸凹不平，因此在两极相距最近的点上电场强度最大，会使附近的液体介质首先被电离为带负电的电子和带正电的正离子。

（2）放电通道的形成　在电场力的作用下，电子高速向阳极运动，正离子向阴极运动，从而产生火花放电，形成了放电通道。但由于放电通道受到放电时磁场力和周围液体介质的压缩，放电通道的横截面积极小，又由于两极间液体介质在被击穿的瞬间电阻从绝缘状态的几兆欧姆骤降到几分之一欧姆，因此最终造成单位面积上的电流强度极大，如图5-5所示。

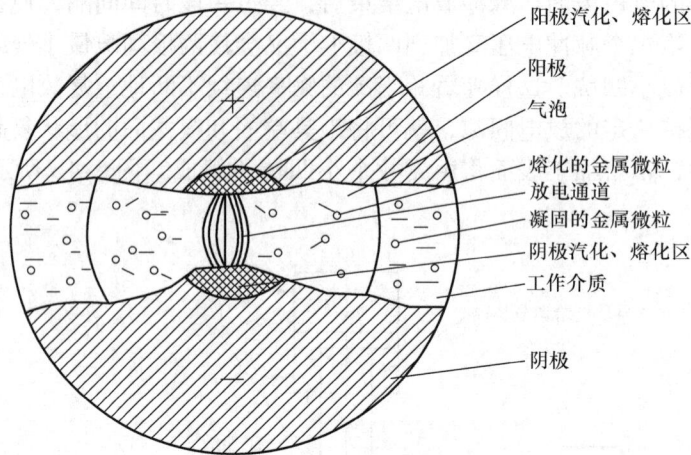

图5-5　放电过程状态微观图

（3）热膨胀　脉冲电源使通道间的电子高速靠近阳极，正离子靠近阴极，将电能变成动能；又由于放电通道中的电子和离子高速运动时相互碰撞，以及高速电子和离子流撞击阳极和阴极表面，从而将动能转化为热能。这就使两极之间沿放电通道在瞬间形成了一个温度高达 $10000 \sim 12000℃$ 的高温热源。热源将周围的液体介质一部分高温分解为游离的炭黑和 C_2H_2、C_2H_4 等气体，另一部分直接汽化，将热源作用区的工具和工件表面层很快熔化，甚至汽化。

（4）电蚀产物的抛出　由于在上述的热膨胀过程中产生很高的瞬时压力，通道中心的压力最高，使汽化了的气体不断向外膨胀，压力高处的熔融金属液体和蒸气就被排挤、抛出而进入工作液中。由于表面张力和内聚力的作用，使抛出的材料具有最小的表面积，冷凝时凝聚成细小的圆球颗粒，其直径视脉冲能量而异，一般约为 $0.1 \sim 500\mu m$，如图5-6所示。电极材料的一部分被抛到

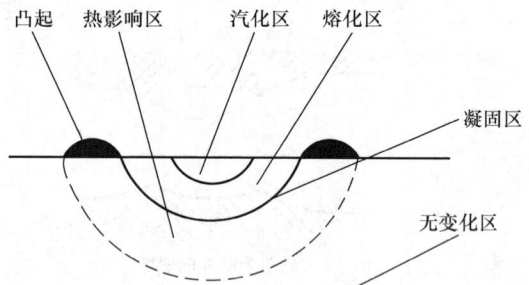

图5-6　放电表面剖面示意图

液体介质中，而另一部分又重新冷却凝固在电极表面，并且在四周形成凸起的翻边。处于热影响区的电极材料，虽然受到的热量不足以熔化，但经历了温度升高又被冷却的过程，就会使分子的组织结构发生变化，类似热处理过程。

（5）极间介质的消电离　使放电区的带电粒子重新结合成为中性粒子的过程，称为消电离。在一次脉冲放电结束后应有一段时间间隔，使间隙介质消电离，从而恢复介质的绝缘

状态。在数控机床加工过程中产生的电蚀产物（如金属微粒、碳粒子、气泡等），如果没有被及时排除、扩散，就会改变两极间介质的成分，并降低绝缘强度。脉冲火花放电时产生的热量不及时传出，也会使消电离过程不充分，这样就会使脉冲火花放电变为有害的电弧放电，从而烧伤工件。脉冲间隔时间的大小取决于脉冲能量、脉冲爆炸力、放电间隙和加工面积。

3. 电火花加工特点

1）脉冲放电的能量密度高，便于加工用普通的机械加工方法难于加工或无法加工的特殊材料和复杂形状的工件，不受材料硬度影响，不受热处理状况影响。

2）脉冲放电持续时间极短，放电时产生的热量传导扩散范围小，材料受热影响范围小。

3）加工时，工具电极与工件材料不接触，两者之间宏观作用力极小。工具电极材料不需比工件材料硬，因此，工具电极制造容易。

4）可以改革工件结构，简化加工工艺，提高工件使用寿命，降低工人劳动强度。

基于上述特点，电火花加工的主要用途有以下几项。

1）制造冲模、塑料模、锻模和压铸模。

2）加工小孔、异形孔以及在硬质合金上加工螺纹孔。

3）在金属板材上切割出零件。

4）加工窄缝。

5）磨削平面和圆面。

6）其他（如强化金属表面，取出折断的工具，在淬火件上穿孔，直接加工型面复杂的零件等）。

知识点二　电火花加工机床的结构与分类

电火花加工机床狭义上指能完成穿孔和成形加工的机床。而广义地讲，电火花加工机床应包括电火花穿孔机、成形加工机床、电火花线切割加工机床和电火花磨削机床等。

1. 电火花成形机床的结构

电火花成形机床主要由主机、脉冲电源、自动进给调节系统和工作液循环过滤系统几部分组成，如图5-7所示。

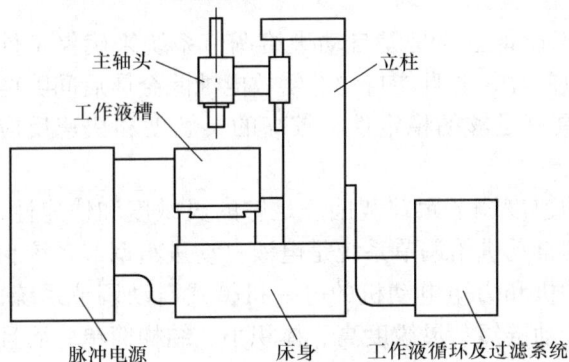

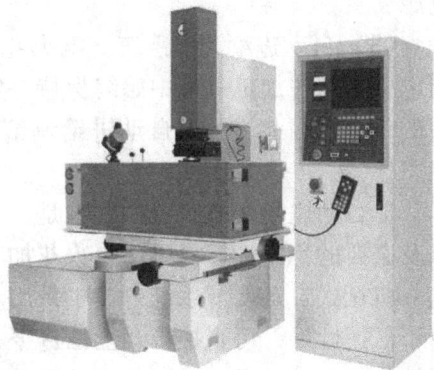

图5-7　电火花成形机床

（1）主机　主机包括主轴头、床身、立柱、工作台、工作液槽等。主轴头由进给系统、导向机构、电极夹具及相应调节环节组成，它是电火花成形机床中关键的部件。

床身和立柱属于基础部件，应具有足够的刚度，床身工作面与立柱导轨面之间应有一定的垂直度要求，还应保证机床工作精度持久不变。

工作台一般都可做纵向和横向移动进给，并带有坐标测量装置。目前常用的定位方法有靠手轮来调节零件的位置，也有采用光学读数装置和磁尺数显装置来调节零件的位置。

（2）脉冲电源　脉冲电源也称为电脉冲发生器，其作用是输出具有足够能量的单向脉冲电流，即产生火花放电来蚀除金属。其性能直接影响加工速度、表面质量、加工稳定性，以及工具电极损耗等各项经济技术指标。因此要求脉冲电源参数（如电流幅值、脉宽、脉冲间歇等）能在规定范围内可调，以满足粗、中、精、精微加工的需要，同时要求加工过程中稳定性要好、抗干扰能力强、操作方便。

常用的脉冲电源有张弛式、闸流管式、电子管式、晶闸管式和晶体管式，目前以晶体管式脉冲电源使用最为广泛。

1）张弛式脉冲电源。它结构简单、工作可靠、成本低、操作和维护方便，在小功率时可获得很窄的脉冲宽度，加工精度高，可用作光整加工和微细加工，但其生产率和电源利用率低，工艺参数不稳定且工具消耗大。

2）闸流管式和电子管式脉冲电源。它们属于独立式脉冲电源，以末级功率级起开关作用的电子元件而命名。闸流管和电子管均为高阻抗开关元件，因此主回路中常为高压小电流，必须采用脉冲变压器变换为大电流的低压脉冲，才能用于电火花加工。

闸流管式和电子管式脉冲电源由于受末级功率管以及脉冲变压器的限制，脉冲宽度比较窄，脉冲电流也不大，且能耗也大，因此主要用于冲模类穿孔加工等精加工场合，不适用于型腔加工。

3）晶闸管式、晶体管式脉冲电源。晶闸管式、晶体管式脉冲电源是利用晶闸管作为开关元件而获得单向脉冲的。由于晶闸管的功率较大，脉冲电源所采用的功率管数目可大大减少，因此200A以上的大功率粗加工脉冲电源一般采用晶闸管。

晶体管式脉冲电源的输出功率及其最高生产率不易做到晶闸管式脉冲电源那样大，但它具有脉冲频率高、脉冲参数容易调节、脉冲波形较好、易于实现多回路加工和自适应控制等自动化要求的优点，所以应用非常广泛，特别在中、小型脉冲电源中，都采用晶体管式脉冲电源。

（3）自动进给调节系统　电火花成形加工设备主要是靠自动进给调节系统来确保工件与电极之间在加工过程中始终保持一定的放电间隙，并且能自动补偿放电蚀除金属后间隙增大的部分。因此，要求自动进给调节系统，具有足够的稳定性、较高的灵敏度和快速反应能力。

对自动进给调节装置的要求是：有较广的速度调节跟踪范围、足够的灵敏度和快速性，以及必要的稳定性等。目前电火花加工常用的自动进给调节系统是电液自动进给调节系统和电－机械式自动调节系统。其中采用步进电动机和力矩电动机的电－机械式自动调节系统，由于低速性好，可直接带动丝杠进退，因而传动链短、灵敏度高、体积小、结构简单，而且惯性小，有利于实现加工过程的自动控制和数字程序控制，因而在中、小型电火花机床中应用非常广。

如图 5-8 所示是步进电动机自动进给调节系统原理框图。其工作原理是：测量环节对放电间隙进行检测后，输出一个反映间隙状态的电压信号；变频电路则将该信号加以放大，并转换成不同频率的脉冲，为环形分配器提供进给触发脉冲；同时，多谐振荡器发出恒频率的回退触发脉冲；根据放电间隙的物理状态，两种触发脉冲由判别电路选其中一种送至环形分配器，决定进给或是回退。

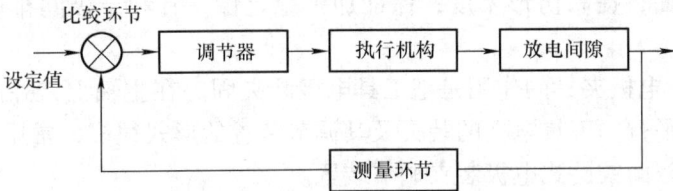

图 5-8　步进电动机自动调节系统原理框图

（4）工作液循环过滤系统　工作液循环过滤系统由储液箱、过滤器、泵和控制阀等部件组成。工作液循环的方式很多，主要有以下几种。

1）非强迫循环。工作液仅做简单循环，用清洁的工作液换脏的工作液。电蚀产物不能被强迫排出，仅可应用在粗、中规准加工时。

2）强迫冲油。将清洁的工作液强迫冲入放电间隙，工作液连同电蚀产物一起从电极侧面间隙中被排出，称为强迫冲油。这种方法排屑力强，但电蚀产物通过已加工区，排出时形成二次放电，容易形成大的间隙和斜度。此外，强力冲油对主轴头的自动调节系统会产生干扰，过强的冲油会造成加工不稳定。如果工作液中带有气泡，进入加工区域将会发生爆裂而引起"放炮"现象，并伴随有强烈振动，严重影响加工质量。

3）强迫抽油。将工作液连同电蚀产物经过放电间隙和工件待加工面强迫吸出，称为强迫抽油。这种排屑方式可以避免电蚀产物的二次放电，故加工精度高，但排屑力较小，不能用于粗规准加工。强迫抽油工作液循环过滤系统如图 5-9 所示，工作过程主要为冲油、抽油和补油 3 个过程。

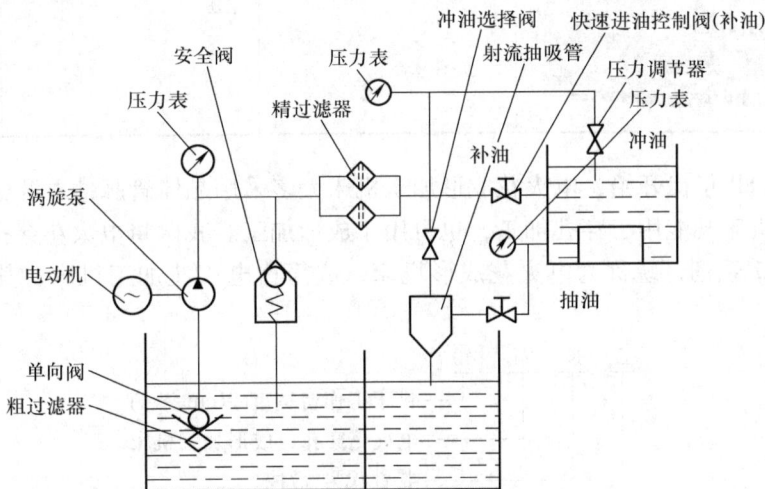

图 5-9　工作液循环过滤系统

过滤工作液的具体方法有自然沉淀法、静电过滤法、离心过滤法和介质过滤法等。其中介质过滤法较为常用，一般采用黄沙、木屑、过滤纸、活性炭等作过滤介质，效果好、速度快，但结构复杂。

（5）机床附件。

1）平动头。平动头是电火花成形加工中较常用的附件，主要应用于型腔模在半精加工和精加工时精修侧面，提高仿形精度，保证加工稳定性，有利于极间排屑，防止短路和烧弧等。

2）电极夹具。电极夹具的作用是把工具电极装夹固定在主轴上，并能调节电极的轴线与主轴轴线重合或平行。工具电极的装夹及其调节装置的形式很多，常用的有十字铰链式电极装夹调节装置和球面铰链式电极装夹调节装置。

电火花成形加工机床按其用途有两大类，见表5-1。

表 5-1　电火花成形加工机床的类别、用途与系列

类别	图示	用途	脉冲电源	命名代号	系列
电火花穿孔加工机床		主要用于穿孔加工	采用 RC、RLC 和电子管、闸流管脉冲电源	D61	D6125 型、D6140 型
电火花成形机床		主要用于成形加工	采用长脉冲发电机电源	D55	D5540 型、D5570 型

从 20 世纪 80 年代开始，电火花成形加工机床大多采用晶体管脉冲电源，这样就使同一台电火花加工机床既能用于穿孔加工，也可用于成形加工。我国将电火花穿孔机、成形加工机床定名为 D71 系列，统称为电火花成形机床，或简称电火花加工机床，其型号表示意义如下：

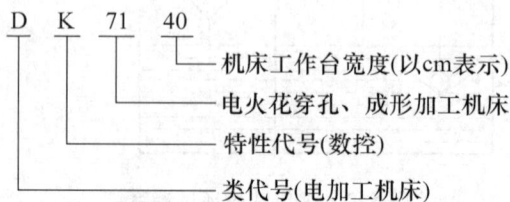

```
D  K  71  40
            └── 机床工作台宽度(以cm表示)
        └────── 电火花穿孔、成形加工机床
    └────────── 特性代号(数控)
 └───────────── 类代号(电加工机床)
```

我国电火花成形加工机床的参数标准见表5-2。

表5-2　我国电火花成形加工机床的参数标准

工作台	台面	宽度 B	/mm	200	250	320	400	500	630	800	1000
		长度 A		320	400	500	630	800	1000	1250	1600
	行程	纵向 x		160		250		400		630	
		横向 y		200		320		500		800	
	最大承载质量/kg			50	100	200	400	800	1500	3000	6000
	T形槽	槽数	/mm	3			5			7	
		槽宽		10			12		14		18
		槽间距			63			80	100		125
	主轴连接板至工作台最大距离 H			300	400	500	600	700	800	900	1000
主轴头	伺服行程 Z			80	100	125	150	180	200	250	300
	滑座行程 W			150	200	250	300	350	400	450	500
工具电极	最大质量 /kg	I 型		20		50		100		250	
		II 型		25		100		200		500	
工作液槽内壁	长度 d		/mm	400	500	630	800	1000	1250	1600	2000
	宽度 c			300	400	500	630	800	1000	1250	1600
	高度 h			200	250	320	400	500	630	800	1000

2. 电火花线切割机床

电火花线切割机床的加工示意图如图5-10所示。脉冲电源的正极接在工件上，负极接在电极丝上。工件固定在绝缘底板上，可以随工作台相对电极丝按一定的轨迹运动，即进给运动；电极丝缠绕地储丝筒上，通过导轮的作用，可以随储丝筒相对工件做直线往复运动，即走丝运动。冷却液箱的作用是在加工过程中提供循环的工作液，带走电蚀产物并冷却电极。

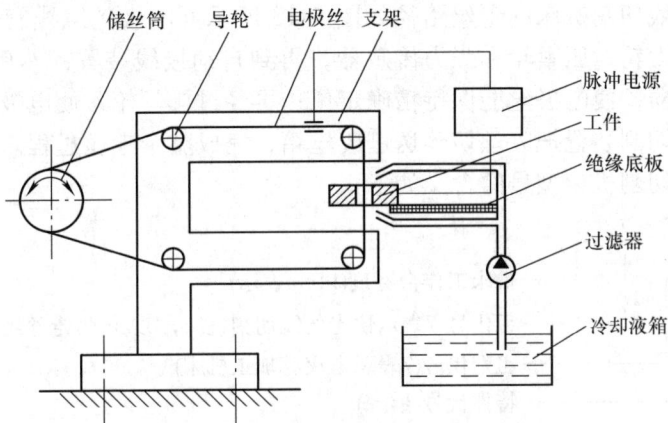

图5-10　电火花线切割机床的加工示意图

电火花线切割机床按控制方式可分为靠模仿形控制、光电跟踪控制、数字程序控制、微计算机控制等；按走丝速度可分为低速走丝方式（俗称慢走丝）和高速走丝方式（俗称快走丝）。

（1）快走丝电火花线切割机床的结构与特点 快走丝线切割机床一般采用 0.08 ~ 0.2mm 的钼丝作为工具电极，而且是双向往返运行，电极丝可多次使用，直至断丝为止。常用的快走丝电火花线切割机床结构如图 5-11 所示。

快走丝电火花线切割机床结构简单，价格便宜，加工生产率较高。目前快走丝电火花线切割机床能达到的加工精度为 ±0.01mm，切割速度可达 50mm²/min，切割厚度与机床的结构参数有关，最大可达 500mm，可满足一般模具的加工要求。

（2）慢走丝电火花线切割机床的结构与特点 慢走丝电火花线切割机床的外形如图 5-12所示。它采用直径为 0.03 ~ 0.35mm 的铜丝作为电极，电极丝只是单向通过间隙，不重复使用，可避免电极损耗对加工精度的影响。慢走丝电火花线切割机床能自动穿电极丝和自动卸除加工废料，自动化程度高，能实现无人操作加工，加工精度可达 ±0.001mm。

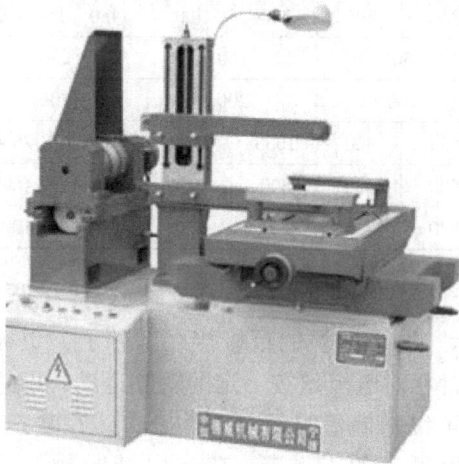

图 5-11 快走丝电火花线切割机床

图 5-12 慢走丝电火花线切割机床

慢走丝电火花线切割机床的走丝路径如图 5-13 所示。电极丝绕线管插入绕线轴，电极丝经长导丝轮到张力轮、压紧轮和张力传感器，再到自动接线装置，然后进入上部导丝器、加工区和下部导丝器，使电极丝能保持精确定位；再经过排丝轮，使电极丝以恒定张力、恒定速度运行，废丝切割装置把废丝切碎送进废丝箱，完成整个走丝过程。

数控电火花线切割机床型号的含义如下：

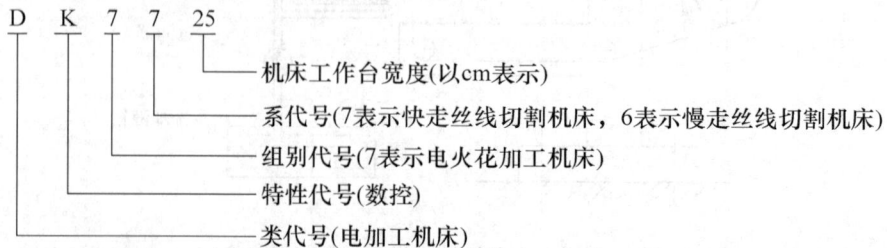

```
D K 7 7 25
          └── 机床工作台宽度(以cm表示)
        └──── 系代号(7表示快走丝线切割机床，6表示慢走丝线切割机床)
      └────── 组别代号(7表示电火花加工机床)
    └──────── 特性代号(数控)
  └────────── 类代号(电加工机床)
```

数控电火花线切割机床的主要技术参数包括工作台行程（纵向行程和横向行程）、最大切割厚度、加工表面粗糙度、加工精度、切割速度以及数控系统的控制功能等。电火花线切割机床参数见表5-3，其主要型号与技术参数见表5-4。

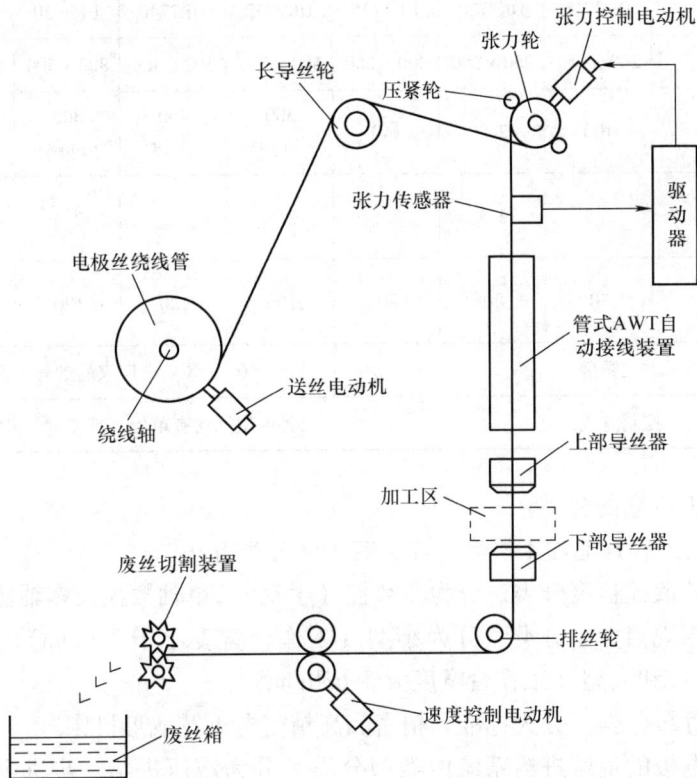

图 5-13　慢走丝电火花线切割机床的走丝路径

表 5-3　电火花线切割机床参数

	横向行程/mm	100		125		160		200		250		320		400		500		630	
工作台	纵向行程/mm	125	160	160	200	200	250	250	320	320	400	400	500	500	630	630	800	800	1000
	最大承载质量/kg	10	15	20	25	40	50	60	80	120	160	200	250	320	500	500	630	960	1200
工件尺寸	最大宽度/mm	125		160		200		250		320		400		500		630		800	
	最大长度/mm	200	250	250	320	320	400	400	500	500	630	630	800	800	1000	1000	1250	1250	1600
	最大切割厚度/mm	40、60、80、100、120、180、200、250、300、350、400、450、500、550、600																	
最大切割锥度		0°、3°、6°、9°、12°、15°、18°（18°以上，每档间隔6°）																	

表 5-4   DK77 系列数控电火花线切割机床的主要型号与技术参数

机床型号	DK7716	DK7720	DK7725	DK7732	DK7740	DK7750	DK7763	DK77120
工作台行程/mm	200 × 160	250 × 200	300 × 250	500 × 320	500 × 400	800 × 500	800 × 630	2000 × 1200
最大切割厚度/mm	100	200	140	300 (可调)	400 (可调)	300 (可调)	150 (可调)	500 (可调)
加工表面粗糙度值 Ra/μm	2.5	2.5	2.5	2.5	2.5	2.5	2.5	2.5
切割速度/ (mm²/min)	70	80	80	100	120	120	120	120
加工锥度				3°~60°（各生产厂家的型号不同）				
控制方式				各种型号均有单板（或单片）机或微机控制				

3. 电火花加工机床的分类

电火花加工机床和其他加工机床一样，有很多分类方法。

（1）按机床的数控程度分类   分为非数控（手动）、单轴数控及多轴数控等。

（2）按照机床规格大小分类   分为小型（工作台宽度小于 250mm）、中型（工作台宽度为 250~630mm）和大型（工作台宽度大于 630mm）。

（3）按精度等级分类   分为标准、精密和高精密电火花成形机床。

（4）按工具电极的伺服进给系统的类型分类   分为液压进给、步进电动机进给、直流或交流伺服电动机进给驱动等。

（5）按应用范围分类   分为通用机床、专用机床等。

（6）按机床结构分类   分为龙门式、滑枕式、悬臂式、框形立柱式和台式电火花成形机床，其中立柱式应用最为广泛。

随着机床工业的发展，模具行业对电火花加工机床的需求不断增加，电火花加工机床将朝着高精度、高稳定性和高自动化程度等方向发展。

知识点三   电火花加工工艺规律

1. 影响材料放电腐蚀量的主要因素

在电火花加工过程中，是通过工具和工件电极间的火花放电，产生电腐蚀现象来对工件进行加工的。在工件电极受到电腐蚀作用的同时，工具电极也同样要被腐蚀。由此需通过研究影响材料放电腐蚀量的主要因素，来提高工件电极的蚀除量，以提高电火花加工的生产率，降低工具电极的蚀除量，提高加工精度、降低成本。通过研究发现，影响材料放电腐蚀量的主要因素有：电参数的选择、极性效应和电极材料等。

（1）电参数对电蚀量的影响   电火花加工过程中的电参数主要指：脉冲电流峰值、脉冲宽度、脉冲间隔和火花维持电压等，见表 5-5。

表 5-5　电参数

电参数	符号	单位	含义说明	计算公式
脉冲宽度	t_i	μs	简称脉宽，它是加到工具和工件上放电间隙两端的电压脉冲的持续时间（为了防止电弧烧伤，电火花加工只能用断续的脉冲电压波）	$T = t_i + t_o$
脉冲间隔	t_o		简称脉间或间隔，也称脉冲停歇时间	
脉冲周期	T		是一个电压脉冲开始到下一个电压脉冲开始之间的时间	
脉冲频率	f_p	Hz	是指单位时间内发出的电流脉冲个数，它与脉冲周期互为倒数	$f_p = 1/T$
峰值电流	i_e	A	是间隙火花放电时脉冲电流的最大值。火花维持电压是指每次击穿后，在两极间维持火花放电的电压。它是与电极材料及工作液种类有关的参数。在电火花加工过程中，单个脉冲的蚀除量与单个脉冲能量 W_m 成正比，而单个脉冲能量与脉冲电流峰值成正比，与脉冲电流宽度 t_i 成正比	$W_m = 25 i_e t_i$

由此可以推出，要想提高电蚀量从而提高生产率，就应该提高脉冲频率 f_p；增加单个脉冲能量 W_m；而增大脉冲能量要通过增加单个脉冲电流峰值 i_e 和脉冲宽度 t_i 来实现。但是值得注意的是：电参数与电参数之间、电参数与其他工艺指标之间都是互相影响、互相制约的。

（2）极性效应对电蚀量的影响　在电火花加工过程中，无论是工件还是工具，都会被火花放电所腐蚀。即使采用相同材料制造的阳极和阴极，在火花放电时，两极的腐蚀量也不相同。这种由于极性不同而造成正、负极之间电蚀量不同的现象称为极性效应。

导致极性效应产生的因素有很多，其中最重要的原因是：在火花放电过程中，电极材料被腐蚀是由于高速运动的电子撞击正极表面，而正离子撞击负极表面，从而将动能转化为热能，使金属熔化甚至汽化而产生的。但是，由于电子的质量和惯性小，在电压的作用下，很容易获得很高的加速度和速度；在整个放电阶段就有大量的电子撞击正极表面，从而产生大量热量使正极表面的金属熔化、汽化得较多，即蚀除量较大。而由于正离子的质量和惯性较大，在电压的作用下，产生的速度和加速度就很小，在短脉冲加工时（即放电持续时间较短），大量的正离子来不及到达负极表面就停止运动了，只有一小部分正离子撞击负极表面，使负极表面产生的热量较小，蚀除量也较小。所以此时应该将工件接在正极，提高生产率，而将工具接在负极，降低工具的损耗。这种把工件接脉冲电源的正极，而把工具电极接负极的加工方法，称为"正极性"效应。而当采用长脉冲加工时（即放电持续时间较长），正离子就有足够的时间加速，放电时间越长，撞击负极的正离子就越多；而质量较大的正离子对电极表面的破坏作用强，并且正离子在负极表面会与电子结合释放出一定的化学能，这样就使阴极的蚀除速度高过了正极，此时就应该把工件接在负极，把工具接在正极。这种加工方法，叫"负极性"效应。

生产实践和研究结果表明，正的电极表面能吸附分解游离出来的碳微粒，形成一层保护膜，从而抑制了电极的损耗。这种阳极表面吸附碳微粒的现象，在某些条件下也会影响极性效应。因此，充分地利用极性效应，正确地选用极性，最大限度地降低工具电极的损耗，合理选用工具电极的材料，并且根据电极对材料的物理性能和加工要求选用最佳的电参数，达到尽可能地提高生产率和减少工具损耗的目的。

（3）加工过程的稳定性对电蚀量的影响　加工过程的稳定性对电蚀量也有一定影响。加工过程不稳定将干扰以致破坏正常的火花放电，使有效脉冲利用率降低。当加工深度较大、面积较大或者加工复杂形状时，火花放电产生的电蚀产物较多，而且难以排除，从而降低加工速度，严重时将造成结碳拉弧，使加工难以进行，降低了电蚀量。解决办法通常是采用强迫冲油和工具电极定时抬刀等措施。另外，如果工作液是以水溶液为基础的，还会产生电化学阳极溶解和阴极电镀沉积现象，影响电极的蚀除量。

2. 影响加工速度的主要因素

加工速度是指单位时间（min）内从工件上蚀除加工下来的金属体积（mm³），用 v_m 表示，单位是 mm³/min；有时也定义成单位时间内从工件上蚀除加工下来的金属质量（g），用 v_g 表示。用公式表示如下：

$$v_m = V/t$$
$$v_g = m/t$$

式中：V——被蚀除下来的金属的体积（mm³）；

　　　t——电火花加工的时间（min）；

　　　m——被蚀除下来的金属的质量（g）。

因此有：

$$v_m = v_g/\rho$$

式中：ρ——工件材料的密度（g/mm³）。

在电火花加工过程中，提高加工速度也就是提高单位时间内工件电极的电蚀量。其途径在于：提高脉冲频率；增加单个脉冲能量，也就是增加单个脉冲电流峰值和脉冲宽度。但是采用如上的方法，虽然将加工速度（也就是工件电极的蚀除速度）提高了，同时也将增加工具电极的损耗。

3. 影响电火花加工精度的主要因素

在电火花加工过程中，工件的加工精度除了受到机床精度、工具电极的制造精度以及工件和工具的装夹精度等的影响外，还要受到"二次放电"、电极损耗和放电间隙的影响。

（1）"二次放电"对加工精度的影响　"二次放电"指在电火花加工过程中，由于工具侧面的电蚀产物没有及时排除，使工具电极的侧面与已加工好的表面之间发生的放电现象，如图5-14所示。

由图5-14可以看出，二次放电将造成工件入口处的尺寸大于工件底部的尺寸，产生了加工斜度（一般电火花加工都或多或少具有加工斜度），使加工表面产生形状误差，降低加工精度。而二次放电现象在电火花加工过程中是不可避免的。

加工斜度的大小主要与加工深度、单个脉冲能量和工作液循环过滤程度等有关系。加工深度越深，加工侧面的电蚀产物越不易排除，电蚀产物与侧面的接触时间越长，产生的二次放电次数也就越多，加工斜度越大；单个脉冲的能量越大，在单位时间内产生的电蚀产物越多，那么产生二次放电的概率越大，加工斜度越大；工作液过滤效果和循环流动性好将有利于减少工具电极侧面与工件之间的电蚀产物数量，降低二次放电现象产生的概率，提高加工精度。显然，二次放电的次数与电蚀产物的排除条件有直接关系，因此，应从工艺上采取措施及时排除电蚀产物，减小加工斜度。目前电火花加工时，精加工斜度可以控制在 10′以下。

（2）放电间隙对加工精度的影响 在电火花加工过程中，工具电极与工件电极之间存在一定的放电间隙，使加工出的工件型孔（或型腔）的尺寸与工具电极尺寸相比，在沿加工轮廓上要相差一个放电间隙（单边间隙），如图 5-15 所示。

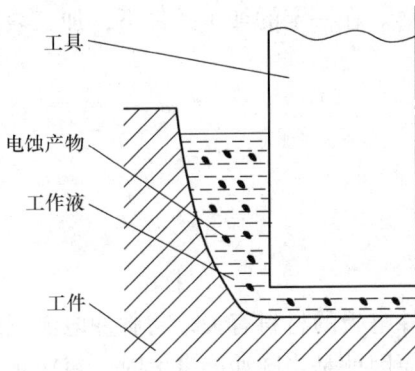

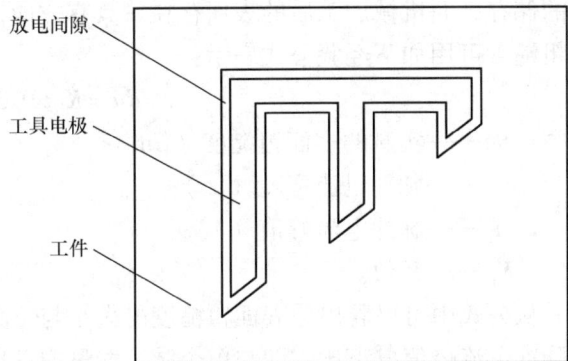

图 5-14 二次放电　　　　　图 5-15 电火花加工示意图

生产中是根据放电间隙的大小来确定工具电极尺寸的，可见放电间隙的大小及其一致性对加工精度是有很大影响的。如果不考虑二次放电现象和机床进给误差的影响，放电间隙可用下面的经验公式表示：

$$S = 0.3K_s t_i 0.3 i_e$$

式中：S——放电间隙，μm；

t_i——脉冲电流宽度，μs；

i_e——脉冲电流峰值，A；

K_s——系数。

在加工过程中，如果能保证放电间隙保持初始值不变，那么加工精度自然会很高。从公式中可以看出，要保证 S 不变，就必须保证脉冲电流宽度和脉冲电流峰值不变。所以降低放电间隙对加工精度影响的方法是：保证脉冲电源的电参数在加工过程中保持稳定，同时还要注意减少电蚀产物在间隙中的滞留而引起的二次放电现象，降低自动进给装置的误差以及机床精度和刚度保持稳定等。

（3）电极损耗对加工精度的影响 电极损耗也是影响加工精度的一个重要因素，因为在电火花加工过程中，工具电极也会受到电腐蚀作用而损耗，从而影响工件的尺寸精度和形状精度。

在电火花穿孔加工时，电极可以贯穿型孔而补偿电极的损耗，而型腔加工时则无法采用这一方法，只能通过减少电极的损耗和通过机床的进给装置进行调节。当脉冲放电能量相同时，电极材料的熔点、沸点和比热容越高，电极的耐腐蚀性能越高，加工中电极损耗越小；电极材料的导热系数越大，在相同的放电时间内能较多地把瞬时产生的热量从放电区传导出去，使热损耗相对增大，同样可以减小电极的损耗。另外，电极损耗还要受到加工极性、加工面积和脉冲电源的电参数等因素的综合影响，因此电火花加工中的电极损耗是很难确定的一个参数，也是束缚电火花加工精度的主要因素。

4. 影响电火花加工表面质量的主要因素

电火花加工的表面质量主要指的是表面粗糙度和表面变化层。

（1）表面粗糙度　电火花加工表面的润滑性能和耐磨损性能比机械加工的表面要好，主要是因为电火花加工过的表面是由无数个无方向性的小坑和凸边构成，这样就有利于润滑油的储存，而机械加工后的表面存在着具有方向性的刀痕。在一定的加工条件下，加工表面的粗糙度可用如下经验公式表示：

$$Ra = K_R t_i 0.3 i_e 0.4$$

式中：Ra——实测的表面粗糙度（μm）；

　　　t_i——脉冲电流宽度（μs）；

　　　i_e——脉冲电流峰值（A）；

　　　K_R——系数。

从公式中可以看出，表面粗糙度的大小与工具和工件电极的材料有关，与脉冲电流宽度和脉冲电流峰值成正比，即与单个脉冲能量成正比。其原因就是当脉冲能量大时，每次脉冲放电的电蚀量也大，放电产生的凹坑大而深，从而使表面粗糙度值大。

工具电极的表面粗糙度和加工面积对电火花加工的表面粗糙度也有一定的影响。工具电极的表面粗糙度值高，加工出来的工件电极的表面粗糙度值也很难降低。另外，当加工面积越大时，可达到的表面粗糙度越差。

（2）表面变化层　电火花加工后的表面，一方面由于电子、正离子的撞击，产生很高的热量，又受到工作液的作用而降温，相当于经过了热处理的过程；另一方面工作介质和石墨电极的碳元素渗入到工件表层，使它的化学、物理和力学性能均发生了变化。

1）熔化凝固层。火花放电产生的瞬时高温高压，使电极表面的大部分材料熔化或汽化后被抛出，但仍有一小部分受到工作液快速冷却而凝固又滞留在表面上，这部分材料就是熔化凝固层。熔化凝固层的厚度随脉冲能量的增大而变厚，但一般不超过 0.1mm。单个脉冲能量一定时，脉宽越宽，熔化凝固层越厚。

2）热影响层。热影响层是在熔化凝固层以下，在受到表面传导过来的高温时，没有熔化或汽化，但是由于经历了升温和降温的过程，使材料的金相组织发生了变化。热影响层的厚度与脉冲宽度有关，脉冲宽度越宽，向内传的热量就越多，热影响层就越厚。

3）显微裂纹。显微裂纹是由于电火花加工表面受到瞬时高温、并迅速冷却作用所产生拉应力而造成的表面细小裂纹。显微裂纹的出现与脉冲能量的大小、工件材料和工件预先的热处理状态有直接关系。脉冲能量越大，显微裂纹越宽、越深。

5. 电火花加工工艺参数的选择

电火花加工的各个参数都是互相影响和互相制约的，在实际生产过程中，要根据产品的实际要求合理选择电火花加工工艺参数。一般电火花加工过程都分为粗加工、半精加工和精加工 3 个加工过程。加工过程不同，选择的工艺参数也不相同，见表5-6。

表 5-6 工艺参数的选择原则

加工过程	选 择 原 则
粗加工时	① 根据面积效应和电极选择 ② 根据电极单边缩放量选择
半精加工时	半精加工与粗加工之间没有明显的界限，应根据加工对象确定。选择的方法通常是以峰值电流或表面粗糙度值逐级减半为原则，即后一档表面粗糙度值为前一档表面粗糙度值的一半
精加工时	以满足图样要求的表面粗糙度为最终精加工工艺参数选择的条件

知识点四 编制数控电火花成形加工的 G 代码程序

1. 绝对值编程 G90 与相对值编程 G91

（1）格式 指令格式为：

G90

G91

（2）说明 G90 为绝对值编程，每个轴上的编程值是相对于程序原点的；G91 为相对值编程，每个轴上的编程值是相对于前一位置而言的，该值等于沿轴移动的距离；G90、G91 为模态功能，G90 为默认值。

图 5-16 所示给出了刀具由原点按箭头方向移动时两种不同指令的区别。

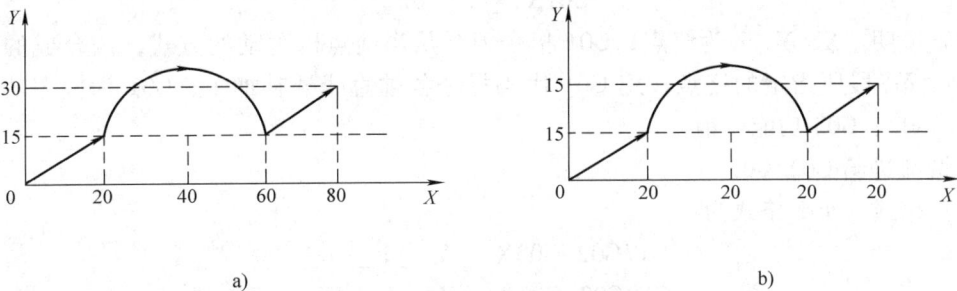

a) b)

图 5-16 两种不同指令的区别

绝对值编程为：

...

G90G92X0Y0

G01X20Y15

G02X60Y15I20J0

G01X80Y30

...

相对值（增量）编程为：

...

G91G92X0Y0

G01X20Y15

G02X40Y0I20J0

G01X20Y15

...

2. 设置当前点的坐标值 G92

（1）格式 指令格式为：

G92X ___ Y ___

（2）说明 G92 代码把当前点的坐标设置成所需要的值；在补偿方式下，如果遇到 G92

代码，会暂时中断半径补偿功能，即每执行一次 G92，相当于撤销一次补偿，执行下一段程序时，再建立一次补偿；每个程序中一定要有 G92 代码，否则可能会发生不可预测的错误。

3. 坐标平面选择 G17、G18、G19

（1）格式　指令格式为：

$$G17$$
$$G18$$
$$G19$$

（2）说明　该指令选择一个平面，在此平面中进行圆弧插补和刀具半径补偿。G17 选择 XY 平面，G18 选择 ZX 平面，G19 选择 YZ 平面；移动指令与平面选择无关；G17、G18、G19 为模态指令功能，可相互注销，G17 为默认值。

4. 快速定位 G00

（1）格式　指令格式为：

$$G00X\ \_\_\ Y\ \_\_\ Z\ \_\_$$

（2）说明　X、Y、Z 为快速定位终点；G00 指令刀具相对于工件从当前位置以各轴预先设定的快速进给速度移动到程序段所指定的下一个定位点；G00 一般用于加工前的快速定位或加工后的快速退刀；G00 为模态功能，可由 G01、G02、G03 功能注销。

5. 直线进给 G01

（1）格式　指令格式为：

$$G01X\ \_\_\ Y\ \_\_\ Z\ \_\_$$

（2）说明　X、Y、Z 为终点；G01 指令刀具从当前点以联动的方式，按合成的直线轨迹移动到程序段所指定的终点；用 G01 代码指令各轴直线插补加工；G01 为模态功能，可由 G00、G02、G03 功能注销。

6. 圆弧进给 G02/G03

（1）格式　指令格式为：

$$G17G02/G03X\ \_\_\ Y\ \_\_\ I\ \_\_\ J\ \_\_$$
$$G18G02/G03X\ \_\_\ Z\ \_\_\ I\ \_\_\ K\ \_\_$$
$$G19G02/G03Y\ \_\_\ Z\ \_\_\ J\ \_\_\ K\ \_\_$$

（2）说明　I、J、K 分别表示 X、Y、Z 轴圆心的坐标减去圆弧起点的坐标，如图 5-17 所示。某项为零时可省略，但不能都省略。

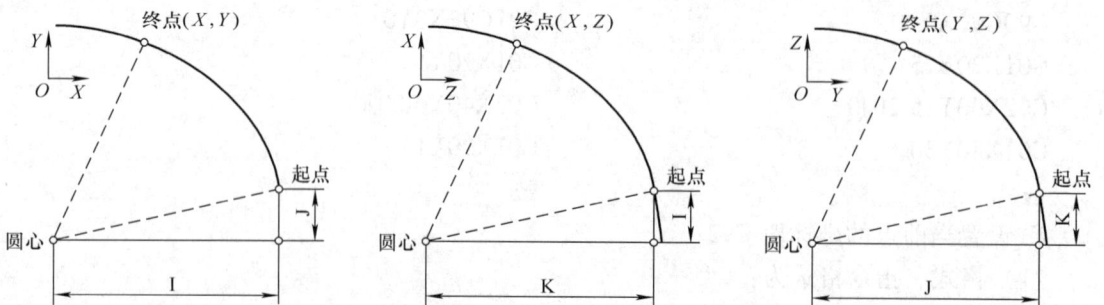

图 5-17　I、J、K 的坐标值

（3）G02/G03 的判别　G02 为顺时针方向圆弧插补，G03 为逆时针方向圆弧插补。顺时针或逆时针是从垂直于圆弧加工平面的第三轴，并向该轴负方向看到的回转方向，如图 5-18 所示。

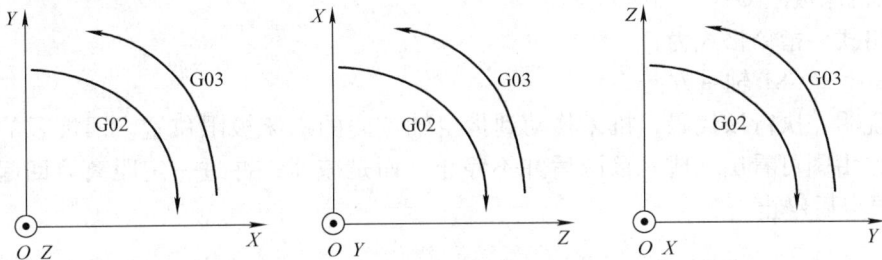

图 5-18　G02/G03 的判别

加工如图 5-19 所示的圆弧，试编写出加工程序。

编程为：

…

G92X10Y20

G90G02X50Y60I40

G03X80Y30I30

…

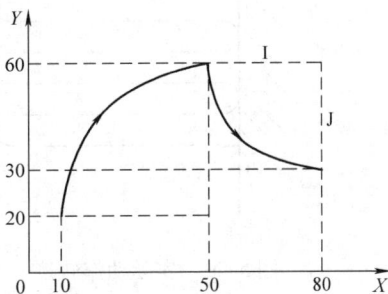

图 5-19　G02/G03 编程

7. 指定抬刀方式 G30/G31

G30 为抬刀的轴向。其抬刀的方式按用户指定的轴向进行，G30 后接抬刀的轴向；G31 指定抬刀方式为按加工路径的反方向进行。

8. H 指令

（1）格式　指令格式为：

$$H\times\times\times$$

（2）说明　H 指令实际上是一种变量，通过 H+2 位十进制的阿拉伯数字来指定代号；代号从 0～99 共 100 种，保存数值的范围为 ±99999.999mm；用户通过机床的控制台来给 H 指令代码赋值，也可通过 H×××=_____格式为某个补偿号赋一个定值；H 可进行各种运算。

9. 接触感知 G80

（1）格式　指令格式为：

$$G80 \text{ 轴} + \text{方向回退长度}$$

（2）说明　执行该代码可以命令指定轴沿给定方向前进，直到和工件接触为止；电极以一这速度（感知速度，接触感知的最大速度为 255，数字越大，速度越慢）接近工件时，感知后并不立即停在此处，而是回退一个距离（回退长度，单位为 μm），再向工件接触感知，再回退，如是多次（接触感知次数，最大为 127 次，一般设为 4 次）后，方停在感知处，确认为已找到了接触感知点。其中 3 个参数可在参数模式的机床子方式上进行设定；在方向选择中，正方向用"＋"，负方向用"－"，且"＋"不能省略。

如 G80X __; 即工件电极将向 X 轴负方向前进, 直到接触工件, 然后停止。当电极接触到工件时, 接触动作重复执行预先给定的次数, 每次接触工件后会回退一小段距离, 再去接触, 直到重复给定次数后才停止下来, 实际动作如图 5-20 所示。

10. 回机床极限 G81

（1）格式　指令格式为:

　　　　G81 轴 + 方向

（2）说明　执行该代码, 机床移动到指定轴方向的机床极限位置。回极限的进程如图 5-21 所示, 由图可看出, 碰到极限后并不停止, 而是减速, 冲过一定距离返回起始点, 再次到达极限点后停止。

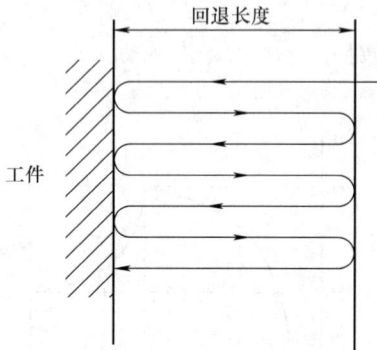

图 5-20　实际动作轨迹

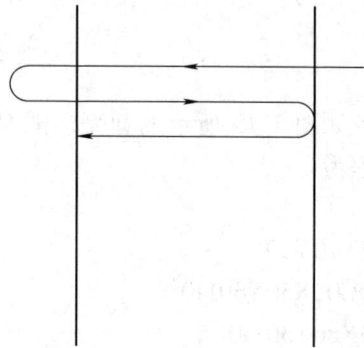

图 5-21　回极限进程图

11. 回到当前位置与零点的一半处 G82

（1）格式　指令格式为:

　　　　G82 + 轴

（2）说明　执行该代码, 电极移动到指定轴当前位置与开始位置的一半处。如图 5-22 所示, 编程为:

…

G922G54X0Y0

G00X100Y100

G82X

…

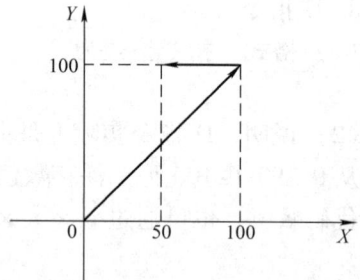

图 5-22　G82 运行轨迹

12. 定时加工 G86

（1）格式　指令格式为:

　　　　G86X × ×　　× ×　　× ×

（2）说明　前两个参数表示小时数, 中间两个参数表示分钟数, 后两个参数表示秒数。地址可为 X 或 T, 当为 "X" 时, 加工到指定的时间后, 本段加工自动结束, 不管深度是否到达设定值; 当地址为 "T" 时, 加工到指定的深度后, 启动定时加工, 使加工再持续指定的时间, 但加工深度不会超过设定的值。G86 只对其后的第一个加工代码段有效; G86 必须放在一个单独的段内; 最大时间为 99 小时 99 分 99 秒, 且必须为 6 位数字, 不足须用 0 补足。

13. M 功能代码

数控电火花加工机床常用 M 功能代码见表 5-7。

表 5-7　数控电火花加工机床常用 M 功能代码

功能	格式	说　明
暂停	M00	程序暂停实际上是一个暂停指令。当执行有 M00 指令的程序段后，自动加工暂时停止。按 Enter 键后，程序接着执行
程序结束	M02	M02 代码是整个程序结束命令，M02 之后的代码将不被执行。执行 M02 代码后，系统将复位所有的延续至程序结束的模态代码的状态，然后再接受用户的命令以执行相应的动作
忽略接触一次感知	M05	代码忽略一次接触感知，当电极与工件接触感知并停在此处后，若要把电极移走，用此代码（M05 代码只在本段程序起作用）
调用子程序	M98P×××L×××× 或 M98P××× ××××	子程序调用，P 后 4 位数字表示调用子程序名，L 后表示调用次数，省略时为调用一次；或 P 后面前 3 位表示调用次数，后 4 位表示所调用子程序名
子程序结束	M99	用于子程序调用结束后返回

14. T 指令

（1）格式　指令格式为：

T84/T85

（2）说明　T84 为打开液泵指令；T85 为关闭液泵指令。

15. 加工参数指令

加工参数指令代码及功能见表 5-8。

表 5-8　加工参数指令代码及功能

代码	功能	代码	功能
C00～C99	调用的放电参数号	DC××	放电时间 DN
PT××	脉宽 PW	JP××	抬刀高度 UP
PP××	脉间 PG	CC××	电容 CC
PI××	低压管数 PI	IK××	损耗类型 WEARYPE
CV×	高压管数 HI	OBT×××	自由平动的类型 OBT
POL−/＋	加工极性 POL	STEP××××	自动平动的半径 STEP
SV××	基准电压 COMP		

5.2　项目基本技能

技能一　电火花成形机床的操作

电火花成形机床的结构分为 3 大部分，分别是主机、工作液循环系统和电气控制柜，如图 5-23 所示。

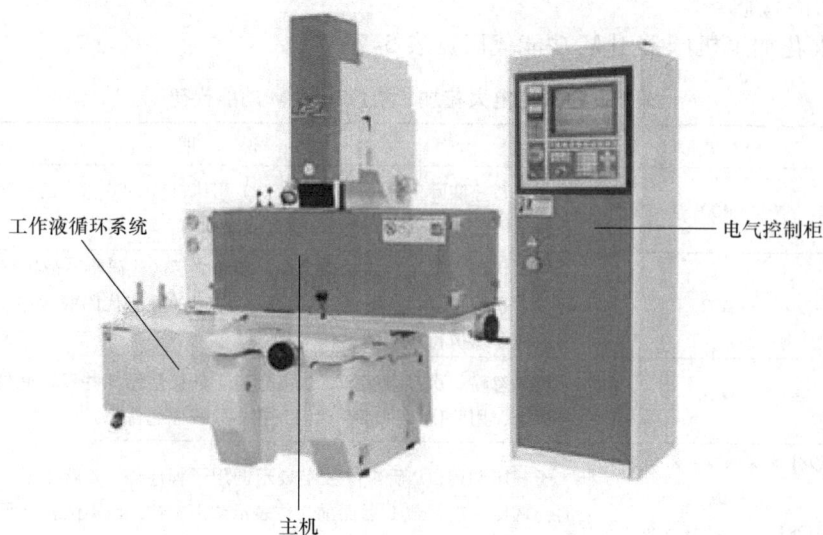

图 5-23　DK7140 型电火花成形机床

（1）操作按键功能简介　DK7140 型电火花成形机床的按键集中在手控盒和电气控制柜上。

1）手控盒按键功能。手控盒按键功能如图 5-24 所示。

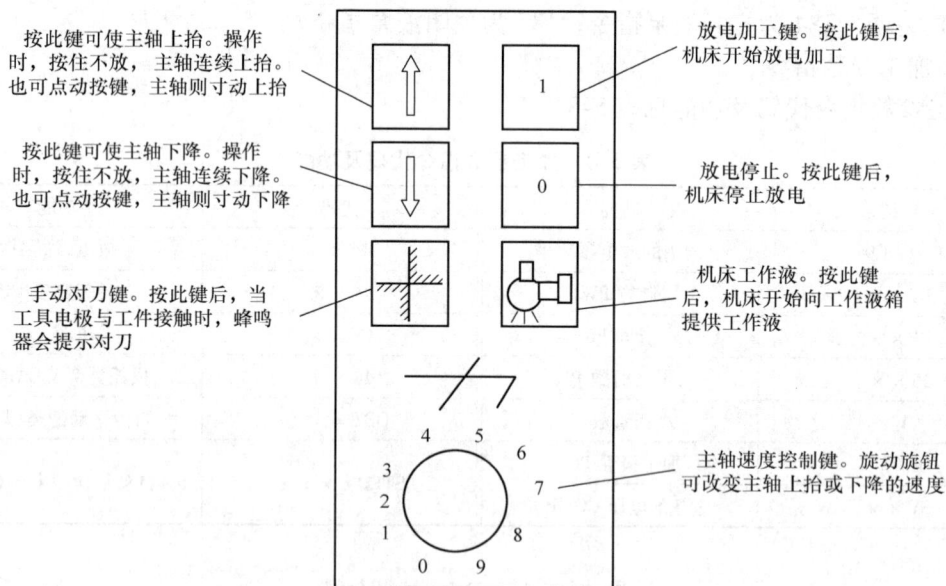

图 5-24　DK7140 电火花成形机床手控盒按键功能

2）电气控制柜面板按键功能。电气控制柜面板如图 5-25 所示。

① 显示功能区。图 5-26 所示是电气控制柜面板显示功能区域及其功能。显示功能区有两种显示情况：一种是在 DISP 状态下，显示 X、Y 和 Z 轴的坐标位置；另一种是在 EDM 状

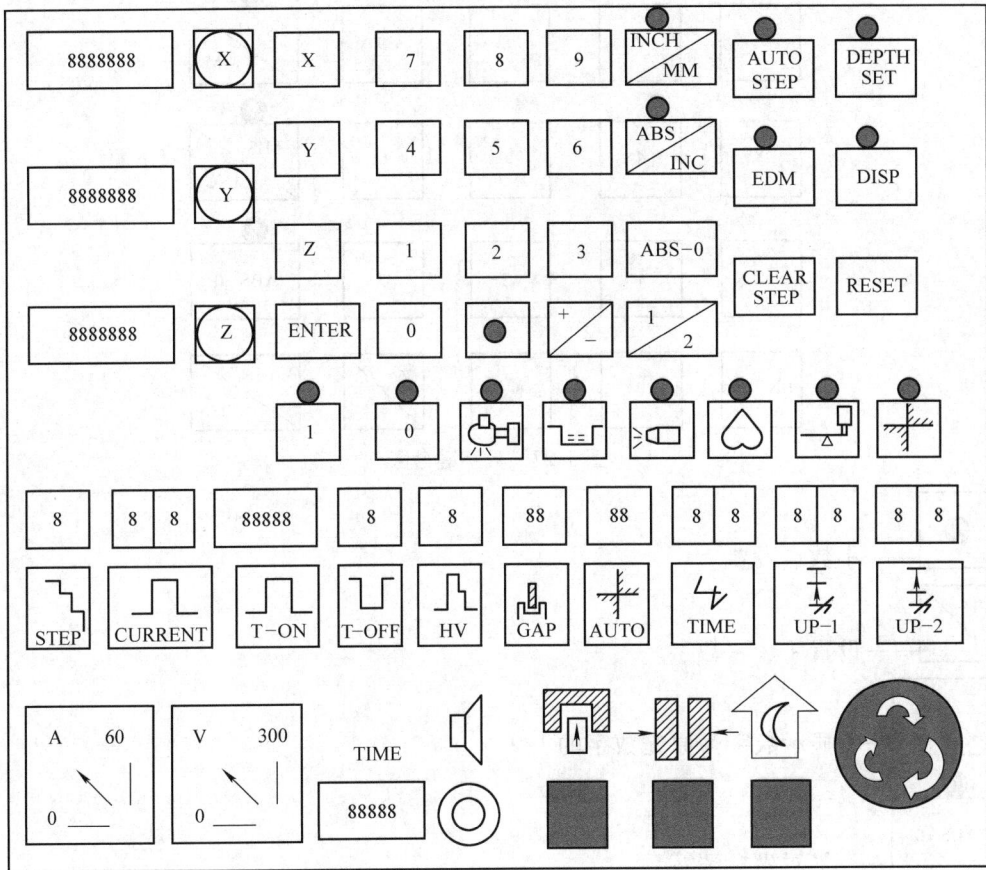

图 5-25　电气控制柜面板

态下显示目标加工深度、当前加工深度和瞬时加工深度。

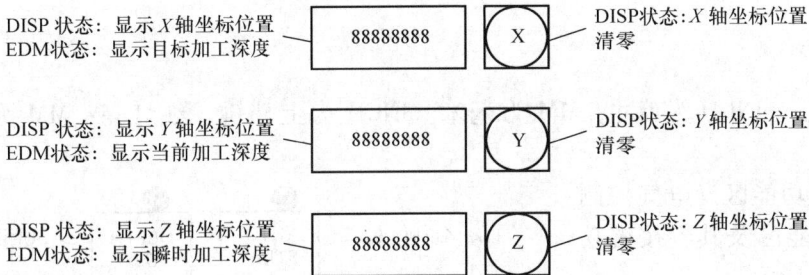

图 5-26　显示功能区

② 数字键盘区。图 5-27 所示为电气控制柜面板的数字键盘区，各按键的功能如下。

确定键。

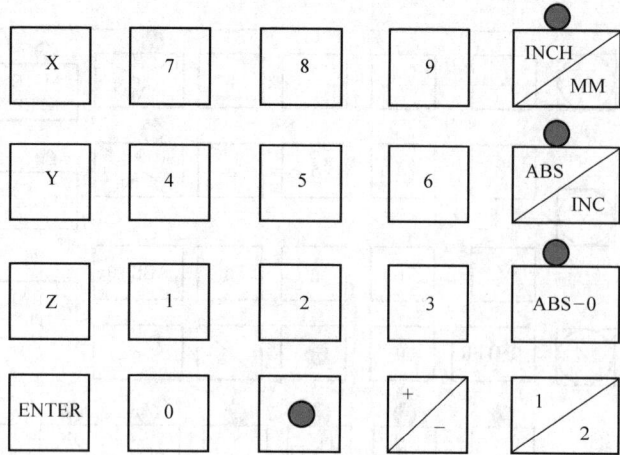

图 5-27 数字键盘区

——小数点设置。

——设置 + 、 - 数字。

——显示数字为原先数字的 1/2。

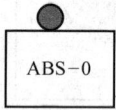
——绝对坐标清零。

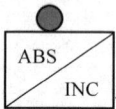
——ABS 为绝对坐标，INC 为相对坐标。ABS 为上档键，红灯亮；INC 为下档键，红灯灭。

——INCH 为英寸，MM 为毫米。INCH 为上档键，红灯亮；MM 为下档键，红灯灭。

③ 状态功能区。电气控制柜的状态功能区及其各按键功能如图 5-28 所示。

④ 加工功能区。电气控制柜的加工功能区及各按键功能如图 5-29 所示。

⑤ 电规准设置区。电气控制柜的电规准设置区及各按键功能如图 5-30 所示。

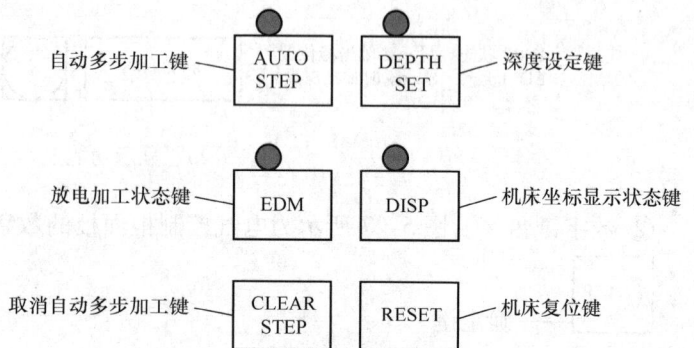

图 5-28 状态功能区

⑥ 电表显示区。电气控制柜的电表显示区及各按键功能如图 5-31 所示。

⑦ 紧急停止区。电气控制柜的紧急停止区及各按键功能如图 5-32 所示。

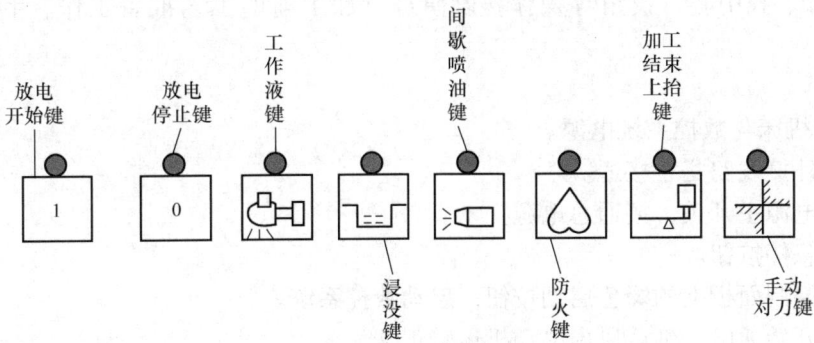

图 5-29　加工功能区

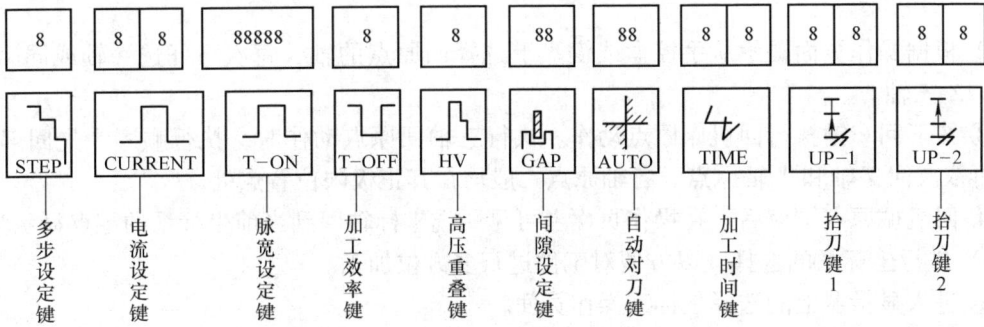

图 5-30　电规准设置区

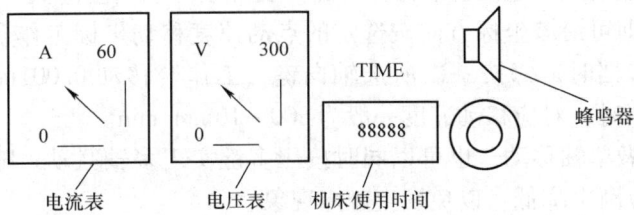

图 5-31　电表显示区

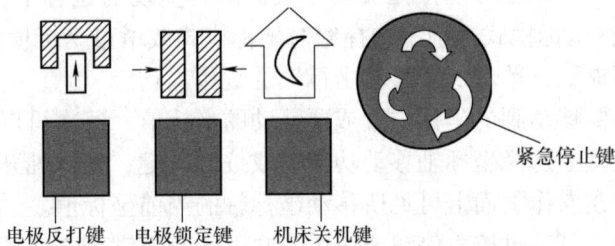

图 5-32　紧急停止区

（2）机床的手动操作　数控电火花成形机床的人机交互界面多配置有手动操作功能页面，可以利用手控盒或键盘上有关功能键完成加工前的回机械原点、轴移动、坐标设定、回参考点、感知、找中心、找角等操作，以便进行加工前的工艺准备工作。手动操作步骤如下。

1）开机。

2）接通机床与数控系统电源。

① 检查外接线路是否接通。

② 合上电源主开关，接通总电源。

③ 松开急停按钮。

④ 按下控制面板上的绿色启动按钮，启动数控系统。

⑤ 机床开始通电，确认风扇电动机运转正常。

3）使机床坐标轴回到机械坐标的原点。

① 检查确认机床回到原点的路径上无障碍后，进入显示器上的回机械坐标原点操作页面。

② 根据操作页面提示从手控盒或键盘上选择回原点的轴，每次可任选一轴或同时选中 X、Y、Z 三轴。

③ 按下回车键执行回机床原点动作。执行三轴回原点动作时，执行顺序为先回 Z 轴原点，再依次回 Y 轴和 X 轴原点，各轴原点一般均在其正极限位置点处。

④ 回机械原点结束后，在操作页面上可见所选坐标轴回到当前坐标系的零点显示为 0。

4）进行坐标系的选择，以方便对工件进行多方位加工。

① 进入显示器上的选择坐标系操作页面。

② 根据操作页面提示切换所需坐标系，机床一般提供 G54～G59 等多个坐标系。

5）使某一个或某几个坐标轴按选定的点动速度移动。

① 按压手控盒上的点动速度键选择坐标工作台点动移动速度高低，一般开机时为中速。

② 按某轴向键即可沿该坐标方向按选定的点动速度移动坐标工作台，松开键后则停止移动。当选择了单步档时，每按一次所选轴向键，工作台移动 0.001mm。当选择了高速、中速、低速等其他档时，对应移动速度一般为 800～10mm/min。

③ 每次可以仅做单轴移动，也可以同时按压多键实现多轴联动。随着电极与工作台距离渐近，点动速度应渐次降低，以免发生碰撞现象。

④ 点动结束后，在操作页面上可见所移动坐标轴的当前坐标值。

6）使某一个或某几个坐标轴根据输入坐标数值移动到给定点处。

① 进入显示器上的坐标轴移动操作页面，根据需要实现的是各坐标轴的绝对坐标移动还是相对坐标移动，在坐标模式选项中选择绝对坐标模式或增量坐标模式。

② 根据操作页面提示，单击所需移动坐标轴的键位。

③ 利用键盘输入要移动到的坐标位置或要移动的坐标值。每次可以是单轴或多轴。

④ 从手控盒或键盘上选择坐标轴移动功能键或按回车键，坐标轴开始移动。

⑤ 移动结束后，在操作页面上可见所移动坐标轴的当前坐标值。

⑥ 在执行过程中，可通过按急停钮或按手控盒上的暂停键等方式停止当前动作。

7）将当前坐标点设置为当前坐标系的零点或者任意点。

① 进入显示器上的坐标设定操作页面。

② 根据操作页面提示选择坐标轴，无坐标轴正、负方向区别，可单轴或多轴。

③ 利用键盘输入所需坐标值。

④ 按下回车键，可把当前坐标点设为当前坐标系的零点或任意点。

⑤ 坐标设定结束后，在操作页面上可见所选坐标轴的当前坐标值为设定值。

8）使某一个或某几个坐标轴回到当前坐标系的零点。

① 进入显示器上的回参考点操作页面。

② 根据操作页面提示选择坐标轴，无坐标轴正、负方向区别，可单轴或多轴。

③ 按下回车键，执行回参考点操作。

④ 回参考点结束后，在操作页面上可见所选坐标轴回到当前坐标系的零点，坐标值自动显示为 0。

⑤ 在执行过程中，可通过按急停钮或按手控盒上的暂停键等方式停止当前动作。

9）让电极和工件接触，以便定位。

① 用坐标轴点动功能将主轴头移至所需位置。

② 进入显示器上的感知操作页面，根据页面提示选择感知的坐标方向、感知速度和回退量等选项，对于易碎的电极应选用较慢的感知速度。

③ 按下回车键，开始执行感知操作。

④ 感知结束后，在操作页面上可见工具电极的当前坐标值。

10）自动确定一个型腔在 X 向或 Y 向上的中心。

① 用坐标轴点动功能将工具电极移到工件孔内，且大致位于孔的中心位置。

② 进入显示器上的找内中心操作界面。

③ 根据操作页面提示输入 X 向行程或 Y 向行程值，以确定在 X 轴或 Y 轴方向上快速移动的距离。两个行程值均应小于孔的半径减去电极的半径值。

④ 根据操作页面提示选择感知速度和在 X、Y 中的何处找内中心操作。

⑤ 找内中心结束后，工具电极自动定位于工件孔中心坐标值。

11）自动确定工件在 X 向或 Y 向上的中心。

① 用坐标轴点动功能将工具电极大致移到工件中心，且在其运动范围内没有障碍物。

② 进入显示器上的找外中心操作页面。

③ 根据操作页面提示输入 X 向行程或 Y 向行程值，以确定在 X 轴或 Y 轴方向上快速移动的距离。两个行程值应分别大于工件在 X 或 Y 方向长度的一半与电极在 X 或 Y 向的半径之和。

④ 根据操作页面提示输入 Z 轴向下移动的距离值，选择感知速度和在 X、Y 哪一方向上找外中心。按下回车键，执行找外中心操作。

12）自动测定工件拐角。

① 用坐标轴点动功能将工具电极移到工件拐角处，且在其运动范围内没有障碍物。

② 进入显示器上的找角操作页面。

③ 根据操作页面提示输入 X 向行程或 Y 向行程值，以确定在 X 轴或 Y 轴方向上快速移动的距离。两个行程值应分别大于工件在 X 或 Y 方向长度的一半与电极在 X 或 Y 向的半径之和。

④ 根据操作页面提示输入 Z 轴向下移动的距离值，选择感知速度和找哪一个方位的角。按下回车键，执行找角操作。

13) 关断机床及数控系统电源。

① 用坐标轴点动功能将坐标工作台移至各轴中间位置。

② 按下红色急停按钮。

③ 扳转电源主开关，关闭电源。

技能二　定位电极的装夹与校正

1. 电极设计

电极的精度直接影响到电火花穿孔加工的精度，所以合理选择电极材料和确定电极尺寸尤为重要。

（1）电极材料的选择　电极材料必须具有以下特点：①导电性能好；②损耗小，造型容易；③加工过程稳定，生产率高；④来源丰富和价格低廉等。

生产中常用的电极材料有石墨、黄铜、纯铜、铸铁、钢和铜钨合金等，这几种材料的性能见表5-9。选择时应根据加工对象、工艺方法和脉冲电源的类型等因素综合考虑。

表5-9　常用电极材料的性能

电极材料	加工性能		用　　途
	电加工	机械加工	
石墨	加工稳定性较好，电极损耗较小，抗高温、变形小、重量轻；但精加工时电极损耗大，加工表面质量低于纯铜电极，并且容易脱落、掉渣，易拉弧烧伤	机械强度差，制造电极时粉尘较大，易崩	适用于穿孔加工和大型型腔模具加工
黄铜	加工稳定性较好，加工速度低于纯铜，电极损耗大	难以采用磨削加工，很少用机械方法加工	适用于简单形状的穿孔加工
纯铜	加工性能优异，电极损耗小；但密度大，所以不易做成大、中型电极	因材质软，易产生瑕疵，所以磨削加工困难	适用于穿孔加工和小型型腔模具加工
钢	加工稳定性差，电极损耗一般	机械加工性能优异	适用于穿孔加工
铸铁	加工稳定性一般，电极损耗中等	机械加工性能优异	适用于穿孔加工
铜钨合金	加工精度和稳定性好，电极损耗小	切削或磨削时工具磨损较大，有一定的弯曲变形，价格昂贵	适用于精密穿孔加工和精密型腔加工
银钨合金	加工精度和稳定性好，电极损耗小	切削或磨削时工具磨损较大，但弯曲变形较小，价格昂贵	适用于精密穿孔加工和精密型腔加工

（2）电极结构　电火花加工用的工具电极一般可分为整体式电极、镶拼式电极和组合式电极3种类型，见表5-10。

设计电极的结构时，还应考虑到工具电极与机床主轴连接后，其重心应位于主轴中心上，否则就会因附加的偏心矩使电极轴线偏移，影响加工精度。电极越重产生的偏心矩越大，而且容易造成机床变形，所以应尽量减轻电极的重量。通常是采用开减重孔的方法来减轻电极重量，但要注意的是，减重孔不能开通，孔口一般向上，如图5-33所示。

表 5-10 电极的类型

电极类型	说 明	特 点
整体式电极	整体式电极是指工具电极由一块整体材料加工而成，电极强度和刚度较大，是最常用的结构形式	电极形状较复杂时，加工制造困难
镶拼式电极	镶拼式电极是指将电极分成几块分别制造，然后再镶拼成整体，主要用于电极形状较复杂、整体加工有困难时电极的制造	电极强度没有整体式高
组合式电极	组合式电极是指将多个电极组合在一起，达到一次穿孔可完成多个型孔加工的目的。主要用于加工多孔落料模和级进模	组合式电极可以成倍地提高生产率

如果电极较长而又较细时，可以采用阶梯式的结构，即增大电极工作部分以外的横截面尺寸来提高刚度，如图 5-34 所示。阶梯部分的长度一般取加工厚度的 1.5 倍左右；阶梯部分的均匀缩小量通常取 0.10 ~ 0.15mm。对阶梯部分不便进行切削加工的电极，常用化学侵蚀方法将断面尺寸均匀缩小。

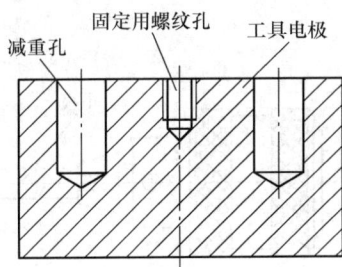

图 5-33 开设减重孔的工具电极

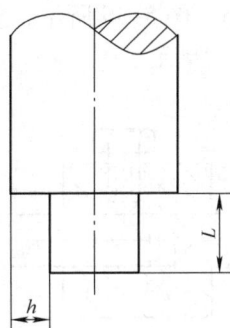

图 5-34 阶梯式电极结构

（3）电极尺寸 电极的尺寸包括电极横截面尺寸和电极长度尺寸。在加工凹模型孔时，电极横截面的轮廓一般应比型孔均匀地缩小一个放电间隙值；工具电极的长度一般与加工深度、电极材料、加工方式和型孔复杂程度等因素有关。当电极损耗较大时，如加工硬质合金时，电极长度可以适当加长。

（4）电极的制造 电火花穿孔加工用电极的长度尺寸一般无严格要求，而横截面尺寸要求较高。对这类电极，一般先经过普通机械加工，然后进行成形磨削。不易用磨削加工的材料，可在机械加工后，采用钳工精修的方法达到要求。

对于整体式电极（一般采用钢作为电极），如果模具的配合间隙较小，可用化学溶液浸蚀作为电极的部分，使电极部分的端面轮廓均匀地缩小，在加工时就可以选用较大的放电间隙了；如果模具的配合间隙较大，可用镀铜或镀锌的方法，均匀地增大作为电极部分的尺寸。

对于镶拼式电极一般采用环氧树脂或聚乙烯醇缩醛胶黏接，当黏合面积小不易黏牢时，可采用钎焊的方法进行固定。

2. 电极装夹

数控电火花加工是将电极安装在机床主轴上进行加工的，电极的装夹方式有自动装夹和手动装夹两种方式，见表5-11。

表5-11　电极的装夹方式

装夹方式	说　　明	应用特点
自动装夹	电极的自动装夹是先进数控电火花加工机床的一项自动功能。它是通过机床的电极自动交换装置（ATC）和配套使用电极专用夹具来完成电极换装的。所有电极由机械手按预定的指令自动更换，加工前只需将电极装入ATC刀架，加工中即可实现自动换装	减少了加工等待工时，使整个加工周期缩短，但配件的价格昂贵
手动装夹	电极的手动装夹是指使用通用的电极夹具，由人工完成电极装夹的操作	装夹校正时间长，但大多数企业仍采用

由于在实际加工中碰到的电极形状各不相同，加工要求也不一样，因此使用的电极夹具也不相同。常用装夹方法有以下几种。

小型的整体式电极多数采用通用夹具直接装夹在机床主轴下端，采用标准套筒、钻夹头装夹如图5-35、图5-36所示；对于尺寸较大电极，常将电极通过螺纹联接直接装夹在夹具上，如图5-37所示。

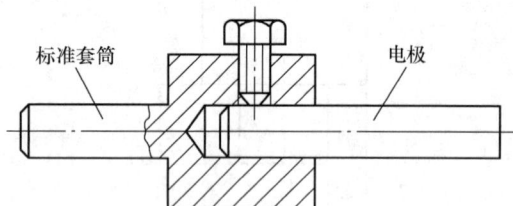

图5-35　标准套筒形夹具

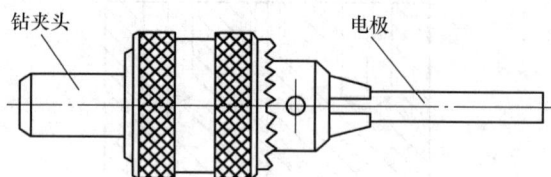

图5-36　钻夹头夹具

镶拼式电极的装夹比较复杂，一般先用连接板将几块电极拼接成所需的整体，然后再用机械固定，如图5-38a所示；也可用聚氯乙烯醋酸溶液或环氧树脂黏合，如图5-38b所示。在拼接中各结合面需平整密合，然后再将连接板连同电极一起装夹在电极柄上。

3. 电极校正

（1）电极的校正方式　有自然校正和人工校正两种方式。

自然校正是指利用快速装夹定位系统来保证电极与机床的正确位置关系的一种方式；人工校正一般以工作台面的X、Y方向为基准，用百分表、千分表、量规或角尺在电极横、纵两个方向做垂直校正或水平校正，以及做电极工艺基准与机床X、Y轴平行度的校正。

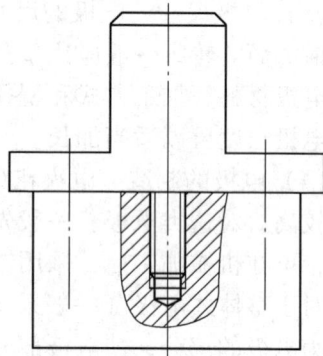

图5-37　螺纹夹头夹具

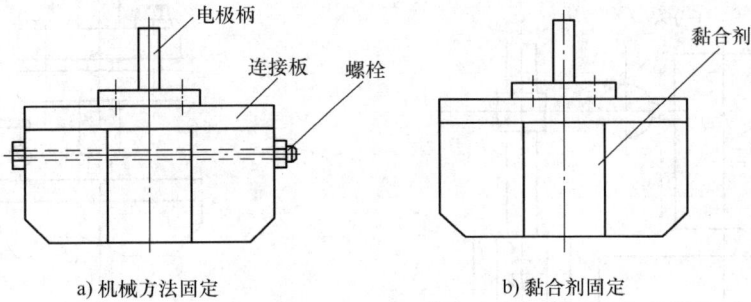

a) 机械方法固定　　　　　　　　　　　b) 黏合剂固定

图 5-38　连接板式夹具

（2）人工校正的条件　必须具备以下两个条件：①要求电极的装夹装置上安装具有一定调节量的工具；②要求电极具有校正的基准面。

（3）校正的目的　电极装夹好后，必须进行校正才能加工。不仅要调节电极与工件基准面的垂直度，而且需在水平面内调节、转动一个角度，使工具电极的截面形状与将要加工的工件型孔或型腔定位的位置一致。电极的校正主要靠调节电极夹头的相应螺钉，如图 5-39 所示。

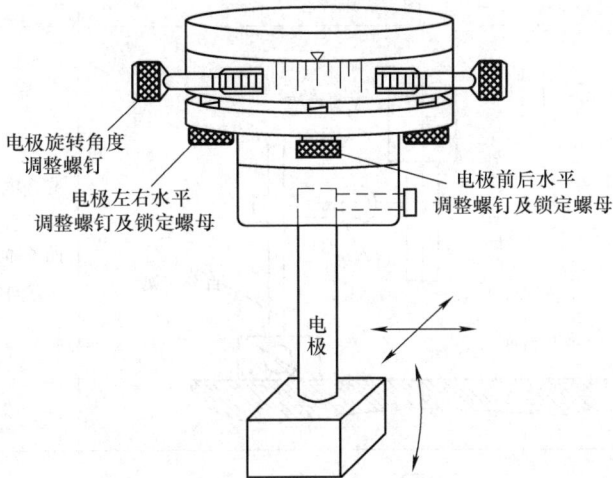

图 5-39　电极夹头

（4）人工校正方法

1）根据电极的侧基准面，采用千分表找正电极的垂直度，如图 5-40 所示。

2）电极上无侧面基准时，将电极上端面作辅助基准找正电极的垂直度，如图 5-41 所示。

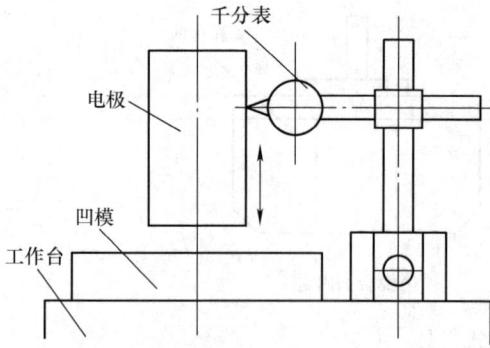

图 5-40　用千分表校正电极垂直度

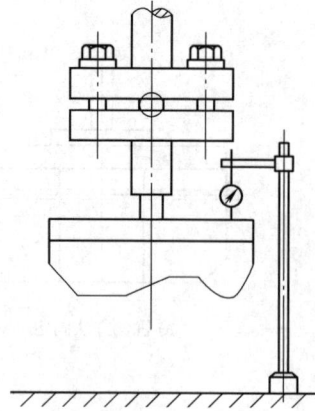

图 5-41　辅助基准找正电极的垂直度

　　近年来，为了提高效率，很多电火花加工机床采用高精度的定位夹具系统以实现电极的快速装夹与校正。但是当电极外形不规范、无直壁等情况时就需要辅助基准。一般常用的校正方法见表 5-12。

表 5-12　电极常用的校正方法

校正方法	图　示	说　明
侧面校正		当电极侧面直壁面较高时，可将千分表或百分表顶压在电极的两个垂直侧壁基准面上，校正 X、Y 方向的垂直度
固定板基准校正		在制造电极时，电极轴线必须与电极固定板基准面垂直，校正时用百分表保证固定板基准面与工作台面平行

（续）

校正方法	图示	说明
对中显微镜校正	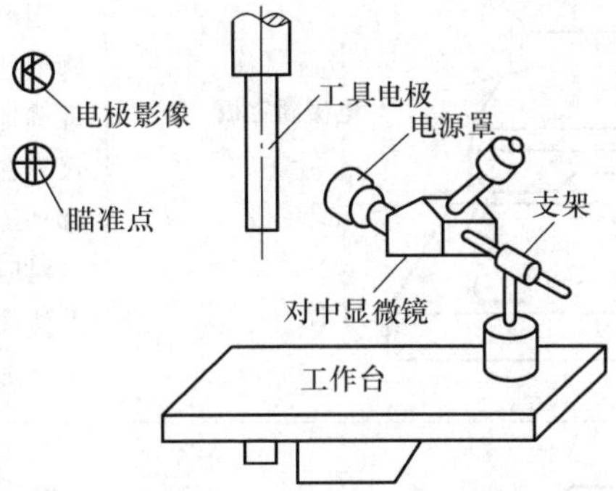 电极影像　工具电极　电源罩　支架　瞄准点　对中显微镜　工作台	将电极夹紧后，把对中显微镜放在工作台面上，物镜对准电极，按规定距离从显微镜观察电极影像，调整校正板架上螺钉，使电极影像分别与板上十字线的竖线重合，即说明电极获得校正
重复精度要求的校正	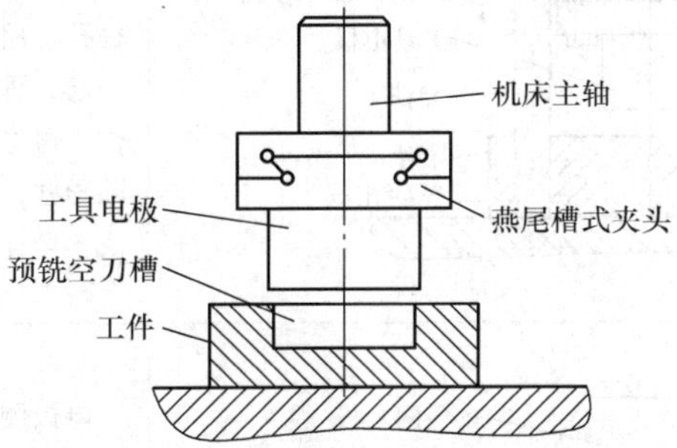 机床主轴　工具电极　燕尾槽式夹头　预铣空刀槽　工件	采用分解电极技术或多电极加工同一型腔时，要求电极的装夹有一定的重复精度，否则重合不上，造成废品。可采用带燕尾槽和定位销的封装夹具

在对电极的水平与垂直校正之后，往往在最后紧固时使电极发生错位、移动，造成加工时产生废品。因此，紧固后还要应再复核校正检查几次，甚至在加工开始之后，还需停机检查一下是否装夹牢固、校正无误。

4. 电极的定位

电极相对于工件定位是指将已安装校正好的电极对准工件上的加工位置，以保证加工的孔或型腔在工件上的位置精度。建立电极相对于工件定位，一般利用坐标工作台纵、横坐标方向的移动和电极与工件基准之间的角向转动来实现，角向转动多由设在机床主轴头上的角度调节装置完成。常见的手动操作方法见表 5-13。

表 5-13　确定电极与工件初始坐标位置的方法

对正方法	图示	说明
千分表比较法	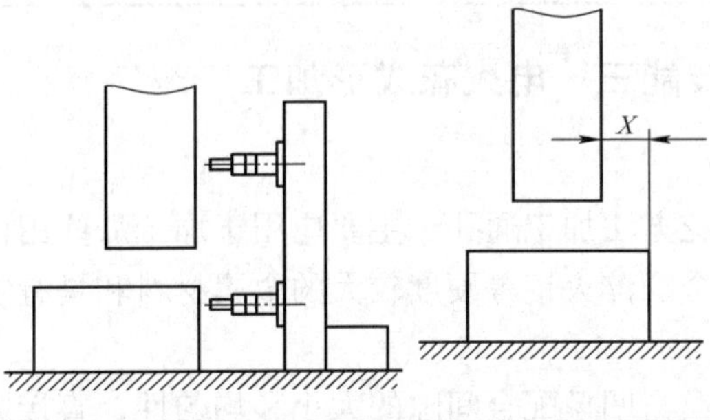	将两只千分表装在表架上，利用角尺同时校零后，使下面的千分表靠上工件侧面至其指示为"0"，表明电极与工件侧面处于同一垂直平面。根据电极和工件的相对位置要求，移动工作台实现对正，适用于工件和电极都有垂直基准面的加工

（续）

对正方法	图　示	说　明
线对正法	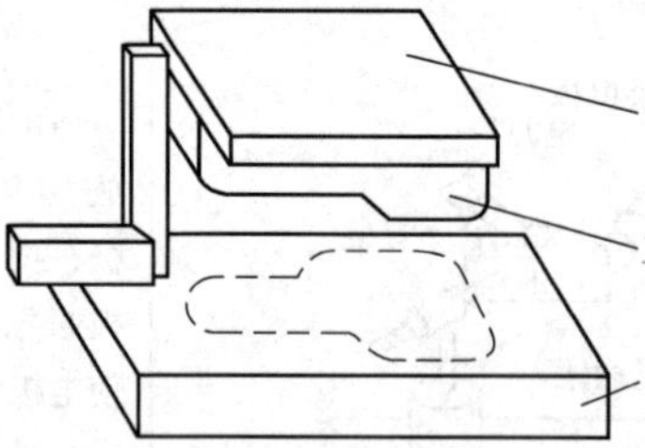 电极固定板 工具电极 工件	当电极端面或侧面为非平面且轮廓形状较为复杂时，可将型腔轮廓准确地划在工件表面上，利用直角尺靠在电极轮廓边缘各点上，不断移动工作台，使之与工件轮廓线各点对应，实现工件和电极的对正。此法简便易行，但因为靠目测，适用于加工精度尺寸要求不高的型腔
导向法	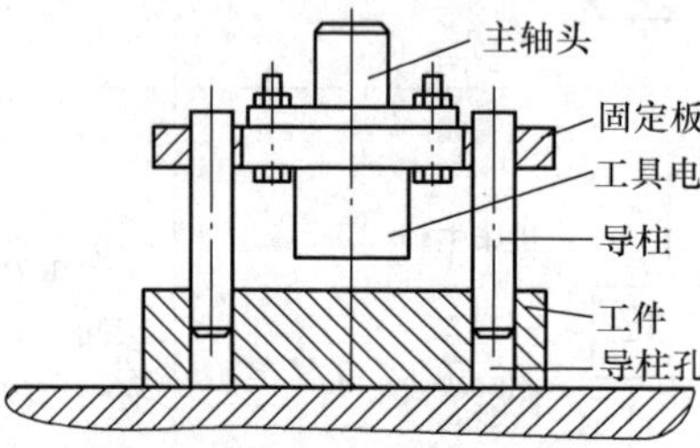 主轴头 固定板带导柱孔 工具电极 导柱 工件 导柱孔	将电极通过固定板固定在主轴头的基面上，固定板和工件上均有导柱孔，用导柱将工件和固定板穿在一起，即可实现电极和工件的定位，再将工件固定，升起主轴，拔除导柱，便可加工。其加工精度取决于导柱孔和导柱的加工精度
定位板对正法	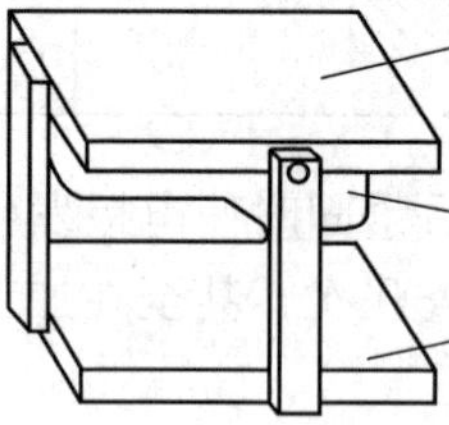 电极固定板 工具电极 工件	电极侧面为曲面时，在电极固定板上安装两块平直的定位板，工件上也加一对定位基准面，将定位基准面和相应定位板轻轻贴紧后用压板压紧工件，卸去定位板即可进行放电加工
定位盖对正法	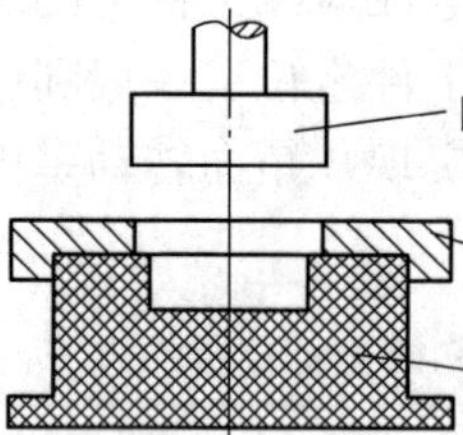 圆形工具电极 圆形定位盖 圆形工件	工件和电极外形均为圆形的情况下，制造一个定位盖，其内径与工件外径形成小间隙配合，盖中间加工一个内径与工具电极外径相配合的孔，保证电极顺利进入，达到工件和电极对正的目的。加工时卸去，将工件压装好即可

技能三　电火花成形加工

1. 电火花穿孔加工

电火花穿孔加工是指用电火花方法加工通孔，主要应用于加工那些用机械方法难以加工或无法加工的零件，例如硬质合金、淬火钢等硬度较大的金属材料和具有复杂形状的零件的通孔加工等。

对于冲裁模具来说，冲裁凸模与凹模配合间隙的大小和均匀性，直接影响到冲裁产品的质量和模具的寿命。在电火花加工过程中，为了满足这一要求，常用的加工工艺方法有：直接电极法、混合电极法、修配凸模法和二次电极法，见表 5-14。

表 5-14　电火花加工工艺方法

工艺方法	说　明	特　点
直接电极法	直接电极法就是直接用加长的钢凸模作为工具电极，去加工凹模型孔的一种工艺方法。加工时靠调节脉冲参数使电火花放电间隙等于冲裁间隙，这样凹模的形状就会与凸模完全吻合，并且能获得均匀的凸、凹模配合间隙。之所以采用加长的凸模是因为凸模电极加工后也会被火花放电腐蚀，从而降低精度，所以在电火花加工后，应将凸模被腐蚀的部分切掉	可以加工出均匀的凸、凹模配合间隙，模具的质量高，不需另外制造电极，工艺简单。但由于工具电极材料不能任意选择，只能与凸模材料相同而采用钢质；另外也不适合加工冲裁凸、凹模的配合间隙过小或过大的场合
混合电极法	混合电极法指的是用与凸模不同的材料作为凸模的加长部分。在制造凸模时，将电极材料（如铸铁等）黏接或钎焊在凸模上，并与凸模一起进行加工，获得所需形状后，用电极材料部分作为电极。加工后，再将电极材料去除	与直接电极法基本相同，电极材料虽然可以选择，但由于要与凸模一起加工，所以只能选用铸铁或钢，而不能采用性能较好的非铁金属（如铜）或石墨
修配凸模法	修配凸模法是指分别制造出凸模和工具电极，但凸模不要直接加工到尺寸，要留一定的修配余量。用工具电极加工好凹模型孔后，再根据凹模的实际尺寸，修配凸模以达到需要的配合间隙	电极材料的选择不受电极制造方法的限制，可以选用电加工性能较好的材料（如纯铜、黄铜等）作为工具电极。而且放电间隙也不再受到模具配合间隙的限制，可以合理地选择电参数。但很难得到均匀的配合间隙，模具质量较差；研配劳动量大，生产率低；另外冲头和电极分开制造，工时多、周期长，经济性差
二次电极法	二次电极法是首先按照要求制造出一次电极，然后利用一次电极制造出二次电极，用两个电极再分别制造出凹模和凸模，并保证模具的配合间隙（二次电极法的加工原理图如图 5-42 所示，首先根据模具尺寸要求设计并制造一次凸模电极，然后用一次电极加工出凹模；再用一次电极加工出凹型的二次电极；最后用二次电极加工出凸模。通过合理调节放电间隙 S_1、S_2 和 S_3 来保证凸、凹模的配合间隙）	模具的配合间隙由 3 次火花放电的放电间隙决定，使配合间隙较小甚至为零，而每次火花放电的放电间隙可以很大。同时放电间隙不受配合间隙的限制，加工精度高、配合间隙均匀，适合加工小间隙或无间隙的精密模具。但操作过程较为复杂，需要制造二次电极，生产周期长，经济性差

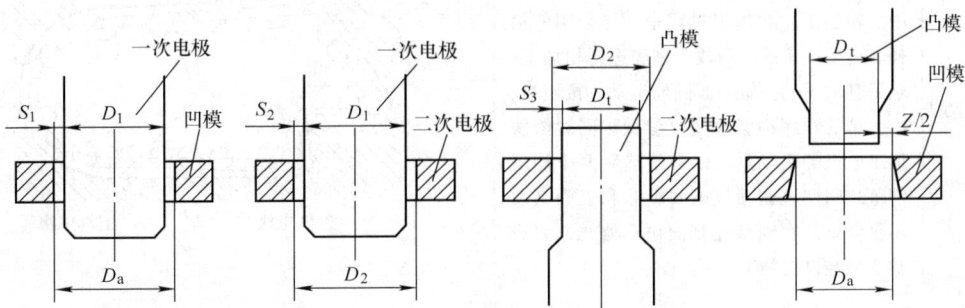

图 5-42　二次电极法加工过程原理图

由于电火花线切割加工技术的发展，冲模加工已主要采用线切割加工，但电火花穿孔加工冲模可以达到比电火花线切割更好的配合间隙、表面粗糙度和刃口斜度，因此，一些要求较高的冲模仍采用电火花穿孔加工工艺。

2. 电火花型腔加工

用电火花加工方法加工型腔与用机械加工方法加工相比，具有加工质量好、表面粗糙度小、操作简单、劳动强度低、生产周期短，适合各种硬质材料和复杂形状型腔的加工等优点。

（1）电火花型腔加工的工艺方法　电火花型腔加工要比型孔加工困难得多，主要表现在：

1）型腔加工属于盲孔加工，金属蚀除量大，工作液循环困难，生成的电蚀产物不易排除，较易产生二次放电；

2）电极损耗不能像型孔加工一样，用增加电极长度和进给来补偿；

3）加工面积大，加工过程中要求电参数的调节范围大；

4）型腔形状复杂，电极损耗不均匀等。

（2）电火花型腔加工的方法　在实际生产中，为保证加工表面质量，通过提高工件电极的蚀除量以及降低工具电极的损耗和改善工作液循环条件来提高加工精度。通常采用单电极加工法、多电极加工法和分解电极法。

1）单电极加工法。所谓单电极加工法就是指在电火花加工过程中，不更换电极，用一个电极完成整个型腔加工的一种工艺方法。

单电极加工法只需制造一个电极，进行一次装夹定位，适用于加工形状简单、精度要求不高的型腔；对于加工量较大的型腔模具，可以先用其他加工方法去除大量的加工余量，再用电火花的加工方法加工到精度要求，这样可以大大提高加工效率。

为了解决工具电极损耗对加工精度的影响以及提高加工效率，通常采用单电极平动法和单电极摇动法，见表5-15。

表5-15　单电极加工法加工型腔

加工方法	说　明	图　示
单电极平动法	在带有平动头的电火花机床上，通过工具电极做平面圆周运动来完成型腔的粗、中、精加工。在加工过程中，先采用低损耗、高生产率的电参数对型腔进行粗加工，然后利用平动头做平面圆周运动，按照粗、中、精的顺序逐级改变电参数。同时依次加工电极的平动量，以补偿前后两个加工规范之间型腔侧面放电间隙差和表面微观不平度差，实现型腔侧面仿形修光，完成整个型腔模的加工	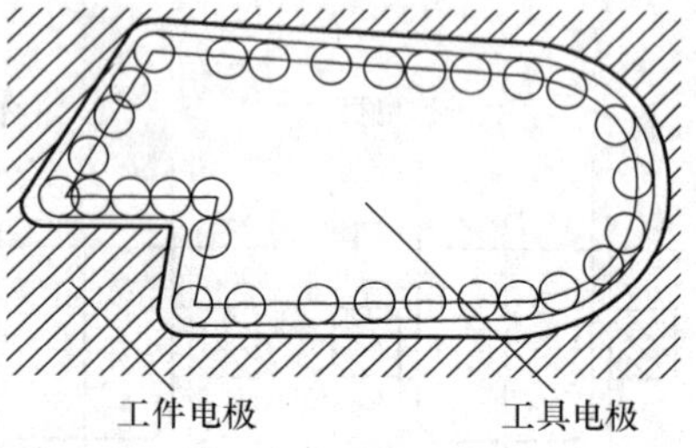 工件电极　　工具电极

（续）

加工方法	说　明	图　示
单电极摇动法	用三轴联动的数控电火花加工机床时，可以利用工作台按一定轨迹做微量移动来修光侧面，这种方法被称为单电极摇动法。由于摇动是靠数控控制器产生的，所以具有更灵活多样的模式，除了可以做圆形平动外，还可以做方形平动、十字形平动等，以适应复杂形状的侧面修光的需要，也利于加工尖角	

2）多电极加工法。所谓多电极加工法就是指在整个电火花加工过程中，采用多个形状相同、尺寸不同的电极依次更换加工同一个型腔，通过调节不同的电参数来实现型腔的粗、中、精加工的一种加工方法。每一个电极都要对型腔的整个被加工表面进行加工，这样就可以把上一个电极的放电痕迹去掉。电极的多少主要取决于加工精度和表面质量要求，如采用粗、半精、精加工工序，就可以选用 3 个电极进行加工。多电极加工原理图如图 5-43 所示，3 个电极分别负责工件的粗、半精、精加工，其使用的电参数不同，放电间隙也不同，故电极的尺寸亦不同。这种方法的优点是仿形精度高，特别适合带有尖角、窄缝的型腔模具的加工；缺点是需要制造多个电极，并且对各个电极的一致性和制造精度要求都很高。另外，因为需要更换电极，所以必须确保更换工具电极时的重复定位精度，对机床和操作人员装夹、定位精度要求较高，因此主要适合于没有平动和摇动加工条件时，或多型腔模具和相同零件的加工场合。一般用两个电极进行粗、精加工就可满足要求；而当型腔模的精度和表面质量要求很高时，采用 3 个或更多个工具电极进行加工。

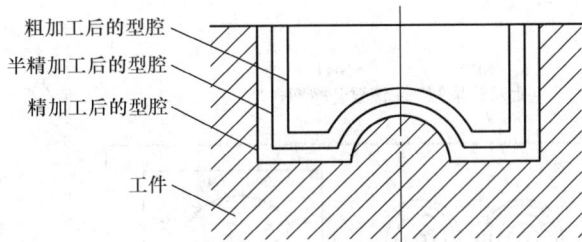

图 5-43　多电极加工原理图

3）分解电极法。分解电极法是根据型腔的几何形状，把工具电极分解为主型腔电极和副型腔电极，主、副电极分别制造和使用，是单电极平动法和多电极加工法的综合应用。图 5-44 所示为分解电极法加工示意图。

这种方法的优点是可以根据主、副型腔的不同加工要求，选择不同的电参数，有利于提高加工速度和加工质量，从而便于工具电极的制造和修整；缺点是同多电极加工法一样，需要制造多个电极，并且对电极的制造和定位精度要求很高。此法主要适用于尖角、窄缝、沉孔和深槽多的复杂型腔模具的加工。

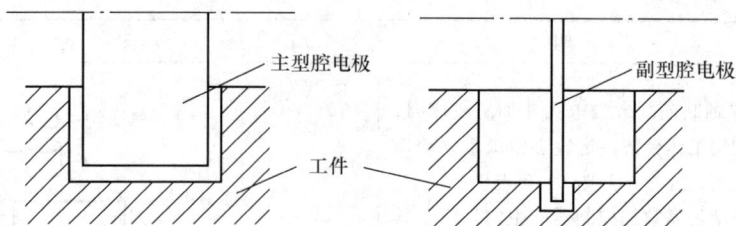

图 5-44 分解电极法加工

技能四 上丝与穿丝操作

1. 高速走丝线切割机床的上丝操作

上丝的过程是将电极丝从丝盘绕到高速走丝线切割机床贮丝筒上的过程，如图 5-45 所示。

上丝操作的具体方法如下。

1）启动丝筒运转开关 SB2（如图 5-46 所示），把丝筒移动至右端极限位置。

2）把钼丝盘装到上丝盘上，接通上丝电动机电源，将钼丝顺次绕过张紧机构上面的两个辅助导轮，压紧在丝筒的左端，如图 5-47 所示。

3）打开上丝电动机起停开关，此时钼丝被张紧，按电极丝直径调整上丝电动机电压调节按钮，调整张力。

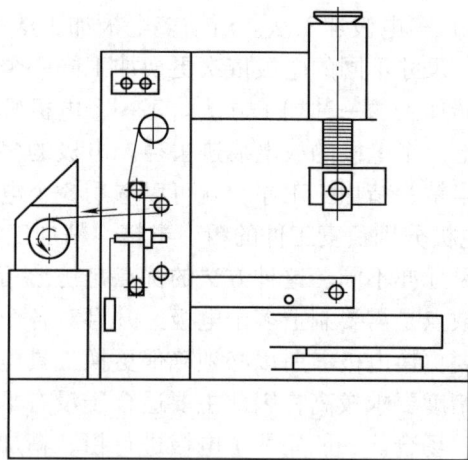

图 5-45 线切割机床的上丝示意图

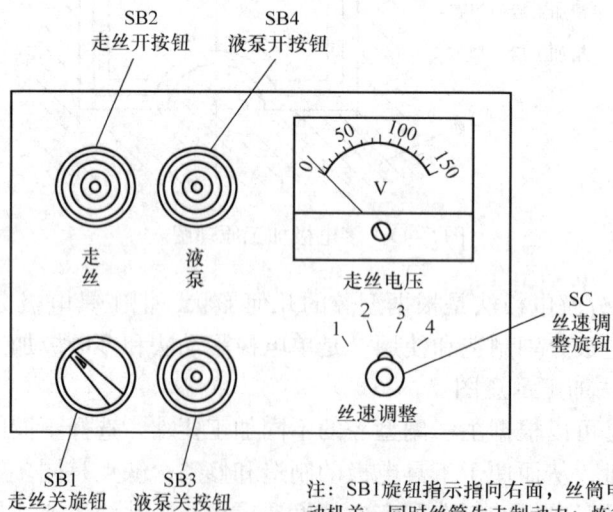

注：SB1旋钮指示指向右面，丝筒电动机关，同时丝筒失去制动力；恢复旋钮指示指向左面，丝筒恢复制动力。

图 5-46 操作面板

4）此时撞块压下右边的行程限位开关（如图 5-48 所示），启动丝筒运转开关 SB2，丝筒向左移动，把电极丝上到丝筒上，当丝筒移动到左端极限位置前一段距离时，及时按丝筒停止开关，停住丝筒。

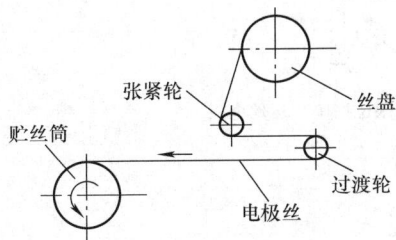

图 5-47　绕丝路线

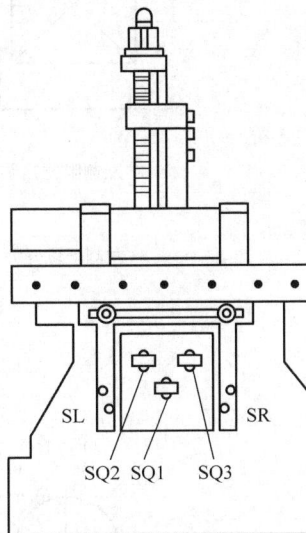

图 5-48　撞块、行程开关

5）剪断电极丝，把丝头压紧在丝筒右端，并取下钼丝盘。

6）调节贮丝筒下面的两个换向开关，保证贮丝筒轴向行走的行程在丝长范围内，以防因惯性而拉断钼丝。绕丝时，钼丝应尽量置于贮丝筒的中间部位，并注意不能出现叠丝现象。

2. 高速走丝线切割机床的穿丝操作

（1）穿丝的要点　穿丝操作的 3 个要点如下。

1）拉动电极丝头，按照操作说明书说明依次绕接各导轮、导电块至贮丝筒。在操作中要注意手的力度，防止电极丝打折。

2）穿丝开始时，首先要保证贮丝筒上的电极丝与辅助导轮、张紧导轮、主导轮在同一个平面上，否则在运丝过程中，贮丝筒上的电极丝会重叠，从而导致断丝。

3）穿丝后人工启动行程开关时，要注意丝筒移动的方向，并要调整左右行程挡杆，使贮丝筒左右往返换向时，贮线筒左右二端留有 3～5mm 的电极丝余量。

（2）穿丝操作　穿丝操作的具体方法如下。

1）拆下贮丝筒旁和上丝架上方的防护罩。

2）张紧机构锁紧在右端位置，即不起张紧作用。

3）将套筒扳手套在贮丝筒的转轴上，转动贮丝筒，使贮丝筒上的钼丝重新绕排至右侧压丝的螺钉处，用十字螺钉刀旋松贮丝筒上的十字螺钉，拆下钼丝，如图 5-49 所示。

4）将钼丝从下丝架处的挡块穿过，到下导轮的 V 形槽，再穿过工件上的穿丝孔，到上导轮的 V 形槽，再到上丝架的导向轮，最后绕到贮丝筒上的十字螺钉，用十字螺丝刀旋紧，如图 5-50 所示。

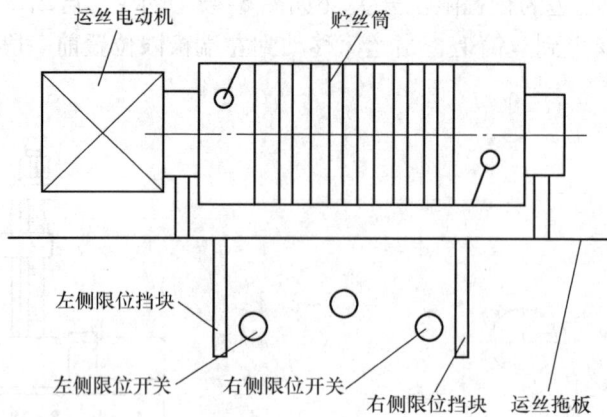

图 5-49　运丝机构

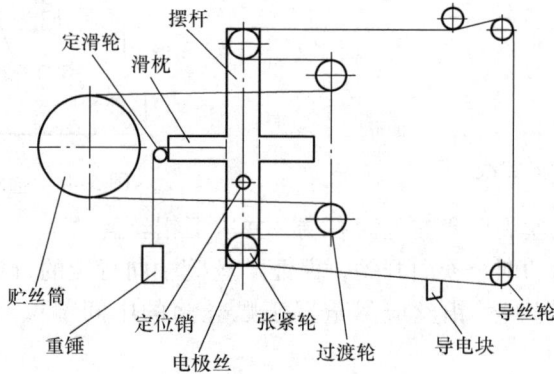

图 5-50　穿丝路线

5）旋松右挡块的螺母，用套筒扳手旋转贮丝筒，将钼丝反绕一段后，再旋紧右挡块螺母使右挡块压到右侧的限位开关，确保运丝电动机工作时带动贮丝筒反转。左侧挡块的调节也如此这样以确保贮丝筒在左、右两个挡块之间反复正反转。

6）手动钼丝，观察钼丝的张紧程度。特别是在切割工件后，钼丝会松，必须进行张紧。钼丝张紧调节可使用张紧轮，将钼丝收紧；也有在机床丝架立柱处悬挂配重的。

7）装上贮丝筒旁和上丝架上方的防护罩，穿丝完毕。

8）按下电气控制柜上的绿色按钮，再按"ENTER"键，机床重新上电，工作台将由步进电动机驱动。

9）在机床的主菜单界面下，按 F3（测试）键，进入"测试"，此时运丝电动机起动，钼丝往复运行，观察穿丝是否正常。

技能五　电极丝的垂直校正与定位

1. 电极丝的垂直校正

（1）用钼丝垂直校正器找正电极丝垂直　操作方法如下。

1）将钼丝垂直校正器放置在工作台上，如图 5-51 所示。

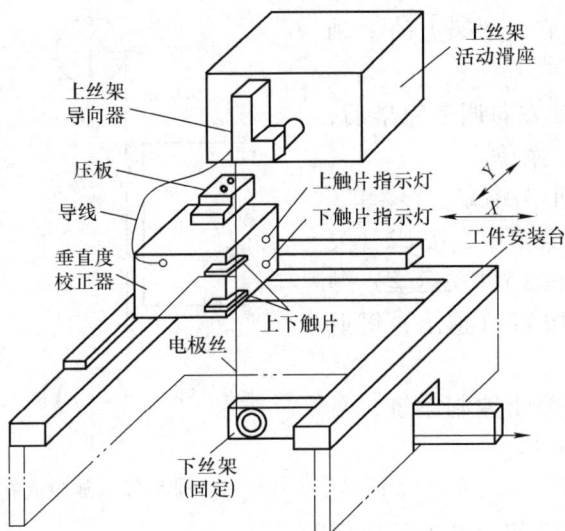

图 5-51　垂直校正器的安装

2）转动 X 轴方向手轮，移动工作台，将钼丝垂直器轻轻接触电极丝，观察钼丝垂直校正器的两个指示灯，若上灯亮，说明电极丝与垂直校正器的上端先接触，调节上丝架上的 X 轴方向调节旋钮，使红灯灭。再慢慢转动手轮，将垂直校正器再与电极丝轻轻接触，直到垂直校正器上、下两个灯均亮，X 轴方向电极丝垂直找正完毕。

3）Y 轴方向的电极丝垂直找正方法与 X 轴相同。

（2）采用放电火花找正电极丝垂直　操作方法如下。

1）转动机床电器控制柜的电源总开关，按下开机按钮，启动机床控制系统。

2）机床显示器上出现"WELCOME TO BKDC"欢迎画面，按任意键后进入主菜单界面。

3）按下"机床电器"（绿色）按钮后，再按回车键（ENTER），机床准备工作完成。若按了"急停"按钮，则"机床电器"按钮将失去作用，机床也无法正常使用。必须先解除"急停"，再按"机床电器"按钮后，才能完成机床准备。

4）在机床的主菜单界面下，按 F3（测试）键进入"测试"子菜单。

5）在"测试"子菜单中，按 F1（开泵）键，打开冷却液泵，按 F3（高运丝）键，贮丝筒高速旋转，电极丝往复运行。

6）在"测试"子菜单中，按 F7（电源）键进入"电源"子菜单，同时，装在 X 轴和 Y 轴手轮上的步进电动机失电，操作者可以以转动手轮的手动方式移动工作台。注意，在正常的线切割加工时，工作台的移动是靠步进电动机驱动的，手轮无法转动。

7）在"电源"子菜单中，按 F7（测试）键，手动转动 X 轴方向的手轮，使电极丝轻触工件，观察放电火花，应使放电火花在工件的 X 轴方向端面上均匀。不均匀时，可调节上丝架上的 X 轴方向调节旋钮，如图 5-52 所示。

8）再次转动 Y 轴方向手轮，移动工作台，使电极丝沿 Y 轴方向轻触工件，观察放电火花。应使放电火花在工件 Y 轴方向端面上均匀。不均匀时，可调节上丝架上的 Y 轴方向调节旋钮。

9）X 轴方向和 Y 轴方向调节完毕后，按 F8 键返回"电源"子菜单。

10）再按 F8 键返回"测试"子菜单。

11）在"测试"子菜单中，按 F2（关泵）键关闭冷却液，再按 F5（关运丝）键关闭运丝电动机，之后按 F8（退出）键返回机床主菜单界面。

12）按关机按钮，关闭控制系统，再旋动总电源开关，关闭机床。

2. 电极丝的定位

快走丝线切割加工之前，电极丝应定

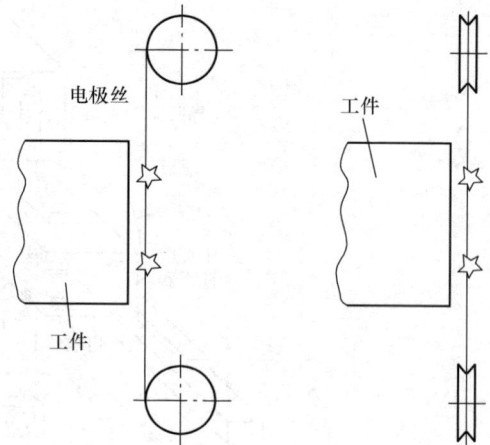

图 5-52　放电火花找正钼丝垂直

位到工件加工坐标系的起点上。生产中大多是通过移动坐标工作台，对工件找边或找穿丝孔、工艺孔的中心，达到切割表面工件外形或型腔之间所要求的正确位置关系。

（1）目视法　对加工要求较低的工件，可直接利用工件上的有关基准线或基准面，沿某一轴向移动工作台，借助于目测或 2～8 倍的放大镜，当确认电极丝与工件基准面接触或使电极丝中心与基准线重合后，记下电极丝中心的坐标值，再以此为依据推算出电极丝中心与加工起点之间的相对距离，将电极丝移动到加工起点上，如图 5-53 所示。

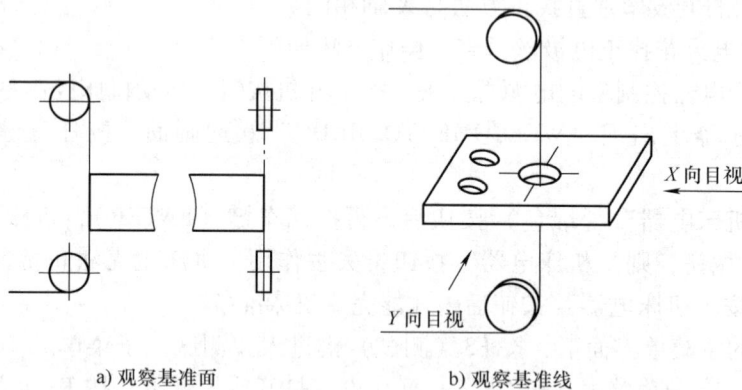

a) 观察基准面　　　　　　　　b) 观察基准线

图 5-53　目视法调整电极丝初始坐标位置

（2）火花法　利用电极丝与工件在一定间隙下发生火花放电来确定电极丝的坐标位置，操作方法与对电极丝进行垂直度校正基本相同。调整时，移动工作台，使电极丝逐渐逼近工件的基准面，待出现微弱火花的瞬间，记下电极丝中心的坐标值，再计入电极丝半径值和放电间隙来推算电极丝中心与加工起点之间的相对距离，最后将电极丝移动到加工起点。

此法简便、易行，但因电极丝靠近基准面开始产生脉冲放电的距离往往并非正常切割时的放电间隙，且电极丝运转时易抖动，从而会出现误差；况且火花放电也会使工件的基准面受到损伤。

（3）接触感知法　利用机床的接触感知功能来进行电极丝定位最为方便，如图 5-54 所示。

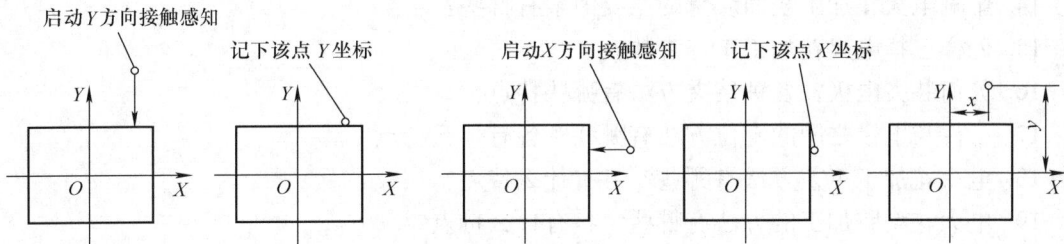

图 5-54　接触感知法

首先启动 X（或 Y）方向接触感知。使电极丝朝工件基准面运动并感知到基准面，记下该点坐标，据此算出加工起点的 X（或 Y）坐标；再用同样的方法得到加工起点的 Y（或 X）坐标，最后将电极丝移动到加工起点。

基于接触感知，还可以实现自动找中心功能，即让工件孔中的电极丝自动校正后停止在孔中心处实现定位。具体方法为：横向移动工作台，使电极丝与一侧孔壁相接触短路，记下坐标值 X_1，反向移动工作台至孔壁另一侧，记下相应坐标值 X_2；同理也可以得到 Y_1 和 Y_2。则基准孔中心的坐标位置为：$(|X_1| + |X_2|) / 2$，$(|Y_1| + |Y_2|) / 2$，将电极丝中心移至该位置即可定位，如图 5-55 所示。

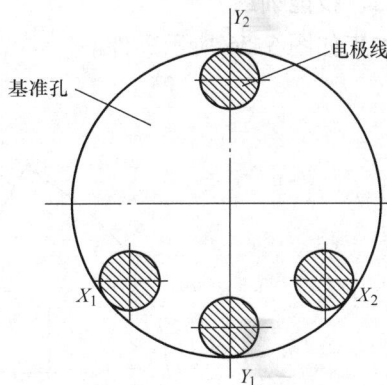

图 5-55　自动找中心

【项目评价】

一、思考题

1. 利用电火花对工件进行加工时必须具备哪些条件？
2. 什么是脉冲宽度？其符号和单位各是什么？
3. 什么是脉冲间隙？其符号和单位各是什么？
4. 绝缘介质有什么作用？
5. 简述电火花加工的原理。
6. 电火花加工有什么特点？其主要用途有哪些？
7. 电火花成形机床由哪几部分组成？
8. 常用的脉冲电源有几类？

9. 工作液循环的方式有哪几种？

10. 电火花成形机床按其用途可分为几类？

11. 电火花线切割机床按走丝速度可分哪几类？各有什么特点？

12. 影响材料放电腐蚀量的主要因素有哪些？

13. 影响电火花加工精度的主要因素有哪些？

14. 影响电火花加工表面质量的主要因素有哪些？

15. 怎样选择电火花加工工艺参数？

16. 如何装夹电极？各种装夹方法有哪些特点？

17. 工件与电极之间的定位方法有哪些？各有什么特点？

18. 电火花加工工艺方法有哪些？各有什么特点？

19. 电火花型腔加工的方法有哪些？各有什么特点？

20. 电火花线切割机床如何穿丝？如何将钼丝张紧？

21. 电极丝的定位方法有几种？如何使用？

22. 电极丝的垂直校正方法有几种？如何使用？

二、技能训练

加工如图 5-56 所示零件。

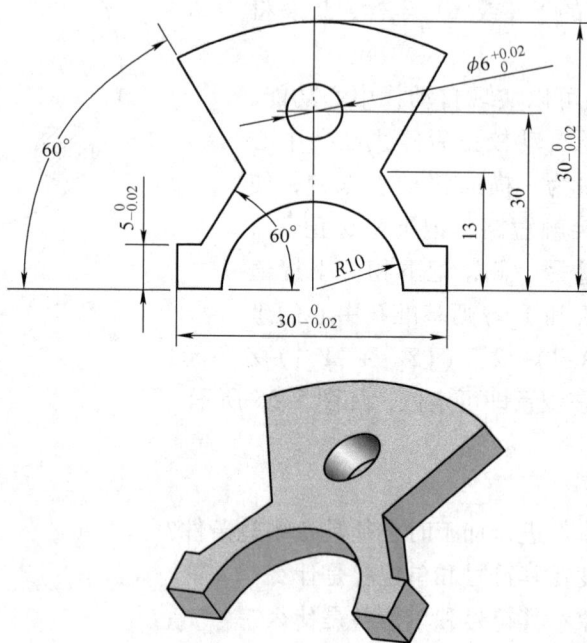

图 5-56　电火花加工零件

三、项目评价评分表

1. 个人知识和技能评价表

班级：　　　　　　　姓名：　　　　　　　成绩：

评价方面	评价内容及要求	分值	自我评价	小组评价	教师评价	得分
项目知识内容	① 了解电火花的加工原理与特点	5				
	② 掌握电火花加工的机理	5				
	③ 了解电火花加工机床的结构与分类	5				
	④ 理解电火花加工工艺规律	5				
	⑤ 编制数控电火花成形加工的 G 代码程序	10				
项目技能内容	① 掌握电火花机床的操作	12				
	② 掌握定位电极的装夹与校正	12				
	③ 掌握电火花成形加工	12				
	④ 掌握上丝与穿丝操作	12				
	⑤ 掌握电极丝的垂直校正与定位	12				
安全文明生产和职业素质培养	① 安全、规范操作	5				
	② 文明操作，不迟到早退，操作工位卫生良好，按时按要求完成实训任务	5				

2. 小组学习活动评价表

班级：　　　　　　　小组编号：　　　　　　　成绩：

评价项目	评价内容及评价分值			自评	互评	教师评分
分工合作	优秀（12~15 分）	良好（9~11 分）	继续努力（9 分以下）			
	小组成员分工明确，任务分配合理，有小组分工职责明细表	小组成员分工较明确，任务分配较合理，有小组分工职责明细表	小组成员分工不明确，任务分配不合理，无小组分工职责明细表			
获取与项目有关质量、市场、环保等内容的信息	优秀（12~15 分）	良好（9~11 分）	继续努力（9 分以下）			
	能使用适当的搜索引擎从网络等多种渠道获取信息，并合理地选择信息、使用信息	能从网络获取信息，并较合理地选择信息、使用信息	能从网络或其他渠道获取信息，但信息选择不正确，信息使用不恰当			
实操技能操作	优秀（16~20 分）	良好（12~15 分）	继续努力（12 分以下）			
	能按技能目标要求规范完成每项实操任务	能按技能目标要求规范基本完成每项实操任务	能按技能目标要求基本完成每项实操任务，但规范性不够			

（续）

评价项目	评价内容及评价分值			自评	互评	教师评分
基本知识分析讨论	优秀（16~20分）	良好（12~15分）	继续努力（12分以下）			
	讨论热烈、各抒己见，概念准确、理解透彻，逻辑性强，并有自己的见解	讨论没有间断、各抒己见，分析有理有据，思路基本清晰	讨论能够展开，分析有间断，思路不清晰，理解不透彻			
成果展示	优秀（24~30分）	良好（18~23分）	继续努力（18分以下）			
	能很好地理解项目的任务要求，熟练运用多媒体进行成果展示	能较好地理解项目的任务要求，较熟练运用多媒体进行成果展示	基本理解项目的任务要求，不能熟练运用多媒体进行成果展示			
总分						

项 目 小 结

本项目我们学习了如下内容。

❶ 电火花的加工原理与特点。

❷ 电火花加工机床的结构与分类。

❸ 电火花加工工艺规律与 G 代码程序。

❹ 电火花机床的操作。

❺ 定位电极的装夹与校正。

❻ 电火花成形加工。

❼ 上丝与穿丝操作。

❽ 电极丝的垂直校正与定位。

参 考 文 献

［1］王爱玲. 数控机床加工工艺 ［M］. 北京：机械工业出版社，2007.

［2］陈子银. 模具数控加工技术 ［M］. 北京：人民邮电出版社，2006.

［3］王兵. 图解数控车床基本操作技能 ［M］. 北京：化学工业出版社，2010.

［4］王兵. 图解数控铣削技术快速入门 ［M］. 上海：上海科学技术出版社，2010.

［5］韩鸿鸾，高小林. 数控铣工/加工中心操作工（中级）操作技能鉴定实战详解 ［M］. 北京：机械工业出版社，2011.

［6］王兵. 数控车工入门 ［M］. 北京：化学工业出版社，2012.

［7］王兵. 数控铣床和加工中心操作工入门 ［M］. 北京：化学工业出版社，2012.